Kurt Kotrschal

Einfach beste Freunde
Warum Menschen und andere Tiere einander verstehen

„… the difference in mind between man and the higher animals, great as it is, certainly is one of degree and not of kind." (Darwin 1872)

Kurt Kotrschal

Einfach beste Freunde
Warum Menschen und andere Tiere
einander verstehen

 Brandstätter

Inhalt

4

Prolog: Mit meiner Hündin auf der Couch

Menschen sind Tiere. Aber nicht nur. Auch andere Arten sind nicht „nur" Tiere in dem Sinn, dass sie lediglich die Merkmale der Kategorie „Tier" zeigen. Sonst würden sich Arten ja nicht unterscheiden. Jede biologische Tierart hebt sich durch bestimmte Eigenschaften von allen anderen ab. Und innerhalb der Arten ist gewöhnlich kein Individuum wie das andere.

Menschen sind unseres Wissens die einzigen Tiere, die über sich und andere nachdenken. Und das nicht nur im Heute, sondern auch über gestern und morgen. Blöderweise. Denn aus diesem Grund müssen wir wohl oder übel Verantwortung übernehmen, für die Welt, für die anderen Tiere und auch für uns selbst. „Homo sapiens" heißen wir in der Linné'schen Nomenklatur, der „weise" Mensch. Was uns mit viel Vorschusslorbeer belastet. Ob wir wirklich „sapiens" sind, bleibe dahingestellt. Aber nachdenken können, ja müssen wir. Etwa ein ganzes Buch lang über uns und die anderen Tiere.

Die ruhig atmende Hündin neben mir auf der Couch beruhigt auch mich, stellt Herzschlag, Blutdruck, Stresshormone und Denken auf Standgas. Damit macht sie mich auch ein Stück weit fit fürs tägliche Leben, für das Wuseln im Netz der menschlichen Wichtigkeiten. Wir lieben einander, meine Hündin und ich; sie zumindest von kulturellen Normen unverbildet. Noch nie hat sie über meine im Wohnzimmer umherliegenden Socken gemeckert. Und ich brauche keine Angst zu haben, mich vor ihr zu blamieren, weil ich schwach im Kopfrechnen bin. Sie urteilt nicht und akzeptiert mich meistens so, wie ich bin. „Die reinste Form der Liebe besteht zwischen einer Hündin und ihrem Herrn", schrieb Xenophon etwa 400 vor unserer Zeitrechnung in seinem *Kynegetikos*, dem wohl ersten Hundebuch der Geschichte. Platonisch natürlich, zumindest in meinem Fall. Bei den alten Griechen bin ich mir da nicht so sicher.

Ich kenne natürlich viel mehr Fakten als Xenophon vor 2400 Jahren. Ich weiß, dass meine Hündin und ich ein sehr ähnliches soziales Gehirn teilen, daher ganz ähnliche soziale Bedürfnisse zeigen. Ich weiß aber auch, dass sie das vielleicht nicht in dem Ausmaß *weiß* wie ich. Wahrscheinlich ist ihr die Sache mit dem gemeinsamen Gehirn auch schlicht egal, sie *weiß* es höchstwahrscheinlich nicht. Braucht sie auch nicht, sie akzeptiert es wohl einfach, gibt sich dem sozialen Wohlgefühl hin. Sie akzeptiert und liebt mich, ihrem Verhalten nach zu schließen, so wie ich sie; wahrscheinlich ganz ohne viel zu denken. Soviel ich weiß.

Was ich noch weiß? Mit einiger Sicherheit, dass meinem Gehirn nicht zu trauen ist. Denn als menschliches Gehirn ist es konzept- und sinnsüchtig. Paradoxerweise erhöht es zwar mein Prestige als Wissenschaftler, anderen gegenüber zuzugeben, dass ich etwas nicht weiß. Mein Hirn aber würde das mir gegenüber niemals zugeben. Es sei ja nicht blöd, würde es wohl meinen, wenn es sprechen könnte. Kann es aber nicht. Darum kann ich unwidersprochen mein eigenes Gehirn beschuldigen, in erheblichem Ausmaß voreingenommen zu sein. Es suggeriert mir etwa, zu wissen, wie Hunde sind. Mein Verstand aber sagt, dass ich trotz privater und beruflicher Beschäftigung mit Hunden im Grunde immer noch wenig von ihnen weiß. Ein gehirn-interner Konflikt Verstand gegen Überzeugung, sozusagen. Schizophren? Nein – ganz normal für Wissenschaftler, normaler jedenfalls als für „normale" Menschen.

Meine Hündin weiß mich sicherlich zu deuten. Sie weiß, wo und wann es etwas zu essen geben wird, sie läuft schneller als ich und verfügt über einen um Lichtjahre besseren Geruchssinn. Sie kann im Vergleich zu mir viel problemloser tagsüber viele Stunden schlafen und ist meistens gut drauf. Vielleicht weiß sie das alles auch, über sich und über ihre Beziehung zu mir. Wahrscheinlich aber nicht. Zumindest lebt sie ganz offensichtlich nach dem Motto, dass Sein mehr ist als Wissen. Es scheint ihr jedenfalls kein Bedürfnis zu sein, sich „den Menschen" zu erklären oder über den Sinn ihres Hundedaseins oder ihrer Wolfsabkunft zu grübeln. Sie *ist* einfach und sie scheint glücklich zu sein, wenn wir zusammen sind, zumindest unabgelenkt durch Weltkonzepte und Zukunftsplanung. Darum beneide ich sie.

Menschen reicht es gewöhnlich nicht, einfach zu *sein*. Sie hinterfragen, wollen wissen und jagen das Glück, versuchen, es zu quantifizieren, festzuhalten. Um es damit zu verlieren. Die Vorfahren meiner Hündin naschten nicht vom Baum der Erkenntnis. Hunde wurden daher auch nie aus dem Paradies vertrieben. Leben mit meiner Hündin bedeutet mein tägliches kleines Paradies, sie lässt mich daran teilhaben.

Menschen reicht es meist auch nicht, einfach zusammen glücklich zu sein. So will ich wissen, *warum* ich mich für Tiere interessiere, *warum* ich gerne mit meiner Hündin lebe und *warum* ich, wie alle Menschen, „biophil" bin. Darum dieses Buch über die Beziehung zwischen uns und den anderen. Aber sind diese „anderen Tiere" wirklich so anders, dass es gerechtfertigt wäre, uns von ihnen so strikt abzugrenzen, wie es bis heute üblich ist? Dieses Buch will nicht überzeugen, soll nichts einreden, keine platten Antworten bieten. Es wird Sie hoffentlich anregen – und gelegentlich auch aufregen. Es soll Ihnen bestenfalls dabei helfen, die eigenen Antworten zum Verhältnis zwischen uns und den anderen Tieren zu finden.

1. Wir und die anderen

Menschen sind ohne andere Tiere weder erklärbar noch lebensfähig. Tiere sind unsere Wurzel, unsere Vergangenheit und Gegenwart. Menschsein ist letztlich nur mit und im Tier möglich.

„Aber Konrad, Gänse sind doch auch nur Menschen!", soll Helga Fischer ausgerufen haben, als Konrad Lorenz ob der häufigen Seitensprünge seiner, wie er meinte, brav monogam lebenden Graugänse in Seewiesen enttäuscht reagierte. Die gelernte Psychologin Fischer war in den 1960er Jahren Lorenz' Assistentin am Max-Planck-Institut im bayrischen Seewiesen am Starnberger See. Damals war eben selbst die Welt der Biologen noch heil. Tiere verhielten sich, so die damalige Sicht, „zum Besten der Art". Wohl wissend, dass Evolution nicht auf ein Ziel hin wirkt, wollte man offenbar glauben, eben dieses sei die „Arterhaltung". Die ein Jahrzehnt später mit Macht durchbrechende Einsicht in den „Egoismus der Gene" war noch kein Thema. Evolution und Natur seien gut und edel, die Verlotterung der Sitten käme durch die Zivilisationsmenschen in die Welt und den „edlen Wilden" stünden die degenerierten Haustiere und der zivilisatorisch selbst-domestizierte Mensch gegenüber. „Verhausschweint" seien wir, so Lorenz zuweilen in seiner deftigen Ausdrucksweise (Lorenz 1973). Helga Fischer bestritt übrigens immer, das mit den Gänsen als „auch nur Menschen" je gesagt zu haben. Nun ja, die besten Geschichten sind bekanntlich die erfundenen.

Mittlerweile hat die Biologie ihre Unschuld verloren. Wir wissen heute, dass im Grunde die Eigeninteressen der Individuen die Welt regieren (Wilson 1975). Das muss keineswegs ausschließen, dass auch freundliches und gruppendienliches Verhalten in der Evolution entstand. Etwa bei Menschen und Wölfen: Beide sind die wohl kooperativsten und gruppenintern nettesten Arten innerhalb ihrer Affen- bzw. Fleischfresserverwandtschaft. In beiden Fällen benötigen Individuen ihre Gruppen für Überleben und Vermehren in einer nicht sehr freundlichen Umwelt. In diesen Gemeinsamkeiten liegt wohl der Grund dafür, dass Menschen und Wölfe derart gut zusammenpassen (Kotrschal 2012a), dass wir seit etwa 50 000 Jahren gemeinsam unterwegs sind, seit ca. 30 000 Jahren mit Wölfen in Form von Hunden. Dass durch die Hundwerdung des Wolfes die Menschwerdung des Affen unterstützt wurde, vermutete unter anderem der Wiener Philosoph Erhard Öser. Gut möglich, aber kaum nachweisbar. Heute sehen die meisten Halter in ihren Hunden enge Sozialgefährten und gar nicht wenige würden der Behauptung zustimmen, dass Hunde auch nur Menschen sind.

Die Biologie verlor durch die Betonung der Individualinteressen als Triebfeder der Evolution seit den 1970er Jahren nicht nur ihre Unschuld. Sie wurde in den letzten Jahrzehnten auch pragmatischer und realistischer. Domestizierte Tiere – daraus rekrutieren sich die Kumpantiere der Menschen vorwiegend – sowie Zivilisationsmenschen als „degenerierte" Versionen der „edlen Wildform" anzusehen, mutet heute seltsam an. Vielmehr passten sich domestizierte Tiere an das Leben in einer menschlichen Kulturumgebung an und wurden auf diese Weise oft unglaublich erfolgreich. So etwa stehen den kaum 200 000 Wölfen der Nordhemisphäre heute weltweit über 1 Milliarde Hunde gegenüber, also etwa 5 000-mal mehr als Wölfe. In Form der Hunde breiteten sie sich mit Hilfe des Vektors Mensch über nahezu alle Kontinente aus. Wer hat hier von wem profitiert?

Domestikation, also die Haustierwerdung, wird heutzutage vor allem als Selektion auf Zahmheit verstanden, mit der weitreichende genetische Veränderungen verbunden sind (Hare et al. 2012). Dadurch verändern sich neben dem Wesen der menschennahe lebenden Tiere im Vergleich zur Wildform auch andere Merkmale. Sie werden ruhiger, weniger fluchtbereit und für Menschen besser zu führen. Sie benötigen aber auch nicht mehr so viel Nahrung wie die Wildform, werden größer oder kleiner, fetter und träger oder aber schnellere Läufer, geben mehr Milch etc. Alle diese Eigenschaften sind für die Menschen sehr nützlich.

Doch der Nutzen als Urgrund für den Beginn einer dauerhaften Nahebeziehung zu manchen Tieren rückt nach allem, was wir heute wissen, in den Hintergrund. Sehr früh nahmen Menschen mit Wölfen Beziehungen auf, später mit Schafen, Rindern und Hirschen, wobei Letztere nur in Form der halbdomestizierten Rentiere dauerhaft näher an den Menschen rückten. Andere Domestikationsversuche des Hirsches, etwa in der Hallstattzeit – man fand Hirschgebisse mit Spuren von Trensen –, fanden mit dem Auslaufen dieser Kulturen ihr Ende. Bald schon erlangte das Schwein zumindest in Eurasien und im pazifischen Raum Bedeutung, später Katze, Pferd, Lama, Gans etc.

Offenbar standen spirituelle und auch soziale Beziehungen bei der Erstannäherung zwischen Menschen und den später domestizierten Wildtieren im Vordergrund, weniger der materielle Nutzen. Denn alle unsere Jäger- und Sammler-Vorfahren waren lange vor bis lange nach dem Sesshaftwerden, beginnend vor etwa 15 000 Jahren, „Animisten": Sie glaubten an eine beseelte Natur. Tiere waren „immer schon" wichtig für einen guten Draht zur Welt der Geister. Diese zu beleidigen, war nicht ratsam, es zog Krankheit, Unfall, Unglück und Tod nach sich. Wahrscheinlich brachte diese spirituelle und auch räumliche Nahebeziehung zu den bedeutenden frühen Totemtieren wie Rind, Hirsch, Wolf, Rabe, Adler etc. auch die Erfahrung mit sich, dass man mit diesen Tieren ähnlich kommunizieren kann wie mit anderen Menschen. Wie bitte? Soziale Kommunikation und sogar soziale Beziehungen und Kooperation zwischen Mensch und Tier? Zwischen der „Krone der Schöpfung" und seelenlosen Automaten ohne Bewusstsein und Schmerzempfinden? Als solche sah René Descartes, einer der wichtigsten Philosophen der Aufklärung, die Tiere. Koi-Karpfen, Papageien, Hunde, Pferde und Menschen sehen ja tatsächlich sehr unterschiedlich aus und haben unterschiedliche Bedürfnisse – und dennoch können Menschen mit diesen und vielen anderen Tieren in soziale Beziehungen treten, angemessene Sozialisierung vorausgesetzt.

Wie ist das möglich? Passten sich diese Tiere über generationenlanges Zusammenleben an unser Sozialverhalten, an unsere sozialen Bedürfnisse an? Oder lernten vielmehr die Menschen im Zusammenleben mit Tieren genetisch und von den geistigen Leistungen her, wieder mehr Tier zu sein? Ich gebe zu, dass mir diese letzte Frage eigentlich zuwider ist. Widerspiegelt sie doch den letztlich substanzlosen Popanz eines grundlegenden Unterschieds zwischen „Mensch und Tier". Dieser Graben wurde in den letzten paar tausend Jahren menschlicher Kulturentwicklung zunehmend vertieft, in scheinbarer Emanzipation vom „Tier im Menschen" und in einer immer weiter fortschreitenden Machtübernahme über Tiere und Natur, in hochmütiger Selbstüberschätzung unserer selbst. Carl von Linné etwa stellte Menschen in eine ganz eigene zoologische Kategorie und verpasste uns als einziger Art der Gattung „Homo" auch noch die Artbezeichnung „sapiens". „Weise" also – gleichzeitig ein Hinweis darauf, dass Menschen letztlich auf ihren Verstand besonders stolz sind. Dabei war es damals schon klar, dass wir mit dem Schimpansen eigentlich in die Gattung „Pan" gehören oder Letzterer in die Gattung „Homo". Aber das war und ist offenbar gesellschaftlich nicht akzeptabel.

Die gegenwärtigen Zweifel an der menschlichen Einzigartigkeit kommen mitten aus der Wissenschaft, nicht aus irgendwelchen romantisch-spirituellen „Zurück-zur-Natur"-Ideologien. Seit immer klarer wird, wie viele grundlegende Eigenschaften und Fähigkeiten wir mit anderen Tieren teilen, geht der Glaube an unsere Sonderstellung zunehmend über Bord. Freilich deutet alles darauf hin, dass der Mensch als einziges Wesen über eine hoch entwickelte Symbolsprache und über die Fähigkeit zur (Selbst-)Reflexion verfügt. Wir müssen geradezu zwanghaft wissen, woher wir kommen, wer wir sind und wohin wir gehen. Menschen sind manische Sinn- und Glücksjunkies. Daraus resultiert Verantwortung für die Welt. Wir sind mit einem großen, leistungsfähigen Gehirn ausgestattet und wir müssen es auch angemessen benutzen.

Aber sind wir deswegen „sapiens"? Leider entspringt unserer Denkfähigkeit eher selten Weisheit, sehr oft aber hemmungslose Konkurrenz, Ausbeutung und Vernichtung der anderen. Die menschliche Fähigkeit, rational zu denken, kann man als *Art- und Alleinstellungsmerkmal* sehen, vergleichbar etwa mit der artspezifischen Fähigkeit der Honigbiene zum Wabenbau. Die meisten der grundlegenden Strukturen und Funktionen aber, die unsere Sozialfähigkeit ausmachen und unser Verhalten steuern, teilen wir mit anderen Tieren. Genug jedenfalls, um Menschen stammesgeschichtlich zu sehen und von „Menschen und anderen Tieren" zu berichten. Diese Sicht des Menschen als eine biologische Art von vielen wertet weder die Menschen und ihre rationalen Fähigkeiten ab noch wertet sie Tiere auf.

Wer sind wir, uns anmaßen zu wollen, uns als Maßstab für andere Tiere zu begreifen? Wir tun dies zwar ununterbrochen, auch weil wir gar nicht anders können, als zu vermenschlichen. Eine vereinnahmende Zumutung bleibt das aber allemal. Nicht zuletzt beseitigt die gleichberechtigte Einordnung der Menschen in das zoologische Artenspektrum das wohl größte Forschungshindernis, mehr über uns selbst zu erfahren. Nur über den Artvergleich können wir etwa verstehen, was die Menschen in ihren Sozialbeziehungen im Grunde antreibt. Nur im Spiegel der anderen können wir uns selbst erkennen; oder es zumindest versuchen. Denn auch der Spiegel der Tiere wirft sein Bild nur im Lichte heutiger Erkenntnisse und er trägt unentfernbar die Beschichtung der menschlichen Wahrnehmung. Wissenschaft produziert rationale und nachvollziehbare Erkenntnisse über diese Welt, die „Wahrheit" dagegen ist eine Glaubensfrage, nicht Sache der Wissenschaft.

Nobelpreisträger Konrad Lorenz (1950) sprach vorsichtig noch von „moralanalogem Verhalten" bei Tieren. Er konnte damals ja auch noch nicht wissen, welche radikalen Übereinstimmungen etwa in den Gehirnen von Menschen und anderen Tieren zu finden sein würden. Herkunfts- und funktionsgleiche Bereiche steuern gleichartig Emotionen, Stimmungsübertragung und das Verhalten anderen gegenüber, buchstäblich von Fisch bis Mensch. Diesbezüglich hat sich seit mehr als 450 Millionen Jahren nichts Neues getan. Andere gleichartige Teile des Gehirns erlauben Menschen und ihren Kollegen aus der Stammesgeschichte, sich gruppenkonform zu verhalten.

Mit seiner Feststellung, dass Tiere über „moralanaloges" Verhalten verfügten, verbreitete Konrad Lorenz den „Kategorischen Imperativ" des Philosophen Immanuel Kant auf soziale Tiere. Dieses grundlegende Prinzip der menschlichen Ethik lautet bekanntlich: „Handle nur nach derjenigen Maxime, durch die du zugleich wollen kannst, dass sie ein allgemeines Gesetz werde." Einfach ausgedrückt: „Was du nicht willst, dass man dir tu, das füg auch keinem andern zu." Dies bedeutet letztlich auch, dass Moral das ist, was man im sozialen Kontext von den anderen akzeptiert, und was nicht.

Dieses Empfinden von Wohlverhalten anderen gegenüber finden wir auch bei sozialen Tieren wie Schimpansen, Raben, Wölfen und Delfinen, gepaart mit der Bereitschaft, Fehlverhalten anderer zu sanktionicrcn. Aber auch gepaart mit der Fähigkeit, nach Konflikten in Ungnade Gefallene durch Trösten und Versöhnen wieder in die Paarbeziehung, in die Gemeinschaft aufzunehmen und damit deren soziale Funktionalität wiederherzustellen. Nein, das sind keine unzulässigen Vermenschlichungen von Tieren, sondern jene grundlegenden Funktionsprinzipien sozialen Zusammenlebens bei Menschen und anderen Tieren, an denen Verhaltensbiologen fleißig forschen. Tiere handeln also nicht nur „moralanalog", sie verfügen vielmehr über eine mit Menschen herkunfts- und funktionsgleiche Basis für Moral, ein Gehirn, welches über soziales Wohlverhalten wacht.

So möchte ich aus den Blickwinkeln der modernen Biologie und Bio-Psychologie darlegen, warum Menschen fähig sind, in Beziehungen mit anderen Tieren zu leben. Und auch, warum Menschen ohne Tierbeziehung nicht erklärbar sind und warum Menschen auch heute noch Tierkontakt wollen und benötigen. In allen menschlichen Kulturen interessieren sich Kleinkinder am stärksten für Tiere. Wenn Kinder dies so stark zeigen, muss gemäß der „Haeckel'schen Regel" die Tier- und Naturbeziehung in der Menschwerdung sehr wichtig gewesen sein.

Sogar die menschliche Spiritualität entwickelte sich anfangs in der Interaktion mit Tieren. Die recht pragmatisch-spirituelle Augenhöhe-Beziehung unserer Jäger- und Sammler-Vorfahren zu Tieren wich allerdings einer zunehmenden Selbstanmaßung der Menschen von Gottähnlichkeit und, damit verbunden, einem Herrschaftsanspruch über Tiere und Natur. Diese Entwicklung fand im 19. und 20. Jahrhundert einen nahezu wahnhaften Höhepunkt. Generationen von Rationalisten meinten, Welt- und Selbsterkenntnis allein aus dem menschlichen Gehirn beziehen zu können, ohne sich dafür forschend interessieren zu müssen, was ist. Wenn Naturbeziehung, dann romantisch-idyllisch verklärt und nach menschlichem Maß. So kam es zu der gefährlichen und auch heute noch gern vertretenen Anmaßung, Menschen könnten und müssten sich vollständig von ihrer Herkunft „emanzipieren". Doch Menschen brauchen Tiere als Gefährten, ebenso wie manche Tiere auf Menschen angewiesen sind. Und wir brauchen Tiere als Spiegel, um uns selbst zu erkennen. Ein wahrhaft menschliches Leben ist ein Leben mit Natur und Tieren.

Das Thema Mensch-Tier-Beziehung boomt neuerdings weltweit an den Universitäten, auch im deutschsprachigen Raum (Mars Heimtier-Studie 2012). Auch die Sozial- und Kulturwissenschaftler haben die Tiere für sich entdeckt und integrieren sie im Rahmen ihrer „Human-Animal Studies" in Studiengänge und Bücherserien. Eine gute Entwicklung, weg von der menschenzentrierten Nabelschau der Kultur- und Sozialwissenschaften, könnte man meinen. Aber man tut sich immer noch schwer, den Tieren gerecht zu werden. Nicht selten geht es dabei um Untersuchungen zur Rolle der Tiere für die Menschen. Der Graben zwischen Mensch und Tier wird dabei kaum hinterfragt. Oft wird mit einem unklaren Theorierahmen gearbeitet und nicht immer in konsequenter Einsicht in die historische und aktuelle Partnerschaft zwischen Menschen und Tieren. Als Biologe interessiert mich dagegen vor allem die „anthrozoologische" Perspektive, wie es im Fachchinesisch so schön heißt; also die evolutionäre und bio-psychologische Erklärung der Mensch-Tier-Beziehung. Da Evolution und Kulturgeschichte ineinandergreifen, versuche ich dennoch, die historische und kulturell-spirituelle Entwicklung der Mensch-Tier-Beziehung zu skizzieren.

Dieses Buch soll vor allem einen Überblick geben, warum Menschen mit anderen Tieren sozial sein wollen, warum sie das auch können und warum dies auf Gegenseitigkeit beruhen kann. Ziel dieses Buches ist es nicht, eine systematische Übersicht über neueste Forschungsergebnisse bezüglich Hunde zu geben, etwa zur Beziehungsfähigkeit der Hunde, wie sie durch unsere Forschungsgruppe an der Universität Wien untersucht wird, oder zu ihren geistigen Leistungen, dem Zentralthema des „Clever Dog Lab" am Messerli-Institut in Wien. Dieses aktuelle Wissen zum Hund ist einem zukünftigen Buch vorbehalten. Ich will hier auch keine flammende Predigt für ein Leben mit Tieren halten. Welche Rolle andere Tiere im eigenen Leben spielen, muss jeder Mensch selbst entscheiden. Ich will Argumente und Einsichten beisteuern, aber auch nicht verbergen, dass ich in der Beziehung zu Tieren die Kontinuität der evolutionären und kulturellen Menschwerdung sehe und auch für heute und die Zukunft einen guten Lebensweg für Menschen und andere Wesen.

Kontroversen um die Beziehung zu den anderen Tieren

Wie wichtig Tiere für Menschen sein müssen, zeigen die oft erbitterten Auseinandersetzungen um sie zwischen Alt und Jung, Frau und Mann, Tierschützern und Fleischproduzenten etc. Tierbeziehungen sind sogar zunehmend Thema von gesellschaftlichen Kontroversen. Wahrscheinlich interessieren sich heute mehr Menschen für tierethische Fragen als für Politik. Vor allem unter jüngeren Leuten geht es um Tierschutz und Tierrechte, Schutz von Wildtieren, die angebliche Sonderstellung des Menschen, um „Specismus", eine Art zoologischem Rassismus, und viele andere Themen. Parallel dazu entstand eine vielfältige akademische Literatur zur Tierethik (Gruen 2011; Rowlands 2002). Während Empathie mit Tieren und Tierschutz bei uns nach den Gräueln des Zweiten Weltkriegs und den damit verbundenen materiellen und seelischen Nöten ein Minderheitenprogramm war, wurden diese Themen in unserer sich entwickelnden Demokratie zum gesellschaftlichen Mainstream. So beschloss das österreichische Parlament 2004 ein ziemlich konsequentes Tierschutzgesetz, dessen §1 lautet: „Ziel ... ist der Schutz des Lebens und des Wohlbefindens der Tiere aus der besonderen Verantwortung des Menschen für das Tier als Mitgeschöpf." Tiere wurden also per Gesetz von „Sachen" zu Mitgeschöpfen aufgewertet, der Tierschutz wurde zum gesamtgesellschaftlichen Anliegen. Das entspricht auch dem Empfinden einer Mehrheit der Menschen. Statistisch gesehen hängt „ein Herz für Tiere" mit „einem Herz für Menschen" zusammen. Je empathischer Menschen mit Tieren umgehen, desto empathischer sind sie gewöhnlich auch mit Menschen (Paul 2000).

In vielen gesellschaftlichen Bereichen spielen Tiere eine Hauptrolle, allerdings nicht unbedingt immer im Konsens. Menschen unterscheiden sich in ihren Meinungen in buchstäblich allen Bereichen, in denen Tiere eine Rolle spielen, etwa zum Thema der menschlichen Überlegenheit, zur landwirtschaftlichen Tierhaltung, zu Tieren als Nahrungsmittel, zum Einsatz von Tieren in der Forschung, zur Tierhaltung in Zoos oder Zirkussen, zur Haltung von Tieren als Gefährten, zum Tierschutz und zum Artenschutz, zur Herstellung von Bekleidung aus Tierprodukten, zum Jagen und Angeln und zur Frage, wie sehr man sich für Tiere tätig engagieren soll. Tierthemen produzieren fast immer gesellschaftlichen Dissens.

Aber nicht alle diese Themenbereiche sind gleich umstritten. So ergab eine Erhebung in Deutschland, dass die größten Meinungsunterschiede zum Einsatz von Tieren in der Forschung bestehen. Die meisten sprechen sich gegen den Einsatz von Tieren zum Testen von Kosmetika aus. Hingegen gehen die Meinungen darüber, ob es gerechtfertigt ist, Tiere in der medizinischen Grundlagenforschung einzusetzen, eher auseinander. Aber schon an zweiter Stelle auf der Skala der Meinungsunterschiede kommt die Frage, ob man Tiere essen soll/darf, gefolgt von der Frage, ob landwirtschaftliche Intensivtierhaltung in Ordnung sei. Erstaunlich kontrovers wird auch die Frage diskutiert, ob man Beziehungs- bzw. Kumpantiere halten soll und ob es gerechtfertigt ist, Tiere in Zoos oder Zirkussen zu halten. Etwas weniger uneins ist man sich darüber, ob Menschen den Tieren überlegen seien – gerade junge Leute halten von der menschlichen Überlegenheit nicht mehr viel. Noch weniger unterscheiden sich die Meinungen darin, dass Tiere schützenswert seien, gleich ob in freier Natur oder in unserer Obhut. Relativ einheitlich sind die Meinungen bezüglich der Herstellung von Bekleidung aus Tieren – natürlich polarisieren Pelzmäntel. Auch in ihrer Skepsis zu Jagd und Fischerei unterschieden sich die Befragten eher wenig. Ebenso in ihrer prinzipiellen Bereitschaft, sich tätig für Tiere zu engagieren, etwa durch die Verteilung von Informationsblättern.

Was in den Einstellungen zu Tieren besonders auffällt, ist ein starker Geschlechterunterschied. In den Jahren 2013/2014 führten wir etwa im Rahmen eines „Sparkling-Science-Projekts" (gefördert durch das österreichische Wissenschaftsministerium, in Kooperation mit Schülern aus zwei Gymnasien im niederösterreichischen Mistelbach und in Wien) eine Befragung zur Einstellung zu Wölfen und Hunden durch. Befragt wurden vorwiegend Ost-Österreicher. Die je etwa 30 Fragen zu Wolf oder Hund deckten verschiedene Bereiche ab, von der Beziehung über Schutzwürdigkeit bis hin zur spirituellen Bedeutung. Etwa ein Drittel der Fragen zum Wolf und zwei Drittel der Fragen zum Hund wurden von den Geschlechtern „unterschiedlich intensiv" beantwortet. In *allen* diesen Fällen waren die Frauen interessierter an Beziehung, besorgter und fürsorglicher als die Männer. Wir sind sozusagen auf Realität gewordene Geschlechterstereotype gestoßen. Dies stimmt mit Ergebnissen in der Literatur überein, denen zufolge einerseits soziales Interesse und Einfühlungsvermögen statistisch gesehen bei Frauen stärker ausgeprägt sind als bei Männern und andererseits die Effekte tiergestützter Aktivitäten und Therapien bei Knaben stärker ausfallen als bei Mädchen (Kotrschal und Ortbauer 2003). In den Einstellungen zu Tieren geht ein Riss durch die Bevölkerung, und zwar vor allem entlang der Geschlechtergrenzen.

Wir leben in einer Gesellschaft, in der Tiere und der Umgang mit ihnen zunehmend an Bedeutung gewinnen. Kein Wunder also, dass auch Debatten und Kontroversen über unsere vielfältigen Beziehungen zu Tieren stärker aufbrechen, als dies früher der Fall war. Zudem können Kontroversen über Tiere tiefere gesellschaftliche Konflikte ausdrücken. Der Verdacht des „Stellvertreterkrieges" kommt etwa angesichts der Unterstellung auf, die Wiener und ihre Stadtregierung würden sich über die letzten Jahrzehnte mehr um Hunde als um Kinder kümmern. Dabei halten gerade Familien mit Kindern Hunde; und man weiß, wie sehr Kinder in ihrer Entwicklung davon profitieren können. Letztlich ist eine wahrhaft menschengerechte Stadt sowohl kinder- als auch hundegerecht; das ist kein Widerspruch, sondern geht Hand in Hand.

Gar nicht selten schlägt man mit den Tieren den Esel und meint den Herrn. Der tschechische Literat Milan Kundera veröffentlichte 1984 seinen wunderschönen Roman *Die unerträgliche Leichtigkeit des Seins*, der viel Schönes zur Mensch-Tier-Beziehung enthält. Darin entwickelte er den Gedanken, dass der Umgang mit Tieren viel über die Verfasstheit einer Gesellschaft aussage. Als der Einmarsch der Truppen des Warschauer Pakts 1968 den kurzen „Prager Frühling" für lange Zeit beendete, wurden in den folgenden Monaten die Schaltstellen der Macht in der damaligen ČSSR mit regimetreuen Kollaborateuren besetzt. Zu den ersten Maßnahmen zählten Kampagnen gegen Tiere in Prag, insbesondere Tauben, wahrscheinlich als Ausdruck der Wende zur Repression. Die Taubenpopulation in Prag wurde davon nicht nachhaltig berührt, die Botschaft aber war klar: Wer sich nicht fügt, muss mit Konsequenzen rechnen. Eine grausame, reale Fabel aus der Geschichte.

Auch für die wohl größte Blamage der österreichischen Justiz in der zweiten Republik sorgte ein Tierthema: Der so genannte Verein gegen Tierfabriken propagiert vegane Lebensweise und bekämpft alle möglichen Gepflogenheiten der Menschen im Umgang mit Tieren, etwa die Massentierhaltung, den Vogelfang im Salzkammergut, die Jagd, Tierversuche und auch den Handel mit Tierprodukten zur Kleidungsherstellung, beispielsweise Pelzmäntel. Dies ist das gute demokratische Recht des Vereins, der dabei oft hart an der Grenze der Legalität agiert. Er ist unbequem und trug damit auch zum Aufbau jenes politischen Drucks bei, der zum österreichischen Tierschutzgesetz 2004 führte.

Ich persönlich stehe dieser Gruppe distanziert gegenüber, da ich glaube, dass man Menschen eher mit Argumenten als mit extremen Aktionen überzeugen kann, und weil wir selbst in unserer Arbeit mit Graugänsen von einer Aktion dieses Vereins betroffen waren. Aus der Verfolgung seiner gesellschaftspolitischen Ziele wurde dem Verein gegen Tierfabriken ein Strick gedreht: Die Koordination seiner Aktivitäten wurde von der Staatsanwaltschaft als „organisiertes Verbrechen" eingestuft, der so genannte „Mafiaparagraf" wurde angewendet. Es kam zu nächtlichen Verhaftungen durch die Anti-Terror-Polizei, Razzien und Hausdurchsuchungen, Informanten wurden eingeschleust. Dabei ging es wohlgemerkt nicht um die russische Mafia oder den amerikanischen Geheimdienst, sondern um ein paar eifrige Tierschützer! Der Vereinsvorsitzende und einige andere saßen bis zu einem halben Jahr in Untersuchungshaft (!). Es wurde ein ewig langer Prozess geführt, der zu Verfahrenskosten von bis zu 400 000 € pro Person führte. Heraus kam – nichts. Kein Nachweis einer nennenswerten Straftat, keine einzige Verurteilung.

Dieser Prozess kann als Beispiel für einen wahrhaft absurden Stellvertreterkrieg mancher Mächtiger gegen Teile der Gesellschaft gelten, die es wagten, ihre Kreise zu stören. Ein Stellvertreterkrieg um Tiere, der nur Verlierer sah. Am schwersten wiegt wohl der Verlust des Ansehens der Justiz. Sie prügelte extreme Tierschützer mit Mitteln, die den Rechtsstaat ad absurdum führen. Über ein im Vergleich zum Anlass obszön aufwändiges Verfahren setzte man die Mühlen der Justiz selbst als Strafinstrument ein, nahm offenbar „Rache". Fremdschämen ist angesagt; aber auch nachdenken darüber, warum die geballte Macht des Staates ausgerechnet auf ein paar Tierschützer losgeht.

Die „wirklich besten Freunde" – sind sie tatsächlich wie wir oder vermenschlichen wir sie einfach nur hemmungslos?

Menschen schufen sich die Götter nach ihrem Ebenbild. Nicht verwunderlich, dass sie auch die Tiere nach ihrem Ebenbild interpretieren. Menschen benennen, reflektieren und kommunizieren hoch symbolisch. Sie eignen sich die Welt dadurch wesentlich radikaler an als alle anderen Tiere. Dadurch kommt es oft zu Missverständnissen zwischen uns und diesen anderen Tieren.

Das kleine Mädchen streichelt ein braunes Meerschweinchen auf seinem Schoß, hingebungsvoll und fasziniert. Das ruhige Tier wirkt entspannt und scheint die Zuwendung zu genießen. Tatsächlich jedoch wuchs dieses Meerschweinchen mit wenig Menschenkontakt auf und wurde schließlich über eine Tierhandlung an die Frau gebracht. Hat sich was mit „entspannt"! In Wirklichkeit verharrt das Tier in einer Art Schreckstarre, Stresshormone auf Anschlag. Ein für sozialen Stress empfindliches Meerschweinchen wird in dieser liebevollen Nahebeziehung zu sanften Kindern nicht besonders alt werden, ein robusteres wird sich sicherlich daran gewöhnen.

Vor einem Wiener Geschäft hängt vollschlank ein angeleinter Hund am Haken und erwartet offenbar wenig amüsiert die Rückkehr seines Menschen. Eine ältere, sehr tierliebe Dame (könnte auch ein Herr sein) beginnt auf den Hund einzureden, wie „arm" er denn sei. Der Hund blickt sie mit seinen großen Augen an und zeigt durch sein Hecheln deutlich sein Unbehagen über diese Situation. Die Dame ficht das nicht an. Einige Leckerlis, in ihrer Manteltasche immer bereit für solche Fälle, wechseln in sein Maul, worauf die Dame ob der geleisteten tätigen Zuwendung hoch befriedigt von dannen zieht, einen – in ihren Augen – deutlich weniger „armen" Hund zurücklassend. Ob sich der Hund nun tatsächlich besser fühlt oder ob die Leckerlis seiner Diabetes gut getan haben, ist eine andere Geschichte.

Nochmals Hund an der Leine am Haken in Warteposition vor dem Geschäft. Leider ein ziemlich unsicherer mit schlechten Erfahrungen mit Kindern. Unsensible Menschen, die zu nahe vorbeigehen, knurrt er leise an, er fletscht sogar die Zähne, wenn jemand auf ihn zugeht. So etwa ein aufgeweckter Vierjähriger an der Hand seiner Mutter. Mit der anderen Hand hält sie ihr Handy ans Ohr. Sie bemerkt weder den Hund noch dessen Zähnefletschen. Anders der Knabe, der es für ein „Lächeln" hält (nicht selten unter hundefern aufwachsenden Kindern und sogar unter Erwachsenen), sich von der Hand der Mutter losreißt, auf den Hund zuläuft und ihn umarmen will. Den Rest der Geschichte erspare ich Ihnen und mir.

Volksfest auf dem Land, Kirtag. Unweit des Festzelts eine Koppel mit einem netten, einsamen, menschenfreundlichen und neugierigen Pferd. Immer wieder bieten Passanten dem Tier Äpfel und stückweise Zucker an. Dem Pferd schmeckt es offenbar ganz großartig. Andere beobachten die Fütterei und nehmen sich ein Vorbild. Alle fühlen sich großartig, nur nicht das Pferd. Am Abend sind sehr viele Äpfel und viele Handvoll Zucker in seinem Magen gelandet. Es stirbt im darauffolgenden Morgengrauen an einer schweren Kolik.

Vier Missverständnisse, die entstehen, weil Menschen die anderen Tiere ganz selbstverständlich vermenschlichen. Wir können gar nicht anders. Fragt sich bloß, wie wir das tun. Das Gegenteil von „gut" ist bekanntlich „gut gemeint". In diesem Buch geht es vor allem darum, dass die anderen Tiere uns in sehr vielem nahezu unheimlich ähnlich sind. Dies bedeutet aber nicht, dass wir immer auch automatisch wissen, was ihnen (und uns) in unserer wechselseitigen Beziehung gut tut. Dafür ist Empathie wichtig, gepaart mit Sensibilität und Wissen.

Vermenschlichen und mentalisieren

Menschen stülpen die eigene Perspektive über andere Menschen, Tiere, Gegenstände, ja sogar über Gott. Weil sie gar nicht anders können. Zur Zeit der Entstehung der biblischen „Testamente" herrschte eine patriarchalische Gesellschaft. Folglich dominiert die Vorstellung von Gott als Vater – eher streng oder eher verzeihend, je nach Bedürfnislage. Bereits Xenophanes (520 vor unserer Zeitrechnung) fiel unangenehm auf, dass die Menschen den Göttern menschliche Eigenschaften zuschreiben, aus ihnen ihr eigenes Ebenbild machen. Wie sehr wir uns die Welt durch Vermenschlichen aneignen, war Thema bei Francis Bacon, Baruch Spinoza, David Hume, Johann Wolfgang von Goethe, Friedrich Nietzsche und vielen anderen Philosophen und Dichtern. Gerade auch in der Wissenschaft ist es ein immer aktuelles Thema, wie „objektiv" wir in der Betrachtung und Beurteilung der wahrnehmbaren Dinge dieser Welt sein können. Der Kern jedes akademischen Studiums besteht im Lernen, die Dinge mit kritischer Distanz zu betrachten. Darum achtet man etwa in der Verhaltensbiologie peinlichst darauf, zunächst nur zu beschreiben, was man wirklich beobachten kann, und nicht gleich zu interpretieren, was ein Tier „will".

Menschen sind letztlich in ihrem Bemühen, die Dinge der Welt zu deuten, auf Selbsterkenntnis angewiesen, sie interpretieren die Dinge dieser Welt daher vor allem mit Referenz auf sich selbst. Vermenschlichen bedeutet immer auch die Zuordnung von Eigenschaften. Vermenschlichen harmonisiert uns mit der Welt. Objektivieren ist dagegen mühsam. Wenn wir uns über den Computer oder das Auto ärgern, bedeutet dies ja letztlich, dass wir diesen Gegenständen Absichten zuschreiben. Wenn wir uns aber über Hund oder Katze freuen oder ärgern, dann muss die damit verbundene implizite Zuordnung von Absichten nicht falsch sein.

Aufgrund der weitreichenden Ähnlichkeiten in Biologie und Wesen von Menschen und ihren Kumpantieren muss eine bestimmte Art der Vermenschlichung anderer Tiere der Sache ziemlich gerecht werden. Kommt also der manische Zwang zum Vermenschlichen und Zuordnen von mentalen Eigenschaften aus einem Nervensystem, das sich an ein komplexes Sozialleben angepasst hat und daher die anderen Dinge und Wesen dieser Welt einfach nach demselben „Schema F" einordnet? Oder ist das Vermenschlichen der Tiere auch als Anpassungsleistung der Menschen an ihre Umwelt zu deuten, das Überleben und Reproduktion fördert? Wahrscheinlich beides.

Um die Frage nach dem Ursprung dieser manischen Vermenschlicherei einigermaßen plausibel beantworten zu können, sollte man überlegen, welches über die letzten hunderttausende von Jahren neben den anderen Menschen die wichtigsten Dinge und Wesen in der Umgebung unserer Vorfahren waren: Berge, Flüsse und Wälder, Pflanzen, vor allem aber andere Tiere. Deswegen sind Menschen offenbar „biophil" geworden (Wilson 1984), wie noch zu diskutieren sein wird.

Und weil Menschen in den Grundlagen ihres Verhaltens, Fühlens und Denkens sich gar nicht so sehr von den anderen Tieren unterscheiden, wie man lange glaubte, kann es durchaus für das Überleben wertvoll sein, den umgebenden Tieren, so wie sie in unseren Gehirnen abgebildet sind, zunächst menschliche Eigenschaften zuzuordnen. Menschen verfügen über solche mentale Repräsentationen für alle Dinge, Wesen und Situationen, denen sie Aufmerksamkeit entgegenbringen. Dadurch werden diese für die Menschen einschätzbar, in welcher Weise man am besten mit ihnen umgeht. „Zwischenartliches Erkennen" nannten Caporael und Hayes dieses Phänomen (1997).

Noch wahrscheinlicher ist allerdings, dass wir Tiere und alle anderen uns umgebenden Wesen und Dinge deswegen vermenschlichen, weil sich dieses Instrument im Kontext des komplexen sozialen Zusammenlebens mit anderen Menschen entwickelte und wir gar nicht anders können, als die Welt vermenschlichend zu vereinnahmen. Allerdings vermenschlichen wir nicht alle Tiere und Dinge in gleicher Weise. Subjektiv, vom eigenen Standpunkt her, vermenschlicht werden – nicht ganz zu Unrecht – andere Menschen und auch alles, was wir für uns ähnlich halten, etwa viele Tiere und sogar der liebe Gott.

Subjekten, die wir als belebt wahrnehmen, ordnen wir umso mehr Absichten und mentale Zustände wie Emotionen und geistige Leistungen zu, je größer ihre stammesgeschichtliche Nähe zu uns ist. So werden etwa einer Wespe wesentlich weniger Emotionen zugeschrieben (und wenn, dann negative) und geistige Leistungen zugetraut, aber auch weniger Empathie entgegengebracht als etwa einem Huhn oder gar einem Hund oder einem Affen.

Dies bedeutet aber nicht, dass wir uns die stammesgeschichtliche Nähe zu anderen Tieren bloß einbilden oder sie bloß logisch aus gemeinsamen Eigenschaften ableiten. Menschen und wahrscheinlich andere soziale Säugetiere und Vögel verfügen über so genannte Spiegelneurone im Gehirn (die später noch ausführlicher Thema sein werden). Diese Nervenzellen interpretieren die Aktionen anderer und erlauben uns unter anderem, uns in andere einzufühlen, indem wir deren Ausdruck der Gefühle sehen oder hören und über das System der Spiegelneurone in ähnliche eigene Empfindungen übersetzen. Da diese Nervenzellen in der Großhirnrinde sogar auf Roboter anspringen, ist es sehr wahrscheinlich, dass sie das in Abhängigkeit von der Ähnlichkeit bei anderen Tieren auch tun. Wahrscheinlich lassen Regenwürmer unsere Spiegelneuronen kalt, Hunde oder Affen dagegen nicht. Leider ist die aktuelle Datenlage dazu dürftig.

Alle Untersuchungen zeigen, dass Menschen den anderen Tieren eher ein reiches Gefühls- denn Geistesleben zubilligen. Warum, bleibt unklar. Anzunehmen ist aber doch ein starker Einfluss des immer noch tiefen Grabens zwischen „Mensch und Tier" in den Köpfen der Menschen. Menschliches Selbstverständnis, ihr Selbstwert, beruht stark auf geistigen Leistungen. Gerne billigen wir Hunden zu, „nette Kerle" zu sein, aber die Klugheit haben doch eher wir gepachtet, allenfalls noch die Delfine und Raben – aber nicht so sehr die uns gegenüber so dienstfertigen Hunde. Dies ist auch aus Beobachtungen zu schließen. Menschen reden über ihre Konzepte, legen sie sogar in Büchern nieder und unterrichten sie aufwändig in Schulen an ihre Kinder. Das tun Tiere sicherlich nicht in dieser Form. Mit Hunden kommunizieren wir gerne in Emotional- und Babysprech, lesen ihnen aber nur selten wissenschaftliche Texte vor.

Gefühle sind gut beobachtbar, Gedanken schon weniger. Menschen und andere Tiere drücken ihre Gefühle durch Mimik und Körpersprache aus und geben damit anderen Gelegenheit zur Beobachtung dieser Gefühle und deren Interpretation durch Spiegelneurone. Ob ein anderer denkt, kann man vielleicht noch beobachten. Menschen verharren, blicken in die Ferne oder konzentrieren sich auf eine bestimmte Aufgabe. Was aber der andere denkt, ist kaum beobachtbar. Bei Tieren ist dies ähnlich. Wenn etwa einem Wolf oder einem Raben die Aufgabe gestellt wird, eine Kiste zu öffnen, und sie diese Aufgabe „nach kurzer Überlegung" (also Verharren, bevor sie tätig werden) lösen, dann war wahrscheinlich Denken im Spiel. Stürzen sie dagegen hin und entfalten eine „Versuch-und-Irrtum-Orgie" mit einer Erfolgsquote auf Zufallsniveau, dann spielte komplexes Denken wahrscheinlich kaum eine Rolle. Wahrscheinlich. Sicher kann man sich dessen aber nicht sein. Man kann also beobachten, ob ein Individuum denkt (oder zumindest vorgib, es zu tun), aber auf das Gedachte kann man – im Gegensatz zu Emotionen – allenfalls über das im darauffolgenden Verhalten manifeste Ergebnis schließen, nicht aber durch direktes Beobachten des Denkenden.

Vielleicht entspricht die menschliche Tendenz, Tieren eher Gefühle als Denken zuzubilligen, auch einer Sehnsucht nach einfachen, emotional belohnenden, letztlich beglückenden Beziehungen, die zu leben in einer von Verstand und Denken gekaperten Welt immer schwieriger wird. Vielleicht idealisieren wir die anderen Tiere auch zu einem Gegenüber mit authentischem, auf einfachen Emotionen beruhendem Sozialleben, mit dem es bei Menschen hapert, seit sie durch Naschen an der Erkenntnis aus dem Paradies vertrieben wurden. Ist die menschliche Bereitschaft, anderen Tieren viel Emotion, aber wenig Denken zuzuordnen, also der Sehnsucht nach einer heilen Welt oder zumindest nach heilen Beziehungen geschuldet?

Ob im Gegenzug Tiere die Menschen genauso vertierlichen, wie wir sie vermenschlichen, ist kaum zu beantworten, aber nicht unwahrscheinlich. Schimpansen ordnen uns wahrscheinlich Schimpanseneigenschaften zu und Hunde betrachten uns durch die Hundebrille. Und das noch ganz selbstverständlich, ohne viel darüber nachzudenken. Ob dem „Vermenschlichen" eine ganz andere Weltsicht entspringt als dem „Verhundlichen", wissen wir natürlich nicht. Wechselseitiges Vermenschlichen/Verhundlichen führt aber wahrscheinlich zu recht brauchbaren sozialen Repräsentationen, also zu einer recht guten Einschätzbarkeit des anderen. Zudem passten sich ja auch die Hunde über zehntausende von Jahren an uns an, weswegen die „Verhundlichung" der Menschen vermutlich zu etwas anderen Ergebnissen führt als etwa eine „Verwölflichung" durch menschensozialisierte Wölfe. Während Hunde dazu tendieren, sich anzupassen und ihre Erwartungen entsprechend adaptieren, erwarten die Wölfe wahrscheinlich eher, dass wir uns nach ihren eigenen Vorstellungen verhalten.

Dass Arten und Individuen die Welt mit ihrer je eigenen Brille sehen, formulierte schon in den 1930er Jahren der große baltische Biologe und Philosoph Jakob von Uexküll in seiner „Umwelttheorie". Er meinte damit, dass die artspezifisch-individuellen Weltsichten durch die ihnen eigene spezifische Sinnesausstattung plus die durch Erfahrungen beeinflussten Interpretationsmechanismen im Gehirn entstehen. So entstehen selbstzentriert-subjektive Sichten einer Umwelt, die, objektiv betrachtet, eigentlich für alle gleich sein müsste. Klar, dass eine Ameise ihre Umwelt anders wahrnimmt und bewältigt als ein Mensch. Wie uns eine Ameise wahrnimmt und interpretiert, können wir nicht wissen. Letztlich lebt die Ameise in ihrer spezifischen Umwelt, sie wird, wenn sie uns überhaupt spezifisch wahrnimmt, die Menschen daher in irgendeiner Form „verameislichen".

Individuen sehen aber die Welt nicht nur durch eine artspezifische Brille. Dies verdeutlichte von Uexküll mit seinem Beispiel der Eiche. Während der Förster in ihr das wachsende Holz sieht, ist sie für Verliebte ein romantischer

Ort für ein zweisames Picknick und für den Hunderüden wahrscheinlich schlicht markierenswert. Ähnliches gilt für das Vermenschlichen von Tieren. Für einen Wurstproduzenten werden Schweine eine andere Bedeutung haben als für jemanden, der Hängebauchschweinchen in der tiergestützten Pädagogik einsetzt. Menschen selbst vertierlichten sich nahezu immer schon. Sie schlüpften in die Rolle des Jagdwildes, seit sie als animistische Jäger und Sammler lebten, also wahrscheinlich seit hunderttausenden von Jahren. Und seit zehntausenden von Jahren, seit sie in Nahebeziehung zu Wölfen lebten, nahmen Männer die Rolle des Werwolfs an, vor allem, um sich damit gesellschaftlicher Konventionen zu entledigen. Tänzer in Tierkostümen spielten in den Ritualen nahezu aller animistischer Stammesgesellschaften eine zentrale Rolle. Und heute feiern Menschen, die man als „Furries" bezeichnet, aus verschiedenerlei Gründen Partys in Tierkostümen. Vertierlichung stand wahrscheinlich an der Wurzel der Menschwerdung.

Benennen und aneignen

Was wir als relevant ansehen, benennen wir. Das ist eine zutiefst menschliche Eigenschaft, verbunden mit der Fähigkeit zur differenzierten Symbolsprache. Wie andere Tiere die für sie relevanten Objekte und Wesen in ihrer Umgebung „benennen", also für sich unverwechselbar machen, wissen wir kaum. Aber wir ahnen aus eigener Erfahrung, dass dies wahrscheinlich über das Einprägen von Mustern geschieht. Häufig etwa erkennt man andere Menschen am Gesicht, aber ihr Name fällt einem nicht ein. Die bloße Wiedererkennung ist also auch bei Menschen nicht an den Namen gebunden. Es ist anzunehmen, dass dies bei anderen Tieren ganz ähnlich funktioniert.

Menschen benennen auch, um Individuen unverwechselbar zu machen. Schweine in Intensivtierhaltung bleiben namenlos. Man sieht sie lieber als geklonte, seelenlose Körper zur Fleischproduktion denn als Individuen mit Persönlichkeit. Der Name des Almochsen auf dem Fleischpaket im Supermarkt fördert das Geschäft nicht. Von einem Studenten einst gefragt, was eine „Erbkoordination" sei, antwortete Konrad Lorenz spontan: „Alles, was einen Namen verdient". Er bezog sich damit auf die menschliche Neigung, relevante, unverwechselbare Kategorien in ihrer Umgebung mit Bezeichnungen zu versehen. Namen brauchen wir aber nicht so sehr, um die Verhaltensweise selbst wiederzuerkennen, sondern um für uns selbst System und Ordnung in die Vielfalt zu bringen und um mit anderen darüber zu kommunizieren. So unterscheiden wir Kategorien und auch Individuen, indem wir sie benennen: Bäume, Autos, Fichten und Tannen, Hunde und Katzen, aber auch Dackel Fritz von Dackel Franz.

Wie die anderen Tiere auch, wollen wir die für uns relevanten Kategorien und Individuen auseinanderhalten. Aber durch das Zuordnen von Bezeichnungen und Namen im Rahmen unserer hoch differenzierten Symbolsprache verleihen wir ihnen wesentlich stärker Bedeutung als das anderen Tieren auf Basis ihrer Strukturerkennung möglich wäre. Es steht uns damit ein nahezu unerschöpfliches Reservoire zur Begriffsbildung zur Verfügung, und das hat vielerlei Folgen. Durch Kommunizieren über die von anderen benannten Dinge dieser Welt erlangen diese auch für uns Bedeutung. Diese Werkzeugkiste der Benennung, Namensgebung, Bedeutungszuordnung und Aneignung macht Menschen kulturfähiger und kulturell kontinuierlicher als alle anderen Tiere dieser Welt. Durch Benennen anthropomorphisieren wir uns im Grunde die Welt, machen sie vertraut, aber auch untertan, machen *die* Welt zu *unserer* Welt, viel mehr, als dies anderen Tieren möglich ist.

Vollständig vermenschlichende Aneignung – Tiere und Gesellschaft

Die Aneignung der Welt durch die Menschen kann sehr radikal sein. Fabeln etwa geben nicht einmal im Ansatz vor, Tiere so interpretieren zu wollen, „wie sie sind". In Fabeln werden den Tieren stereotype Eigenschaften zugeordnet, etwa Schläue dem Fuchs, eitle Großmannssucht dem Löwen und Falschheit der Schlange. Diese Tiere versinnbildlichen in der Fabel die Menschen, offenbar auch, um Distanz zur Botschaft zu schaffen und so möglicherweise die Akzeptanz für die Botschaften in diesen Geschichten zu vergrößern, wahrscheinlich aber auch ihren Unterhaltungswert und damit die Aufmerksamkeit des Publikums. Im Zentrum der Fabeln steht also die Darstellung von Menschen. Um die Tiere selbst geht es nicht, sie werden vollständig instrumentalisiert.

Man könnte sich einreden, dass diese Zeiten vorüber sind. Es scheint aber nicht so. Während einerseits Tiere immer mehr Bedeutung erlangen, zeigen manche Ansätze in der Kunst, dass Teile der Gesellschaft nach wie vor einen extremen Anthropozentrismus leben. Im Frühjahr 2014 etwa stellte die Wiener Künstlerin Deborah Sengl im Essl Museum mittels 170 ausgestopfter weißer Ratten 44 Szenen aus Karl Kraus' *Die letzten Tagen der Menschheit* nach. Ohne Probleme mit dem Tierschutz übrigens, denn die 50 kg Hautinhalt wurden widmungsgemäß an Greifvögel verfüttert. Es gab wohlwollende Zustimmung und eine interessierte Aufnahme der gefälligen Ausstellung. Kritik an dem Umstand, dass hier Tiere ausschließlich zur Darstellung menschlicher Befindlichkeiten instrumentalisiert wurden, war nicht zu vernehmen. Sind ja bloß eklige Ratten. Mit denen schlafen wir im Gegensatz zu unseren Hunden, Katzen oder Partnermenschen nicht im Bett, zumindest nicht freiwillig. Die Begründung der Künstlerin für die Verwendung von Ratten war übrigens, dass diese bekanntlich die „egoistischsten" Tiere seien. Diese Einschätzung kann ich als Biologe nicht bestätigen.

Ein Teil der Kulturbeflissenen war gar nicht erfreut, als ich die menschliche Nabelschau im Spiegel der Ratten mit einem Zeitungskommentar störte, in dem ich auf diese vollständige Instrumentalisierung von Tieren im Dienste der Kunst hinwies und das Gedankenexperiment anschloss, wie die Reaktion wohl ausgefallen wäre, hätte die Künstlerin anstatt der Ratten tote Straßenhunde aus Rumänien ausstopfen lassen. Mit großer Wahrscheinlichkeit wäre ein Shitstorm losgebrochen. Warum eigentlich? Worin liegt der Unterschied im künstlerischen Instrumentalisieren von Ratten und Hunden?

Ist es in Ordnung, reale, wenn auch tote Tiere zu verwenden, um Menschengeschichten zu erzählen, in einer naturalistischen Fabel sozusagen? Die Beantwortung dieser Frage bleibt Geschmacks- und Einstellungssache und zeigt, wo die Menschen auf der Anthropomorphismusskala stehen. Sicherlich aber zeigt sich die extrem menschenzentrierte Verfasstheit unserer Gesellschaft darin, dass Kunst offenbar als allseitig akzeptierte Begründung für die Zur-Schau-Stellung von Tieren fungieren kann, für ihre vollständige Instrumentalisierung. Und dass selbst das Stellen dieser Frage einen Sturm der Entrüstung auslöste. Es wurde mir unterstellt, die Freiheit der Kunst in Frage zu stellen, und gleichzeitig wurde mir die Diskussion verweigert.

Die Verwendung von Tieren in der Kunst ist keine Seltenheit, es sei an Hermann Nitsch oder Damien Hirst erinnert. Eigentlich sollte das in Ordnung sein, denn „macht euch die Erde untertan", soll Gott gemeint haben. Aber ist das ein Freibrief, sein Ebenbild zu ver-ratten? Im Gegensatz etwa zu Tieren in der Wissenschaft oder zu ausgestopften Tieren in naturwissenschaftlichen Museen geht es bei Sengls ausgestellten Ratten nicht um die Ratten selbst. Wissenschaftliche Tierversuche stehen durch Tierversuchs- und Ethikkommissionen unter gesellschaftlicher Kontrolle. Nicht so die Kunst. Beide, sowohl Wissenschaft als auch Kunst, beanspruchen Freiheit der Ausübung für sich. Da auch die Kunst nicht außerhalb der Gesellschaft geschieht, sollte sie sich daher einer Diskussion ihrer Mittel nicht verweigern.

Sengls Ratten karikieren Menschen. Und das nicht in der Fabel, sondern in echt. Diese Kunst verweist nicht auf die Nähe zwischen Menschen und anderen Tieren, nicht darauf, dass sie als Mitgeschöpfe Achtung verdienen, im Gegenteil. Es handelt sich um arrogante menschliche Selbstdarstellung, eigentlich um einen eklatanten Verstoß gegen die Würde der Ratten als Lebewesen und damit letztlich auch gegen die Menschenwürde. Denn auch mit Ratten sind wir genetisch hoch verwandt, teilen ein sehr ähnliches soziales Gehirn.

Hier geht es nicht darum, gegen die Freiheit der Kunst zu polemisieren, sondern um einen Denkanstoß zur Frage, was Kunst bedeuten kann. Letztlich muss Sengl ihre Ratten ausstopfen dürfen, nicht zuletzt, solange Tiere in Massen für menschlichen Verzehr aufgezogen und getötet werden. Kunst ist Nahrung für Kopf und Seele; im Falle der Sengel'schen Ratten allerdings keine vegetarische. Aber Menschen instrumentalisieren und missachten ja auch andere Menschen, warum sollten sie das also ausgerechnet mit Tieren nicht tun? Der Unterschied besteht offensichtlich darin, dass bei den Menschen der Correctness-Reflex anspringt, zumindest bei Ratten aber (noch) nicht.

Wie Biologen Fragen stellen

Um uns als Menschen zu verstehen, kommen wir um den Spiegel der Tiere nicht herum. Dazu braucht es Hirn und Bauch. Daher ist es für diese Art von Selbsterkenntnis hilfreich, uns selbst und Tiere auch zu mögen. Der Blick in jeden Supermarkt zeigt, dass Menschen Tiere nach deren Tod nutzen, Tiere „produzieren", um sie nach entsprechendem Fleischzuwachs zum Zwecke des Verzehrs massenhaft um die Ecke zu bringen. Davon nahezu unabhängig sind viele Menschen willens und fähig, sich ähnlich nett und empathisch zu Tieren zu verhalten wie zu ihren menschlichen Sozialpartnern, mit Tieren in einen Prozess einzusteigen, der aus jenem Geben und Nehmen, jenem Teilen von Freude und Leid besteht, das jede enge Sozialbeziehung auszeichnet. Oder sie unterhalten zu Tieren sogar unverkrampftere und emotional engere Beziehungen als zu ihren nächsten Menschen. Tiere kritisieren nicht, es ist ihnen egal, wie wir aussehen, und sie lassen meist viel unkomplizierter Berührung und körperliche Nähe zu als Menschen.

Beziehungen zu Menschen oder anderen Tieren sind nicht bloß oberflächlich ähnlich. Tierbeziehungen fühlen sich oft wie „echte Sozialbeziehungen" an. Tatsächlich wirken auch zwischen den Arten dieselben grundlegenden Verhaltens-, neurobiologischen und physiologischen Mechanismen wie bei den Sozialbeziehungen innerhalb der Art. Darum sind unsere wichtigsten Kumpantiere, die Hunde, Katzen, Pferden etc., nicht nur passive Empfänger der menschlichen sozialen Aufmerksamkeit, keine reinen Projektionsflächen oder sogar passive Opfer unserer sozialen Bedürfnisse. Sie reagieren positiv auf Zuwendung, wenn man sie als Individuen mit eigenen Bedürfnissen akzeptiert, sie können also zu echten Sozialpartnern werden.

Subjektiv Sozialbeziehungen zwischen Menschen und anderen Tieren wahrzunehmen, ist eines. Ein anderes aber ist es, dies tatsächlich zu *wissen*. Dazu braucht es das recht strenge Korsett an Hypothesen und Methoden, in welches sich Wissenschaftler zwängen müssen, um zu gültigen Aussagen zu kommen. Anders ausgedrückt: Hausverstand und Empfinden sind nicht von Haus aus wissenschaftstauglich. Andererseits steht es Wissenschaftlern gut an, ihre Ergebnisse so zu präsentieren, dass sie verständlich sind. Daher möchte ich kurz erörtern, wie man als Naturwissenschaftler zu seinen Ergebnissen kommt. Nur weil sich vieles in diesem Buch intuitiv und gefühlsbasiert „anfühlt", lässt sich noch nicht auf eine intuitive Herkunft der Aussagen schließen. Die zentralen Aussagen dieses Buches werden auf wissenschaftlicher Basis getroffen. Schön, wenn sie auch das Bauchgefühl nicht beleidigen.

Zu den wenigen wichtigen Merkmalen, die Menschen tatsächlich von den anderen Tieren unterscheiden, zählt unser reflexives, forschendes, immer nach Erklärungen suchendes Gehirn. Menschen als Individuen und ihre Kulturen sind kaum damit zufrieden, ein gutes Leben im Hier und Jetzt zu führen. Geradezu sinnsüchtig suchen sie ständig nach Erklärungen, wer sie denn seien, über ihre Herkunft und ihre Zukunft, auch nach dem Tod. Menschen brauchen Schöpfungsmythen; nichts verstört zumindest die Menschen der westlichen Kulturen mehr als die Gedanken an einen Tod, nach dem alles aus sein soll. Interessanterweise leben auch nur Menschen, nicht aber andere Arten von Tieren sozial mit Kumpantieren.

Die rationale Aufarbeitung der Mensch-Tier-Beziehung zeigt, dass das wenig nutzorientierte Zusammenleben mit Tieren nicht als „dekadente" Angewohnheit des industriellen Zeitalters abgetan werden kann, wie es kommunistische Ideologien gelegentlich taten. Es scheint sich dabei vielmehr um ein stammesgeschichtliches Erbe aus grauer Vorgeschichte zu handeln (Serpell 1986). Trifft also zu, dass Menschen „biophil" sind, wie Edward Wilson 1984 behauptete? Dass wir also mit einer nahezu instinktiven Nahebeziehung zu den Dingen der Natur auf die Welt kommen und dieses Naturinteresse dann in unterschiedlicher Weise leben. Und wenn ja, was bedeutet das und woher kommt es?

Rational und durch die Brille der Wissenschaft betrachtet, ist es eigentlich gar nicht selbstverständlich, dass Menschen fähig sind, enge und individuelle Beziehungen mit Kumpantieren aufzunehmen. Und schon gar nicht, dass sie sich in Gegenwart entspannter Tiere ruhig und sicher fühlen können oder dass sie unter Umständen weniger Hemmungen haben, mit Tieren zu kommunizieren als mit Menschen. Die „Haeckel'sche Regel" besagt, dass die Individualentwicklung in gewisser Weise die stammesgeschichtliche Entwicklung abbildet. Wenn also in allen menschlichen Kulturen Kleinkinder am stärksten an Tieren interessiert sind, dann sagt uns die Logik dieser Regel, dass Menschen in enger Beziehung zu Tieren evolutionär geworden sein müssen.

Dem Verstand bleibt auch nicht verborgen, dass es tatsächlich „Stimmungsübertragung" von Tier zu Mensch gibt, aber auch in die andere Richtung. Das kann sogar zur Synchronisation des Verhaltens von Menschen mit ihren Tieren führen, genauso, wie es auch zwischen Menschen der Fall sein kann. Dieser uralte, ursprünglich innerartliche Synchronisationsmechanismus ist im Tierreich weit verbreitet. So zeigt uns der rational-wissenschaftliche Blick, dass wir im Umgang mit Tieren und insbesondere Kumpantieren natürlich hemmungslos vermenschlichen – weil wir gar nicht anderes können. Gerade wissenschaftliche Erkenntnisse aber können die unvermeidliche Vermenschlichung des Gegenübers so korrigieren, dass wir uns damit weder selbst überfordern noch die von uns geachteten und geliebten Kumpantiere.

Ohne Empathie ist keine gute Beziehung möglich – auch nicht mit einem Tier. Aber ohne Verstand wird unser Gegenüber leicht zum sozialen Missbrauchsopfer. Es liegt im Wesen der Empathie, dass sie aus dem eigenen subjektiven Empfinden heraus auf andere projiziert. Es bedarf daher eines Abstimmungs- und Korrekturmechanismus, um sicherzustellen, dass die empathische Projektion nicht vollständig am Bedürfnis des Gegenübers vorbeigeht. Solche Kontrollinstanzen der Empathie sind neben der eigenen guten Frühsozialisierung, über die noch zu sprechen sein wird, vor allem der informierte Verstand. Für gute, partnerschaftliche Beziehungen zu Kumpantieren braucht es eben nicht nur Herz, sondern auch Hirn. Aber ist das im zwischenmenschlichen Umgang anders, in der Erziehung von Kindern etwa? Oder in der Wissenschaft selbst, wo die Leidenschaft die Zügel des Verstandes braucht?

Neueren Erkenntnissen zufolge werden in Kumpantierbeziehungen mit Herz und Hirn die Tiere nicht ungebührlich „vermenschlicht" und schon gar nicht missbraucht. Es scheint vielmehr, dass gut informierte Zuwendung durch Menschen auch die sozialen Bedürfnisse jener Tiere erfüllt, die eine grundlegende Eignung aufweisen, mit Menschen zu leben. Was eigentlich seltsam erscheinen muss, weil Menschen nicht nur ziemlich anders aussehen als Hunde, Katzen oder Pferde, sondern auch, weil es ganz offenbar Artunterschiede gibt, etwa darin, Emotionen auszudrücken. Dennoch kann sich zwischenartlich eine tiefe, affektive Beziehung entwickeln, die von Menschen nicht nur subjektiv empfunden, sondern auch in ihren verhaltens- und physiologischen Komponenten objektiv erfasst werden kann.

Was Menschen mit Empathie für Tiere immer schon wussten, bestätigt nun auch die Wissenschaft: Wir teilen mit vielen anderen Tieren eine ganze Menge an Eigenschaften, die wir zum Sozialleben benötigen. Dies kann teilweise über das „Darwin'sche Kontinuum", also die graduelle Entstehung der Menschen aus der stammesgeschichtlichen Tierverwandtschaft, erklärt werden. Das evolutionäre Erbe beschert „Homologien", also herkunftsgleiche Strukturen. So etwa fliegt die Fledermaus mit einem unserer Hand homologen Flügel, mit zwischen Fingern ausgespannten Flughäuten. Das soziale Netzwerk im Gehirn blieb zudem nicht nur herkunfts-, sondern auch weitgehend funktionsgleich, und zwar buchstäblich von Fisch bis Mensch – über 450 Millionen Jahre Stammesgeschichte.

Ein anderer Weg, über die stammesgeschichtliche Entwicklung zu einem funktionell ähnlichen Ergebnis zu kommen, liegt in der „konvergenten" Entstehung von Ähnlichkeit aus unterschiedlichen Vorläufern; dies wird „Analogie" genannt. Oft etwa passen wenig verwandte Arten ihre Körper an ähnliche Umweltbedingungen an. So etwa entwickelte der australische Beutelwolf ein ganz ähnliches Aussehen und eine ähnliche Lebensweise wie die mit ihm gar nicht so eng verwandten Schakale, die „echte" Säugetiere sind. Ähnlich analog entwickelten sich die Schwanzflossen der Fische und die Schwanzfinnen der Wale: Beide erzeugen Vortrieb, sind aber nicht herkunftsgleich. Beispiele für „Konvergenz" findet man auch im sozialen Gehirn. Für das Zusammenleben, auch das zwischenartliche, ist es von großer Bedeutung, sich sozial angepasst zu verhalten und sich zu beherrschen, nicht jedem Impuls sofort nachzukommen. Bei Säugetieren bewerkstelligt dies der Stirnhirnanteil der Großhirnrinde, bei Vögeln das funktions-, aber nicht herkunftsgleiche *Nidopallium caudolaterale*.

Um Merkmale aus evolutionärer Sicht zu erklären, nutzen Biologen und evolutionäre Psychologen gewöhnlich den breit vergleichenden Ansatz zwischen den Arten. So entstehen plausible Szenarien zur evolutionären Ableitung von Merkmalen, auch jener des Menschen. Etwa, warum wir leidlich monogam sind, warum besonders Männer mit oft in Gewalt ausufernder Eifersucht versuchen, ihre Partnerinnen zu monopolisieren, warum sie derart versessen darauf sind, die leiblichen Väter ihrer Kinder zu sein und warum selbst der grauenhafte Kindermord evolutionäres Erbe sein kann. Letztlich entstammen viele Eigenschaften des Menschen, die uns heute Probleme bereiten, beipielsweise Gewaltbereitschaft, Eigennutz und Ablehnung der Fremden, aus der Tiefe der evolutionären Vergangenheit. Von dieser Vergangenheit kann man sich nicht durch Wegschauen „emanzipieren", sondern allenfalls auf Basis von Wissen.

Die vier Tinbergen'schen Ebenen, Fragen zu stellen

Im Rahmen der typischen artvergleichenden Methode der Biologie wird die „Warum"-Frage auf vier unterschiedlichen Ebenen gestellt; also etwa, warum Menschen „biophil" sind. Dies erlaubt es, „natürliche", also evolutionär entstandene Merkmale, etwa die menschliche Biophilie, aus materialistisch-naturwissenschaftlicher Sicht vollständig zu erklären. Warum also sind Menschen willens und fähig, Beziehungen mit anderen Tieren aufzunehmen und warum können diese Beziehungen wechselseitig werden? Genauso wie im Fall eines Fledermausflügels kann man auch im Zusammenhang mit der Biophilie und Kumpantierbeziehung der Menschen eine Reihe von Fragen stellen. Etwa zum möglichen „Anpassungswert" einer solchen Beziehung, zu den beteiligten physiologischen, neurologischen und psychologischen Mechanismen, zur Individualentwicklung von Willen und der Fähigkeit, sich artübergreifend zu sozialisieren, sowie schließlich, wie sich diese Eigenschaften während der langen Vorgeschichte und Geschichte der Menschen entwickelten. Diese so genannten „vier Tinbergen'schen Fragen" (Tinbergen 1963) kann man heute als das generelle Arbeitsprogramm der gesamten organismischen Biologie (im Gegensatz zur Molekularbiologie) sehen.

1. **Fitnessrelevanz der Kumpantierbeziehung:** Mit „Fitness-" oder „Anpassungswert" meinen Biologen die Bedeutung eines Merkmals für den individuellen Fortpflanzungserfolg. Lebewesen, die mehr Kopien der eigenen Genvarianten hinterlassen als andere, tragen mehr zur Veränderung der Eigenschaften von Populationen und Arten über die Zeit bei als jene, die nur wenig Nachkommen hinterlassen. Das nennen wir schlicht Evo-

lution. Wäre also das Zusammenleben mit Kumpantieren „adaptiv", dann sollten letztlich und über evolutionäre Zeiträume Menschen in Tierbeziehungen mehr Nachkommen hinterlassen als Menschen ohne. Hunde etwa sicherten als Jagdkumpane über die Jahrtausende die Nahrungsgrundlage der Menschen und warnten vor Feinden, hüteten das Vieh vor den Übergriffen ihrer wildlebenden Vorfahren und dienten bereits in den frühen Heeren als Kriegskumpane; sie verbesserten daher einerseits Überleben und Fitness. Andererseits verursacht das Zusammenleben mit Hunden auch Gefahren und Kosten für die Fitness, etwa sich eine Bandwurm- oder Tollwutinfektion einzuhandeln (Zimen 1988). Man weiß nicht, wie diese Nettobilanz über die letzten 30 000 Jahre aussah, aber ganz katastrophal kann sie nicht gewesen sein, sonst wäre die Hund-Mensch-Beziehung keine derartige Erfolgsgeschichte geworden.

Auch die neuzeitliche Kumpantierhaltung birgt einiges an verborgenem Nutzen. So etwa geht es Menschen in Gemeinschaft mit ihren Hunden und Katzen gewöhnlich mental und gesundheitlich besser als Menschen ohne Kumpantier (mehr dazu später), was natürlich den (Reproduktions-)Erfolg des Tierhalters oder in Folge den seiner Kinder positiv beeinflussen könnte. Gut belegt etwa ist die gesundheitsfördernde Wirkung der Hundehaltung, die noch Thema dieses Buches sein wird. Aber auch das Gegenteil ist theoretisch denkbar: Die soziale Nähe zu Tieren könnte Menschen davon abhalten, die Mühen der Partnerschaft und des Aufziehens von eigenen Kindern auf sich zu nehmen. Kumpantiere könnten also durchaus als soziale Parasiten wirken. Soweit der menschliche Blickwinkel. Für die Kumpantiere war die Assoziation mit Menschen evolutionär gesehen jedenfalls eine enorme Erfolgsgeschichte. Heute zählen Hunde und Katzen zum „Klub der evolutionär erfolgreichsten Tiere".

2. **Die Mechanismen der Kumpantierbeziehung:** Vergleichende Anatomie, Physiologie, Neuro- und Verhaltensbiologie zeigen viele relevante Gemeinsamkeiten zwischen Menschen und anderen Tiere, die zwischenartliches Sozialleben zumindest unterstützen. Das ist eines der Hauptthemen dieses Buches.

3. **Die individuelle Entwicklung der Beziehung zu Tieren:** Ganz offensichtlich beziehen sich die erwachsenen Menschen in ganz unterschiedlicher Weise auf Tiere. Nicht alle Hundefreunde lieben Katzen und umgekehrt. Den eigenen Hund zu lieben, bedeutet ja nicht einmal, alle Hunde zu

lieben. Zwischen Menschen ist das nicht anders. Und viele Erwachsene sind eigentlich gar nicht an Tieren interessiert, im Gegensatz zu der Zeit, als sie noch kleine Kinder waren. Dieses frühkindliche Interesse an Tieren scheint dem Menschen als evolutionäres Erbe grundgelegt. So wird verständlich, warum ein Aufwachsen nahe an Tieren und Natur für eine gute Entwicklung von Kindern wichtig zu sein scheint und warum ein naturfernes Aufwachsen ein „nature defizit syndrom" bedingen kann, wie der amerikanische Autor Richard Louv meint. Auch für die Tiere ist gute Frühsozialisierung wichtig. Wie vertrauensvoll, stressarm und sozial kompetent Hunde oder Katzen mit Menschen durch ihr Leben gehen und wie gut sie von emotionaler Unterstützung durch Menschen profitieren können, ist auch eine Folge der Beziehung eines Jungtieres zu seinen ersten Pflegepersonen. Dies gilt spiegelgleich für Menschen. Im Lauf des Heranwachsens differenziert sich das Verhältnis zu Tieren aus. Während manche das Interesse an Tieren nahezu verlieren, oft zugunsten einer technischen Orientierung, baut es sich bei anderen Menschen in Richtung eines Lebensstils aus; das könnte auch mit der individuellen Rolle von Empathie und Empathiefähigkeit im Leben zu tun haben.

4. **Die Stammes- und Kulturgeschichte der Kumpantierbeziehung:** Das Bedürfnis vieler Menschen, mit Tieren zusammenzuleben, entstand in einer langen Vorgeschichte als Jäger und Sammler. Natürlich sind wir, was die evolutionäre Geschichte der Mensch-Tier-Beziehung betrifft, großteils auf Szenarien und „educated guesses" angewiesen, die im streng wissenschaftlichen Sinn untestbar bleiben müssen (Popper 2002). Das macht diese Szenarien aber auch so reizvoll. Über die Fragen etwa, ob sich nun die Wölfe den Menschen angeschlossen hätten oder umgekehrt und ob diese Menschen durch Handaufzucht nachgeholfen haben mögen, kann man trefflich und ewig streiten. Schließlich war keiner von uns dabei und aus den Knochenfunden werden wir es wohl auch nicht erfahren. Spannend bleibt natürlich, wie sich die Kumpantierbeziehungen der Menschen über die graue Vorzeit bis zu den Hochkulturen entwickelt und verändert haben mögen, parallel zu den Veränderungen der Vor- und Einstellungen der Menschen zu den Tieren und zu den Rollen, die sie ihnen in ihren Gesellschaften zudachten.

Neben der faktengestützten Spekulation gibt es aber auch andere Möglichkeiten, auf durchaus wissenschaftlicher Basis Suchstollen in die Vergangenheit zu treiben. Etwa den Vergleich der Kulturen, der uns nahe legt, dass die Tierbeziehungen der heute noch existierenden Jäger- und Sammler-Kulturen große Unterschiede, aber auch gewisse Ähnlichkeiten zur Vergangenheit der Tierbeziehung der modernen Zivilisationsmenschen zeigen. Ein faszinierendes Fenster in die Vergangenheit öffnen aber auch Mythen, von denen jene vom Werwolf, also von der Verwandlung von Mann in Wolf, einer der ältesten der Menschen auf der Nordhemisphäre zu sein scheint (Kotrschal 2012a). Und schließlich öffnet die „Physis der menschlichen Psyche", also die psychologische Grundkonstruktion, ein weiteres, sehr großes Fenster in die Vergangenheit. Denn dieser Bau der Psyche samt zugehöriger Physiologie bildet schließlich die Basis auch der menschlichen „Biophilie".

2. Warum Menschen und Tiere miteinander wollen

Das prähistorisch-evolutionäre Geworden-Sein des Menschen wird nur im Lichte seiner Natur- und Tierbeziehung verständlich. Gerade das hartnäckige Festhalten der Stadtmenschen an Topfpflanzen und Tierkumpanen zeigt letztlich, dass es auch für moderne Zivilisationsmenschen zu den Lebensnotwendigkeiten zählt, ihre Umwelt mit Tieren und Natur zu vervollständigen.

Menschen sind biophil

Städte sind der ideale Ort zum Menschenschauen – sozusagen ein Hochdichtelebensraum für Menschen. Man sieht dort mit wenig Anstrengung auch mehr Tiere als irgendwo draußen in freier Natur. Und man erfährt dabei viel über Mensch-Tier-Beziehungen. Manches ist so selbstverständlich, dass es uns gar nicht mehr auffällt. Etwa folgende Szene, die ich zwar schon oft beobachten konnte, die mich aber immer wieder rührt: Ein ein- bis dreijähriges Kind schwebt in seinem Wägelchen wie Napoleon über der Welt, von eilig-devotem Betreuungspersonal geschoben. Es kaut brabbelnd und sabbernd an einem Stückchen Brot. Die Gruppe passiert eine in geringem Abstand auf dem Gehsteig trippelnde Taube, das Kind streckt seine kleinen Arme in ihre Richtung, quietscht vor Vergnügen, fällt beinahe aus seinem Gefährt und wirft sein Brot in Richtung Taube, nicht immer zum Vergnügen der diensteifrigen Wagenschieber. Für Taube könnte auch Hund oder Katze stehen.

Haben wir es hier mit einem besonders tierfreundlichen Kind zu tun? Tierfreundlich – ja, „besonders" – nein. Alle gesunden Kleinkinder dieser Welt sind, unabhängig von Kultur oder Einstellung ihrer Eltern, höchst tierfreundlich. Ab etwa drei Monaten nach ihrer Geburt zeigen Menschenkinder die längste Aufmerksamkeit gegenüber Tieren oder Tierabbildungen (Judy DeLoache und Mitarbeiter 2011). Auch die ersten Lautäußerungen von Kindern sind gewöhnlich tierbezogen. So ist es wahrscheinlich, dass unser Kind im Wagen nicht nur jauchzte, sondern unter Hinzeigen auch ein mehr oder weniger klares „Wauwau" sprach und dabei zwischen Kinderwagenschieber und Tier am Gehsteig hin- und herblickte. Dass nicht nur Hunde, sondern auch Tauben und Katzen anfangs „wauwau" genannt werden, entspricht der Reifung der Kategorisierfähigkeit während der Entwicklung der zunehmenden Differenzierung der Abbildung der Welt im kindlichen Gehirn.

Gerade an Tieren entwickelt sich bei Kleinkindern der symbolische Gebrauch der Sprache. Eine Lieblingsbeschäftigung aller Kleinkinder ist es, auf dem Schoß eines vertrauten Erwachsenen sitzend die ersten Bilderbücher durchzublättern, mit dem Finger auf die abgebildeten Tiere, Personen oder Gegenstände zu deuten, sie zu benennen und den Erwachsenen anblickend aufzufordern, diese ebenfalls zu benennen. Was leicht zu Missverständnissen führen kann. Deutet ein Kleinkind mit dem Finger auf ein Pferd und sagt dazu „muh", so fühlt sich der kognitionsbeherrschte Erwachsene gewöhnlich bemüßigt, das Kind zu verbessern, während dessen Hauptintention war, einfach ein Lächeln und verbale Anerkennung zu bekommen. In dieser Anerkennung sollte freilich durchaus auf das Nicht-Kuh-Sein des Pferdes hingewiesen werden. Das kindliche Gehirn lernt so den Symbolgebrauch der Sprache, indem es die Bedeutung neuer Worte und die Namen von neuen Gegenständen nicht über Definitionen, sondern aus dem Kontext heraus lernt; so reift seine Einsicht, dass Katzen und Hühner „Tiere" sind, das Feuerwehrauto dagegen nicht, oder dass Hühner und Tauben „Vögel" sind, Kühe und Schildkröten dagegen nicht.

Im Heranwachsen zeigt dann vor allem der Wandel in der Einstellung zu Tieren die Entwicklung zum Denken der Erwachsenen, wie Stephen Kellert von der US-amerikanischen Yale University 1984 beschrieb: Im Alter von sechs bis neun Jahren differenzieren sich zuerst die emotionalen Beziehungen zu unterschiedlichen Tieren. Im Alter von 10–13 Jahren nimmt dann das sachliche, verstandesgeleitete Interesse an und das Faktenwissen zu Tieren sprunghaft zu, besonders wenn es durch entsprechende Angebote gefördert wird. Und ab dem 13. Lebensjahr bilden sich eine umfassende ethische Besorgnis und ein Verständnis von Tieren als Teil der Ökosysteme aus. Diese Bewusstseinsentwicklung wird vom Natur- und Tierbezug auf andere Bereiche des Lebens übertragen und verallgemeinert. Es ist daher abzusehen, dass es für eine optimale Entwicklung nicht gesund sein kann, wenn die entsprechenden Angebote in der Kindheit fehlen. Tiere und Natur sind nicht nur „nettes Beiwerk" beim Heranwachsen von Kindern, sondern offenbar für ihre optimale Entwicklung beinahe ähnlich wichtig wie die frühe Beziehung der Kinder zu ihren ersten Betreuungspersonen. So kann die Entwicklung der Kinder als starker Beleg dafür gelten, dass Menschen „biophil" sind (Kellert und Wilson 1993; Wilson 1984), dass sie weit stärker und auf quasi instinktiver Basis an Natur und Tieren interessiert sind als alle anderen Tiere. Das gilt natürlich nicht im gleichen Ausmaß für alle Erwachsenen. Wie bei allen anderen Merkmalen auch, hängt es von Anlagen und Entwicklungsbedingungen ab, wie stark biophil erwachsene Menschen sind und wie groß ihr Bedürfnis ist, in Kontakt mit der Natur bzw. mit Tieren zu leben.

Letztlich ist auch der Hang der Menschen, mit Kumpantieren zu leben, nicht unabhängig von jenen evolutionären Selektionsfaktoren, die alle sozialen Systeme prägen: Menschen sind, wie alle anderen Tiere, im Grunde darauf getrimmt, sich so zu verhalten, dass sie den eigenen, individuellen Fortpflanzungserfolg optimieren. Nur weil unsere Vorfahren mehr Nachkommen hinterließen als andere, sind wir heute auf der Welt; so einfach ist das. Und immer noch verhalten sich Menschen nach diesem „reproduktiven Imperativ", obwohl heute Sex in den allermeisten Fällen nicht mehr im Dienste des Kinderzeugens steht. Auch das ist im Übrigen keine neue Entwicklung, denn Sex steht bei Menschen wie bei anderen Tieren, bei denen Partner über lange Zeiträume zusammenbleiben, auch im Dienste der Festigung sozialer Bindungen.

Wie die psychischen Grundausstattungen aller anderen Tiere auch, entstanden die psychologischen Anlagen der Menschen im soziobiologischen Kontext. Was mit als Grund gelten kann, warum die menschliche Psyche offenbar auch teilkompatibel mit der Psyche anderer Tiere ist. So unterscheiden viele soziale Wirbeltiere zwischen „uns" und „den anderen". Bereits Heringe tun dies auf der Basis von „phenotype matching": Fische, die etwa aufgrund ihrer Größe nicht in einen Schwarm passen und daher gefährdet sind, von Fressfeinden erbeutet zu werden, verlassen den Schwarm, sobald es brenzlig wird. Als „großhirnige" Wirbeltiere beurteilen wir angeblich unsere Gruppenzugehörigkeit eher nach Sozialisation als nach Aussehen. Wir werden in bestimmte Gruppen hineingeboren, mit anderen sozialisieren wir im Laufe unseres Leben. Aber allzu geringschätzig sollten wir auf die Heringe nicht herabsehen, solange Hautfarbe und Markenkleidung für die Gruppenzugehörigkeit bei Menschen immer noch von Belang sind.

Wie exklusiv oder inklusiv eine Partnerschaft oder eine Gruppe in Beziehung zu Außenstehenden agiert, hängt von ihrer internen Stabilität ab, den Bedürfnissen der Partner, aber auch von externen Herausforderungen. Gruppen und Partnerschaften etwa, die von außen bedroht werden, rücken zusammen, Wölfe wie Menschen. Und natürlich hängt die Offenheit von Zweier- und Gruppenbeziehungen für andere von der Persönlichkeit, den Einstellungen, von Geschlecht, Alter etc. der Partner ab (Larson und Holman 1994). Sich nach außen zu öffnen und Kontakte einzuladen, funktioniert übrigens gewöhnlich mit einem netten Hund besser als in Gesellschaft menschlicher Partner. Aus mancherlei Gründen. So etwa wurden Arbeitshunde auch daraufhin ausgelesen, nicht nur mit *einem* bestimmten Menschen zu kooperieren. Jagdhunde, Assistenzhunde für Menschen mit besonderen Bedürfnissen oder gar Schlittenhunde werden sehr oft von bestimmten Personen ausgebildet und arbeiten dann mit anderen Menschen, oft sogar mit mehreren Personen (Coppinger und Schneider 1995).

Gerade Assistenzhunde sind ein gutes Beispiel dafür, dass sie neben ihrer eigentlichen Widmung, nämlich Menschen mit besonderen Bedürfnissen zu assistieren, vor allem als „soziales Schmiermittel" wirken. Hundebegleitung macht die Menschen selbstbewusst und hilft ihnen, das soziale Schneckenhaus zu verlassen, in welches sie in Folge ihrer Behinderung leicht geraten. Auch Außenstehende tun sich leichter, einen behinderten Menschen über den Umweg des Hundes anzusprechen. Hunde können ein geeignetes Interface für Kommunikation zwischen Menschen sein und so auch dazu beitragen, Menschen oder Gruppen miteinander in Kontakt zu bringen.

Die Vorzeit des Menschen als Tier und in Kontakt mit Tieren

Was ist davon abzuleiten, dass Kleinkinder vor allem an Tieren interessiert sind? Warum sind gerade die Kinder für eine Bewertung der menschlichen Biophilie so wichtig, während in den Gesellschaften doch die Erwachsenen den Ton angeben? Die kindliche Frühentwicklung öffnet ein Fenster in die evolutionär-frühgeschichtliche Entwicklung des Menschen. Nach der heute allseits anerkannten „Haeckel'schen Regel" widerspiegelt sich in der Individualentwicklung die Stammesgeschichte. Das gilt offenbar nicht nur für die bei frühen menschlichen Föten ausgebildeten Kiemenspalten, die uns daran erinnern, dass unserer Vorfahren vor etwa 400 Millionen Jahre Fische waren. Das gilt sicherlich auch für unsere mentalen Anlagen.

So erinnert uns die kompromisslose Tierorientierung der Kleinkinder daran, dass wir über die längste Zeit unserer evolutionären Vorgeschichte als anpassungsfähige Jäger und Sammler lebten. Wir waren in Kleingruppen mit komplexer Struktur organisiert, mit den Nachbarn verbündet, befreundet oder auch tödlich verfeindet oder, in zeitlicher Abfolge, alles davon. Was daraus abzuleiten ist, ist eine wichtige und nicht unumstrittene Frage. Ich halte es gelinde gesagt für schwachsinnig, plakativ zu meinen, der moderne Mensch sei letztlich unfähig, in komplexen Großgruppen und Gesellschaften zu leben, weil er als Kleingruppenwesen entstand. Zum Scheitern verurteilt, sozusagen. Daraus wäre dann abzuleiten, dass Männer immer noch Jäger sein müssten und Frauen sanfte, kuchenbackende Wesen. Menschen sind viel zu flexible und resiliente Wesen, um für immer durch ihre evolutionäre Vergangenheit in allem determiniert zu sein. Aber wie jedes platte Klischee enthält auch jenes zu unserer Jäger- und Sammler-Vergangenheit mehr als nur ein Körnchen Wahrheit.

Was bei Menschen im Vergleich zu unseren nächsten Verwandten, den Schimpansen und anderen Menschenaffen, auffällt, ist die enorme Gehirngröße – und was wir Menschen damit anfangen. Seit der Trennung vom gemeinsamen Vorfahren mit den Schimpansen vor etwa 6 Millionen Jahren bis etwa 800 000 Jahre vor unserer Zeit verdoppelte sich das Volumen der Schädelkapsel in der Menschenlinie auf etwa 1000 Kubikzentimeter. Über die letzten 800 000 Jahre gab es nicht nur starke Klimaschwankungen, parallel dazu stieg das Gehirnvolumen auf dem Weg zum modernen Menschen rapide auf etwa eineinhalb Liter. Damit ist schon angedeutet, dass man heute diese Klimaschwankungen und die damit zusammenhängenden Herausforderungen und sozialen Entwicklungen für die grundlegende treibende Kraft der menschlichen Hirngrößenentwicklung hält. Der Preis für unser großes Gehirn und seine einzigartige Denkleistung, etwa im Vergleich mit den Schimpansen, war übrigens eine deutlich geringere Muskelkraft (Bozek et al. 2014). Hirn schlägt Muskel. Man kann eben nicht alles haben.

Hier kommt auch das Sozialleben ins Spiel, weil eine arbeitsteilige und kooperative soziale Gruppe, die von den Händen und Hirnen Vieler profitiert, natürlich ökologisch wesentlich erfolgreicher, anpassungsfähiger und kreativer sein kann als jedes Individuum für sich allein. Menschen und Wölfe sind dafür hervorragende Beispiele. Jared Diamond, ein Geograf an der University of California, meinte 2005, dass nicht nur für die Entwicklung einer komplexen Kultur, sondern auch für ihre Erhaltung eine gewisse Mindestzahl an Köpfen erforderlich ist, die zudem nicht nur mit dem nackten Überleben beschäftigt sein dürfen, um genügend Zeit und Muße für die Pflege von Kulturtraditionen aufwenden zu können. So erklärte er etwa den Kulturverlust der Tasmanier über die paar Jahrtausende, seit sie in der letzten Eiszeit, kulturell hochgerüstet und trockenen Fußes, die australische Südinsel zu Fuß erreichten.

Im Gegensatz zu den ebenfalls sehr sozialen und intelligenten Wölfen verfügen Menschen nicht nur über ein wesentlich größeres Gehirn, sondern auch über eine hochkomplexe Symbolsprache, deren Entwicklung ebenfalls vor etwa 800 000 Jahren begonnen haben mag, offenbar aus dem mit Lautäußerungen verbundenen Gestikulieren schimpansenartiger Vorfahren und einer bereits damals vorhandenen symbolischen Denkfähigkeit; darauf lassen jedenfalls die heute lebenden Schimpansen schließen, die von Menschen lernen können, sich mittels komplexer Symbole zu verständigen, dies aber im Freiland nicht tun. Vieles deutet allerdings darauf hin, dass erst wenige Mutationen vor kaum 100 000 Jahren die hervorragende Artikulationsfähigkeit der menschlichen Sprache ergaben. Mit der Sprache jedenfalls wurde es möglich, über Vergangenheit und Zukunft nicht nur nachzudenken, wie es wahrscheinlich auch andere Tiere im Rahmen ihrer Notwendigkeiten und Möglichkeiten tun – zum begrifflichen Denken braucht man nicht unbedingt Worte –, sondern darüber untereinander auch zu kommunizieren. So begannen Menschen, über ihre Herkunft und ihre Existenz zu sprechen, entwarfen Schöpfungsmythen und gaben diese über viele Generationen als mündliche Überlieferungen weiter.

Damit wurde ein bereits enorm leistungsfähiges menschenähnliches Tier zum reflektierenden Menschen, dessen Grundeigenschaft es ist, philosophieren zu *müssen*. Sich selbst und seine Welt zu erklären, ist für individuelle Menschen wie Kulturen überlebenswichtig. Menschen sind sinnsüchtig. Während andere Tiere – wie ich unterstelle – mehr oder weniger glücklich vor sich hin leben, vorwiegend im Hier und Jetzt, können Menschen nur in Erfüllung ihrer Sinnsuche und im Wissen und Bewusstsein über sich selbst und andere zumindest zeitweise glücklich werden. Das reflektierende Gehirn des Menschen ist Segen und Fluch zugleich. Verantwortung zu übernehmen, ist nicht nur Option, sondern letztlich Notwendigkeit und Zwang. Jedenfalls ist es für Menschen nicht mehr ganz einfach, ihr Glück im Hier und Jetzt zu finden. Sind wir zu verkopft, um glücklich zu sein?

Nicht *trotz*, nein, *wegen* ihres leistungsfähigen Gehirns haben sich die Menschen in jene verzweifelte Lage manövriert, in der sie als „Menschheit" heute leben. Nicht allen muss es damit schlecht gehen, aber es werden immer mehr. Nicht *die Menschheit* übrigens war es, die sich und die Welt in eine missliche Lage gebracht hat. Denn die meisten Menschen können nichts für die gegenwärtige ökologische Misere. Wenn es einen Ausweg gibt, dann wiederum nur über das leistungsfähige Gehirn; wir müssen es entsprechend gebrauchen und mit anderen kreativen Hirnen vernetzen. Schwierig zu akzeptieren, dass uns ebenjene Denkfähigkeit, die uns offenbar die Misere eingebrockt hat, nun daraus retten soll.

Indirekt haben uns also wahrscheinlich Klimaschwankungen gescheiter als andere Tiere gemacht, direkt war es eine Menge anderer Faktoren. So ermöglichte beispielsweise der aufrechte Gang unserer Vorderextremität, die wohl höchst entwickelte Greifhand im Tierreich auszubilden, mit starken

Verbindungen zum Gehirn. Menschen *begreifen* buchstäblich ihre Welt und verbinden das mit anderen Sinneseindrücken wie Aussehen und Geruch. So lernen wir die Interaktion mit den für uns wichtigen Dingen, so begreifen wir die alltägliche Physik, also das Verhalten der Dinge. Wir betasten und beriechen auch unsere Liebsten – Menschen oder Kumpantiere. Säugetiere zeigen „Hauthunger" (Dunbar 2010), genauso wie die sozialen nestflüchtenden Vögel wie Raben oder Papageien. Sie alle wollen von vertrauten anderen berührt werden, und Hände, Münder und Schnäbel wollen berühren. Das führt zur Ausschüttung von Oxytocin, in der Folge zu Beruhigung, sozialer Orientierung und Angstverminderung. Dieses Beruhigungssystem funktioniert als Antagonist unserer Stresssysteme. So fungiert die menschliche Hand nicht nur technisch im Sinne von „Handwerk", sondern insbesondere auch als wichtiges soziales Werkzeug.

Mit Hand und Hirn

Wahrscheinlich machen uns auch unsere Hände zu wahrlich „überoptimalen" sozialen Partnern unserer Kumpantiere. Die Zungen und Zähne der Wölfe, Hunde, Katzen und Pferde berühren zart die anderen, beknabbern sie; aber nur Menschen haben so vielseitige Hände. Offenbar empfinden es unsere Kumpantiere als ganz wunderbar, dass Hände viel mehr können als die Zungen und Zähne ihrer Artgenossen. Sie ermöglichen ein qualitativ wesentlich reichhaltigeres Berühren und Streicheln, mehr vom Guten, sozusagen, und das noch dazu an zwei Stellen gleichzeitig. Hände verfügen über viel höhere mechanische Freiheitsgrade im Vergleich zu Zähnen und Zungen. Hände können den gesamten Körper bestreichen und sich daher allen jenen Stellen ganz intensiv widmen, an denen es besonders gut tut. Hände spielen also nicht nur im menschlichen Sozialleben eine tragende Rolle, sie sind auch eine soziale Brücke zu anderen Tieren.

Robin Dunbar (2007) von der Universität Oxford fiel auf, dass die Vorderhirngröße bei unterschiedlichen Affenarten mit Größe und Komplexität ihrer typischen Gruppen korreliert. Je größer die Gruppe, umso mehr muss man sich merken. Dazu ist mehr einschlägige Hirnmasse erforderlich, so die einfache Einsicht. Inzwischen gilt soziale Komplexität bei Säugetieren und Vögeln als einer der wichtigsten evolutionären Treiber für die Entwicklung leistungsfähiger Gehirne. Gruppengröße allein ist freilich nicht entscheidend, sonst hätten Heringe oder Stare die größten Vorderhirne. Und natürlich ermöglicht die geistige Leistungsfähigkeit erst komplexes Sozialleben. Evolution verläuft eben in Feedback-Spiralen, mit starker Beteiligung der Primatenhände zum „Groomen". Im Deutschen wird dieser Begriff meist mit „lausen" übersetzt. Dies trifft insofern zu, als bei diesem Akt sozialer Fellpflege durch „Befingern der anderen" meist auch Parasiten wie Läuse, Hautschuppen etc. entfernt werden. Das komplexe Sozialleben der Insekten ist eine andere Geschichte. Das beruht eher auf instinktiven Mechanismen als auf geistiger Leistungsfähigkeit. Es geht um das Befolgen von genetisch angelegten Regeln. Wenn die nach Hause gekommene Honigbiene im Winkel x und in der Intensität y tanzt, dann fliegt man im Winkel x' vom Stock aus in Erwartung einer bestimmten Distanz und findet den blühenden Kirschenbaum. So kommen buchstäblich alle komplexen Leistungen der staatenbildenden Insekten auf Basis solcher einfachen Regeln zustande. Eine gewisse Lernfähigkeit passt auch bei den Insekten Individuen an wechselnde Umweltsituationen an und macht ältere Arbeiterinnen zu effizienteren Nahrungssammlerinnen. Ob man das, was sich dann auf Ebene des Kollektivs daraus entwickelt, „Schwarmintelligenz" nennen will, bleibe dahingestellt. Selbst halte ich es eher mit jenen, die Intelligenz vor allem für eine individuelle Leistung halten.

Bei Säugetieren und vielleicht auch Vögeln machen eher die Beziehungen mit den anderen in der Gruppe klug, sowohl evolutionär als auch durch individuelle Erfahrungen während der Entwicklung. Auch für dieses soziale Lernen, welches Individuen an die sozialen Gruppen anpasst, in die sie hineinwachsen, und sie ökologisch fit macht, braucht man natürlich Lernbereitschaft. Diese entstanden über entsprechende Selektion in der Evolution. Säugetiere müssen sich merken, mit wem sie was wann und wo gehabt oder getan haben, welcher Art die Erfahrungen waren und natürlich auch, wie man den Lebensraum nutzt, wie man gefährliche Feinde meidet, wie man Wasser in Trockenzeiten findet und Nahrung, wenn es knapp wird. Man schmiedet Allianzen, pflegt Freund- und Feindschaften, muss andere für sich gewinnen und seine instinktiven und affektiven Impulse erheblich beherrschen können, unter Umständen auch fähig sein, mit Information strategisch umzugehen, um in der Gruppe erfolgreich zu sein.

Vögel dagegen scheinen im Vergleich zu Säugetieren eher in komplexen Paarbeziehungen zu leben. Sie neigen in viel stärkerem Ausmaß als Säugetiere zur Monogamie, weil sie ihre Eier frühzeitig legen und damit den Männchen Gelegenheit geben, kräftig in der Jungenfürsorge mitzumischen. Das wirkt sich auch auf Beziehungen zwischen Menschen und beispielsweise ihren Papageien aus. Bei den Säugetieren ist die männliche und die weibliche Lebewelt oft recht deutlich getrennt, weswegen sich Geschlechtspartner nicht selten in ihrer Beziehung schwer tun, weil sie ziemlich unterschiedliche soziale Erwartungen haben mögen. Plakativ ausgedrückt sind Säugetierweibchen nahrungsbezogene Aufzieherinnen ihres Nachwuchses, Männchen dagegen oft konkurrenzbereite Machos und Haremshalter. Diese Asymmetrie in den sozialen Dispositionen der Geschlechter ist bei Vögeln – wenn überhaupt vorhanden – viel geringer ausgeprägt. Unklar bleibt, ob deswegen etwa einzeln gehaltene Papageien (ohnehin ein No-Go!) mehr permanente Beziehung erwarten, als ihre Menschen bieten können und wollen, und deswegen in der Regel mental verkümmern.

Menschen sind im Gegensatz zu Schimpansen biophile Philosophen

Im Prinzip pflegen Schimpansen einen ähnlichen Lebensstil wie die frühsteinzeitlichen Vorfahren der modernen Menschen (Wrangham et al. 1994). Beide leben in Gruppen von etwa 25 Individuen, gehen in Untergruppen Nahrung suchen, jagen oder auf Grenzpatrouille. Letzteres betrifft nur die Männchen, wobei die Schimpansen wesentlich stärker als machiavellische und gewalttätige Männerbundgesellschaft organisiert sind als Menschen. Unsere frühen Vorfahren waren sicherlich ökologisch und sozial bereits wesentlich flexibler als Schimpansen. Es ist auch nicht anzunehmen, dass, wie bei den Schimpansen, vollständige Promiskuität herrschte. Und die frühen Menschen mussten ihre Nachbarn nicht unbedingt umbringen, man konnte sich auch arrangieren bzw. durch Feiern und Heiraten verbünden und vernetzen. Man konnte vor allem seit längerer Zeit bereits Abmachungen, also mündliche Verträge, schließen, weil man im Gegensatz zu den Schimpansen über eine differenzierte Sprache und ein zugehöriges gutes Gedächtnis verfügte.

Diese ganz und gar nicht schimpansenartige Flexibilität und Bündnisfähigkeit erklärt sich aus dem riesigen sozialen Gehirn der Menschen, komplettiert durch differenzierte Sprachfähigkeit. Menschen haben mit etwa 1300–1500 ccm ein viel größeres Gehirn als Schimpansen (gerade mal 400 ccm). Daher ist anzunehmen, dass Menschen im Gegensatz zu den Schimpansen bereits über hunderttausende von Jahren biophil sind und zunehmend auch philosophierten sowie dass sie über eine bessere Beherrschung ihrer Impulse verfügen, die, wie man heute weiß, vor allem von der absoluten Gehirngröße abhängt (McLean et al. 2014).

Dies bedeutet vor allem, dass Menschen bereits frühzeitig ihre sozialen Veranlagungen nutzten, um besonders mit dem gejagten Wild in Beziehung zu treten, spirituell oder ganz konkret, etwa über Handaufzucht, die erlaubt, Tiere mit Menschen zu sozialisieren (Serpell 2000). Biophilie beruht letztlich auf der Fähigkeit, über die Welt, die Natur und sich selbst nachzudenken. Dies schließt immer auch die emotionale Bewertung von allem und jedem mit ein. Die Biophilie ist also Teil des „philosophischen Moduls" im menschlichen Gehirn und ermöglicht es, uns selbst in der Perspektive zu anderen zu erkennen, so gut das eben geht. Wer bin ich – wer sind die anderen? Diese Frage können in dieser Weise eigentlich nur Menschen stellen. Biophilie hängt auf diese Weise auch eng mit Spiritualität und Forscherdrang zusammen, also mit allem, was uns dazu dient, die Welt und uns selbst zu erklären.

Menschen hatten nicht nur frühzeitig schon ein starkes geistiges Interesse an der Natur, sie konnten dank ihrer Sprachfähigkeit auch individuell erworbenes Wissen in Form sozialer Traditionen weitergeben. Die mündliche Überlieferung über Natur, Soziales und Spirituelles erreichte rasch einen hohen Grad an Komplexität. Auch das scheint einen wichtigen Selektionsdruck auf das menschliche Gehirn ausgeübt zu haben. Menschen verfügen über Mythenhirne. Besonders die frühen Geschichten und Mythen der Menschheit sind, wie jene, die den kleinen Kindern erzählt werden, voller Tiere, voller Metamorphosen von Menschen in Tiere und umgekehrt. Man erzählte und man hörte zu. Menschen sind Geschichtenerzähler über sich und andere. Immer noch und wahrscheinlich in alle Zukunft, wie die von den Medien transportierten Inhalte zeigen. „Soziale Netzwerke" boomen seit hunderttausenden von Jahren, früher analog, heute auch digital. Mit besonderem Interesse lauschen gewöhnlich Kinder diesen Geschichten. Ihre Gehirne sind dadurch stark formbar, diese Geschichten nisten sich unauslöschlich ein, um später um die Nuancen der Erinnerung verändert der nächsten Generation weitergegeben zu werden.

Zweifellos stand das mündlich überlieferte Mythenwissen lange schon in einem animistisch-spirituellen Zusammenhang. Die Standortbestimmung der Menschen über ihre Mythen und über ihre eigene Einbettung in diese Welt ist wahrnehmbar über die zu Glaubenssätzen und Tabus verfestigten Regeln des Umgangs mit den wahrnehmbaren Dingen und mit der Welt der Geister. Ihre Einbettung in den spirituellen Rahmen der Mythen gab unseren Ahnen Sicherheit angesichts der vielfachen Bedrohungen aus Natur, feindlichen Nachbarn und Nachtgeistern. Mythen waren Welterklärung, sie unterstützten nicht zuletzt die Expansion der ökologischen Nischen des Menschen und damit die Besiedlung neuer Habitate. Nicht nur wegen der Fähigkeit zur Entwicklung neuer Kulturtechniken, sondern auch, weil Erklären und Verstehen Angst vor Neuem mildert und für Innovationen öffnet. Heute erzählen wir unseren Kindern nur noch selten komplexe Geschichten. Das haben Fernsehen und Internet übernommen. Jene aber, die ihrem Nachwuchs beim Zu-Bett-Gehen von Tieren und Menschen, den Ahnen und den Kindern anderswo auf der Welt erzählen und vorlesen, werden lesende, erzählende und damit hoch kultur- und sozialfähige Kinder heranziehen. Es kann als Definition für die biologische Art Mensch gelten, wissen zu *müssen*, wer man selbst ist, warum man etwas tut, wie die umliegende Natur funktioniert und wie man seine Beziehung zu den anderen Menschen und Tieren gestaltet. Das macht Gefahren absehbar und zumindest subjektiv beherrschbar. Angst entsteht immer aus dem Unbekannten, aus dem Nicht-Erkennbaren, Nicht-Erklärbaren.

Dunkelheit dient vielfach als Metapher für Bedrohung: Im Dunkel der Nacht kommen die Fressfeinde. Im Dunkel der Höhle verbirgt sich das Monster. Dunkelheit macht undurchschaubar, Dunkelheit macht Angst, Kindern wie Wolfs- oder Hundewelpen. Mit drei Wochen setzen die Wolfswelpen ihren Harn und Kot meist schon im Freien ab. In der Nacht dagegen am und auf dem Lager des Handaufziehers, mit dem der sonst so vorwitzige Jungwolf beim Schlafen gerne Körperkontakt hält, wenn es draußen dunkel ist und der Wind pfeift. Auch deswegen ist es eine der herausragenden Eigenschaften des menschlichen Gehirns, dass es fähig ist, oft rasch und spontan Konzepte und Erklärungen zu komplexen Zusammenhängen anzubieten. Das gibt Sicherheit, wirkt der Angst entgegen und ermöglicht, dass Menschen ihre Welt erforschen und erobern. Umgekehrt kann das menschliche Gehirn auch Monster und Ängste erzeugen, von denen die Gehirne der anderen Tiere wahrscheinlich keinen Schimmer haben. Die Glücklichen – ach, hätten wir doch nicht vom Baum der Erkenntnis genascht ...

Bezeichnenderweise wurden die für Menschen ökologisch schwierigsten Weltregionen, etwa die jenseits des Polarkreises, als letzte dauerhaft besiedelt, konkret vor weniger als 2000 Jahren. Menschen bewerkstelligten dies nicht, wie etwa Robben oder Eisbären, durch dramatische körperliche Anpassungen, sondern indem sie ihre Lebensweise und Kultur entsprechend änderten und ihre eigene, arktistaugliche Art von Biophilie entwickelten. Es ist anzunehmen, dass Wissenserwerb und die soziale Wissensweitergabe über Geschichtenerzählen in diesen expandierenden Kulturen bereits vorher optimiert waren. Im Grunde scheint es sich also bei der Biophilie um einen Komplex von geistigen, emotionalen und sozialen Fähigkeiten und Merkmalen zu handeln, der als artspezifisch für den Menschen gelten muss und vermutlich den wichtigsten Faktor darstellt, warum Menschen fähig waren, die Erde gründlicher als alle anderen Arten zu besiedeln, vom Regenwald bis hoch in die Arktis.

Darüber hinaus mag dieses Biophilie-Syndrom wichtiges Feedback für die Entwicklung des menschlichen Gehirns gegeben haben und Katalysator in der Entwicklung einer differenzierten Sprache gewesen sein, deren komplexe Symbolqualität vor allem auch über die den Menschen umgebende Natur und entsprechende Beziehungs- und Entstehungsmythen katalysiert wurde. Daher kann die Biophilie sowohl als Entstehungsbedingung als auch als Teil der menschlichen Psyche gesehen werden (Freud 1975; Jung 1995). Und sei es lediglich, weil ein über Kulturtechniken ermöglichtes Leben in enger Beziehung zur Natur ein kooperatives soziales System erforderte, welches seinerseits als Hauptfaktor für die Entwicklung eines großen menschlichen Gehirns gilt (Byrne und Whiten 1988). Wie alle anderen biologischen Merkmale auch stehen Gehirn und Geist (im naturwissenschaftlichen Sinn) unter ständiger Selektion.

So wurde und wird selbst der menschliche Welterklärungs- und Beziehungsapparat nach darwinschen Prinzipien geformt. Die Ökologie des Menschen, sein Leben mit Natur und Tieren, stand über eine lange Phase der Vorgeschichte in enger Beziehung mit seiner Kultur, vor allem mit dem Glauben an die Beseeltheit der Tiere, der Pflanzen und sogar der Steine, Berge und Flüsse. Im Gegensatz zu anderen Tieren war die Ökologie des Menschen eng mit Spiritualität verbunden und ist es bis heute. Denn der Glaube an die Beseeltheit wurde nur vordergründig von der Ideologie des Habens abgelöst. Extremer Materialismus ist – sehr im Gegensatz zu Beziehungen, auch mit Tieren – sinnentleert und inkompatibel mit der biophilen menschlichen Psyche. Und glücklich macht er schon gar nicht.

Tierbeziehung und Spiritualität

Vor dem Sesshaftwerden der meisten Menschen entwickelten sich über hunderttausende von Jahren viele verschiedene Jäger- und Sammler-Kulturen, die einige Gemeinsamkeiten aufwiesen: Sie waren alle Animisten, glaubten also an die Beseeltheit der Natur und damit auch der Tiere. Damit zusammenhängend, halten Jäger und Sammler Tiere für denkfähige, mit Gefühlen ausgestattete, beseelte Wesen auf Augenhöhe. Tiere generell oder auch ganz bestimmte Tiere werden als enge Verwandte betrachtet, als Totems und spirituelle Mittler. Sie begründen komplexe Klanzugehörigkeiten innerhalb der eigenen Gruppe, etwa die Bären-, Wolfs- oder Adlerklans der nordwestamerikanischen Indianer.

Menschen sprachen diesen Tieren bestimmte Eigenschaften zu wie Mut, Ausdauer, Klugheit, Kraft etc. und wollten diese wohl im spirituellen Kontakt mit diesen Tieren auch für sich erwerben. Eine drastische innerartliche Variante dieser animistischen Aneignung ist der Kannibalismus in seinen vielen Varianten. So sollte das Verzehren toter Verwandter ihre Seelen innerhalb des Klans friedlich halten und das Essen – oder auch nur die Aneignung von Teilen – der getöteten Feinde Stärke verleihen. Besonders beliebt war es, Gehirn, Herz oder andere besondere Teile der anderen zu verzehren oder auch Schrumpfköpfe herzustellen, Feinde zu skalpieren etc. Diese Aneignung wirkt natürlich auch zwischenartlich. So bedeuten das Leopardenfell und andere Insignien tierischen Ursprungs dem afrikanischen Stammesfürsten nicht nur Schmuck, sondern sollen ihm die Kraft und Macht dieser Tiere verleihen. Das ist wohl auch der Ursprung der Bärenfellmützen der englischen Gardesoldaten oder des Gamsbarts der Älpler.

Dieser symbolische Gebrauch von Tieren „vermenschlicht" sie eigentlich nicht, ganz im Gegenteil, Menschen „vertierlichen" sich sozusagen; freilich in der ihnen eigenen Art der Interpretation der Eigenschaften von Tieren. Der Versuch, sich die Eigenschaften von Tieren anzueignen, zeigt zudem, dass Menschen Tiere in manchen Eigenschaften für überlegen hielten und dass eine spirituelle Verbindung mit diesen Tieren eine Übertragung von vorteilhaften Eigenschaften von diesen Tieren auf Menschen bewirken kann, etwa Jagderfolg. Dadurch ergibt sich wiederum ein Problem: Aufgrund des menschenähnlich beseelten Status, den Jäger und Sammler Tieren gewöhnlich zubilligen, schafft das Töten von Tieren auch Schuld. Es ist sozusagen fast so, als würde man eigene Angehörige töten. Dass den Menschen diese „Schuld" ein schlechtes Gewissen bereitete, ist nicht sehr wahrscheinlich. Aber die Seelen dieser Toten können, so die spirituelle Sichtweise, als Geister für erhebliche Probleme sorgen und machen dies mit Sicherheit, wenn Jagd, Töten und Verzehr respektlos erfolgen. Dies bedingt spezielle Sühnerituale zur Besänftigung der Geister (dieser Tiere, der Ahnen etc.) und ein Regelwerk von Tabus, ein teilweise recht detailliertes und das ganze Leben durchdringendes System, was man nicht tun darf, worüber man nicht sprechen kann, was man nicht töten/essen darf und welche Orte man keinesfalls betreten sollte.

Verstöße gegen diese oft komplexen Handlungsanleitungen und Verbote bedeuteten Unheil. Ein beleidigter Geist – egal ob verstorbene Großmutter oder erlegter Hirsch – ließ einen krank werden, sich den Fuß verstauchen oder gar von der Klippe fallen. In allen animistischen Kulturen gelten Missgeschicke und Unglück als Folgen von Regelverstößen, oft im Umgang mit Natur und Tieren. Die Idee von der Krankheit als „Strafe Gottes", wie gelegentlich von konservativen Vertretern der Buchreligionen, etwa im Zusammenhang mit Aids, geäußert, ist daher letztlich uraltes „heidnisches" Gedankengut. In allen animistischen Kulturen spielen Schamanen eine zentrale Rolle. Sie sind jene spirituellen Handwerker, die oft unter Vermittlung von Tieren und in Trance den Kontakt zwischen der für alle Menschen wahrnehmbaren Welt und der Welt der Geister herstellen. Sie verwalten jenes Regelwerk, dessen Einhaltung sicherstellt, dass die Geister nicht beleidigt werden. Im Fall einer Erkrankung oder Verletzung versucht der Schamane, die dafür verantwortlichen Geister wieder zu besänftigen. Schamanen können also sehr wohl Heiler sein, primär sind sie aber dafür zuständig, dass die Menschen einigermaßen in Harmonie mit den Geistern der Ahnen, der Tiere und der Natur leben. Präsens ist angebracht, denn animistische Subkulturen leben unter der Tünche der Buchreligionen weltweit vitaler denn je, sei es in Südamerika, Zentralafrika oder Sibirien. Auch in unseren Breiten haben Hexen und Heiler wieder Saison.

Kein Detail des Lebens stand außerhalb des spirituellen Rahmens; von vor der Zeugung bis lang nach dem Tod waren die Menschen fest und sicher eingebettet in einem lückenlosen System der Beziehung zueinander, zur Natur und zu den Geistern. Hat sich was, mit der romantischen Verklärung des Jäger- und Sammler-Daseins als unbeschwertes Leben in freier Natur. Die individuelle Freiheit kam erst mit der langsamen individuellen Emanzipation von den sozialen und Glaubensgemeinschaften und mit einer vermeintlichen „Emanzipation" von der Natur. Die schoss im neuzeitlich-abendländischen Denken vom Tier als seelenlose Maschine, von der grenzenlosen individuellen Freiheit des Menschen und vom fundamentalen Unterschied zwischen Mensch und Tier weit über jedes realistische Ziel hinaus. In einem neuen Pragmatismus nach dem Scheitern der großen Ideologien des 20. Jahrhunderts versuchen wir, Menschen und Tiere wieder in ihrem natürlichen Rahmen zu sehen, in ihren tatsächlichen Beziehungsnetzen. Dazu dürfen auch wieder die zwischenzeitlich diskreditierten Tiere gehören.

Aufgeklärte Menschen führen im Vergleich zu ihren Vorfahren in den Stammesgesellschaften ein in weit höherem Ausmaß selbstverantwortetes Leben –

zumindest theoretisch und in ständigem Kampf gegen alle möglichen Gängel-
bänder. Diese Selbstverantwortung hat aber einen hohen Preis: Verlust der Ge-
wissheiten und die Einsamkeit der Freiheit. Freilich erlaubt es diese Emanzipation von der Naturbeziehung als Klammer einer spirituellen Vorstellungs-
welt auch, Tierbeziehungen als glückende Sozialbeziehungen zu leben, ohne
durch Geisterglauben belastet zu werden und ohne „Aberglauben" – ein Begriff, der von der abwertenden Gewissheit der Rechtsgläubigkeit der christli-
chen Buchreligion gegenüber „primitiven" animistischen Vorstellungen geprägt ist. Letztlich ist das auch alte Ideologie. Bei dieser vielschichtigen modernen Emanzipation geht es vielmehr um ein Leben von Beziehungen mit Menschen und anderen Tieren nach mensch-tierlichem Maß, jenseits aller religiös-
ideologischen Vorstellungen. Gott und Geister werden zur Welterklärung
nicht mehr benötigt, stiften nicht mehr das Regelwerk für das Zusammenleben
mit anderen Menschen und mit der Natur. Diese Einsicht rechtfertigt aber keinen brachialen Atheismus. Für jene, denen Geborgenheit im Glauben wichtig
ist, macht diese Kompetenzentrümpelung für Gott und Geister den Weg für
die transzendentale Beziehungspflege eher frei als ihn zu verstellen.

Leben mit zahmen Wildtieren

Mit zahmen Wildtieren zu leben, war in Jäger- und Sammler-Gesellschaften nicht unüblich. Die (nahezu) zweckfreie Haltung von Tieren zum
eigenen Vergnügen, als eine Art uneingestandenes Grundbedürfnis,
mit oder ohne spirituellen Rahmen, ist offenbar so alt wie die Menschheit
selbst (Serpell 2000). Begrifflich ist sie freilich schwierig abzugrenzen, denn
Haus- oder Heimtiere hatten die paläolithischen Jäger und Sammler schon
aufgrund des Mangels an der namensgebenden Unterkunft nicht. Ob es
„Kumpantiere" waren, also Tiere, mit denen man in relativer sozialer Nahebeziehung Ausflüge unternahm oder auf die Jagd ging, wissen wir nicht. Vielleicht waren es auch damals bloß „pets", wie die englische Bezeichnung für
Heim- oder Kumpantiere lautet. Der Begriff hat einen schal-abwertenden
Beigeschmack, denn ein „pet" ist eine Art Mittelding zwischen Spielzeug und
Tierkumpan. Aber vielleicht waren die Tiere, mit denen unsere steinzeit-
lichen Vorfahren lebten, wirklich nur „pets", die man allenfalls auch ver-
zehrte, wenn es opportun erschien. Wahrscheinlich ist es allerdings nicht.
Die Tierbeziehungen moderner Menschen sind vielschichtig – warum soll
es früher gänzlich anders gewesen sein?

Bei den altsteinzeitlichen Tiergefährten handelte es sich natürlich nicht um Katzen oder Hunde, zumindest nicht bis 40 000 Jahre vor unserer Zeitrechnung. Damals wurden aus zahmen Wölfen langsam Hunde, wie uns neue genetische Ergebnisse zeigen (Thalmann et al. 2013). Wie nutzorientiert die Beziehungen zu den ersten zahmen Wölfen war, bleibe dahingestellt. Es fällt auf, dass die Mammutjäger erst seit etwa 40 000 vor unserer Zeit große Knochenhalden produzierten. Vielleicht, weil ihnen erst die Kooperation mit wolfsartigen Hunden die effiziente Mammutjagd ermöglichte – vielleicht auch nicht. 20 000 Jahre später tauchen in Europa kleine Steintäfelchen mit Ritzungen von wolfsartigen Hunden auf. Die Knochen dieser Tiere zeigen teilweise Schnittspuren von Steinwerkzeugen, sie wurden also mindestens gelegentlich gegessen.

Vieles an der Haltung zahmer Wildtiere durch Jäger und Sammler erscheint zumindest oberflächlich zweckfrei. Es waren vorwiegend die Jungtiere von getöteten Müttern, welche von den Jägern mitgenommen und von Frauen aufgezogen wurden, oft an der eigenen Brust und unter Mithilfe der Kinder. Wohl schon damals wirkte das „Kindchenschema" als Auslöser von Pflegeverhalten. Als Modell für diese Vorstellung dienen oft Amazonas-Indianer mit ihren Siedlungen voller Papageien, Äffchen und anderer zahmer Wildtiere, die offenbar einfach „da" sind und als Spielgefährten für die Kinder dienen, aber in der Regel nicht gegessen werden. So lernen die Kinder recht unmittelbar, wie man mit Tieren umgeht, sich nähert, ohne sie zu verletzen oder zu vergrämen – eine wichtige Schule des Lebens.

Aus der eher naiven Perspektive moderner Menschen wirkt dieses Dorfleben der meist halbnackten Leutchen in einer üppigen Natur mit ihrem freilebenden Zoo auf den ersten Blick wie das verlorene Paradies. Solche Bilder sind geeignet, die romantische „Zurück zur Natur"-Sehnsucht der modernen Menschen auszulösen, die besonders grassiert, seit wir uns von der „alten" Naturbeziehung und ihrem spirituellen Korsett emanzipiert haben. Doch dieses Dorfleben mag nicht das sein, was wir in ihm sehen. Das Aufziehen von Nachkommen getöteter Tiermütter war bei Menschen auf der sozio-ökonomischen Kulturstufe der Jäger und Sammler wahrscheinlich auch Teil der Beschwichtigung der Geister der getöteten Tiere (Erikson 2000), Teil der Entschuldigung, Sühne und angebotenen Versöhnung mit dem Geist des getöteten Tieres, der so lange gewogen sein wird, solange es seinen Nachkommen gut geht. Dies scheint mit ein Grund zu sein, warum diese handaufgezogenen Wildtiere gewöhnlich auch im Notfall nicht einfach verspeist wurden; dazu kommt die soziale Bindung, die zweifellos beim Aufziehen auch vom Mensch zum Tier entsteht.

Die Versachlichung der Tierbeziehung

N ahezu zweckfreie, sozial bezogene Tierhaltung ist keine dekadente Erfindung bürgerlicher Gesellschaften, worauf bereits James Serpell
(1986) oder Edward Wilson (1984) hinwiesen. Die eurasisch-abendlän-
dische Kulturentwicklung der letzten 3 000 Jahre führte zu einem immer
stärkeren Fokus des Menschen auf sich selbst, verbunden mit einem Verlust
der Bedeutung von Natur und Tieren. So entstanden religiöse und weltliche
Ideologien wie Katholizismus und Kommunismus. Beide stellten den Menschen so sehr in den Vordergrund, dass Tiere als Bezugswesen und wichtige
Mitglieder der Gesellschaft überflüssig wurden. Es scheint, dass in der Neuzeit, von der Renaissance über die Aufklärung, Rationalität immer wichtiger
im Lebensstil der Menschen wurde. Man *nutzte* Tiere. Ihre Rolle als Sozialpartner war lange Zeit offenbar weniger wichtig, heute jedoch nimmt sie
ganz offensichtlich wieder zu.

Pferde beispielsweise wurden bereits seit Jahrtausenden als „Kriegsgerät"
genutzt und auch noch in den Kriegen des 20. Jahrhunderts millionenfach
„verbraucht". Das Pferd in enger Zusammenarbeit mit dem Bauern hinter
dem Pflug gab es nur über eine kurze Periode der Geschichte und nur in Gebieten, in denen Bauern reich und frei genug waren, um jene schweren Pferde
halten zu können, die Jahrhunderte zuvor gezüchtet worden waren, um
schwer gerüstete Ritter zu tragen. Vorher, und bei armen Bauern bis heute,
waren es die Rinder, die bei der Arbeit halfen. Noch 1958 fuhren meine Verwandten, Mühlviertler Kleinbauern, die Heuernte mit jenen vor den großen
Holzwagen gespannten Kühen ein, die morgens und abends auch gemolken
wurden. Vier davon standen im Stall, wenn sie nicht gerade den kleinen Acker
pflügten. Natürlich hatten diese Rinder Namen und die Nanni Tant und
Onkel Hans lebten jeweils weit über zehn Jahre mit ihnen, bevor sie sie –
schweren Herzens – über einen Viehhändler zum Schlachter schickten.

Weil die Haltung von Kumpantieren in manchen Spielarten des Kommunismus, etwa im China der Kulturrevolution, als dekadente bürgerliche Ge-
pflogenheit galt, war sie verboten. Menschen sollten sich um das Wohl anderer Menschen kümmern und sich nicht von fragwürdigen Beziehungen
zu Tieren ablenken lassen. Bei der Erschaffung des „neuen Menschen" hatten
Kumpantiere keinen Platz mehr. Freilich gab es auch durchaus pragmatische
Überlegungen im Hintergrund; man wollte nicht, dass die Menschen ihre
karge Nahrung auch noch mit Tieren wie Hunden teilen. In diversen Städten
Chinas war aus diesen Gründen die Hundehaltung bis in die späten 1980er

Jahre verboten (Zheng 2007). Heute werden Natur und Tiere wieder als essenzieller Teil der Umwelt des Menschen angesehen, zumindest von den einschlägigen Organisationen (IAHAIO Tokyo Declaration 2007).

Der neue Pragmatismus – Beginn einer neuen, objektiveren Beziehung zu Tieren

n den vergangenen Jahren zog ein neuer Pragmatismus der Welt-, Menschen- und Natursicht ins Land. In einer Welt auf der Kippe, nach dem Scheitern der großen Idealismen und Ideologien des 20. Jahrhunderts und dem Einflussverlust der etablierten Religionen in den „entwickelten Ländern", scheint man im 21. Jahrhundert viel mehr als zuvor gewillt, Menschen und Welt so zu sehen, „wie sie nun mal sind". Freilich um den Preis, dass die für die gesellschaftlichen Entwicklungen so wichtigen Utopien stark zurückgedrängt werden. Die allein menschenzentrierte Weltsicht weicht auf, Menschen werden in ihrer evolutionären Herkunft wieder zusammen mit Tieren und Natur gedacht, zumindest von einer rasch größer werdenden Minderheit. Auch die Philosophen und Denker der Tier-Ethik hinterfragen radikal, ob wir das Recht haben, uns über andere Arten zu erheben, diese zu nutzen oder sogar zu vernichten.

Wenn viele Menschen die Welt heute pragmatisch „so wie sie ist" sehen wollen und manche es gelernt haben, Heilslehren gegenüber skeptisch zu sein, dann bedeutet dies, dass ein naturwissenschaftliches Weltbild immer mehr die Oberhand gewinnt – zumindest innerhalb jener kleinen Minderheit, die auf dieser Welt (noch) den Ton angibt. Bildungsnotstand, Orientierungslosigkeit, ideologisch-wirtschaftliche Interessen und die Vehikel der elektronischen Medien treiben heute wahrscheinlich mehr Menschen als je zuvor in die Hände von Rattenfängern. Das müsste nicht sein, denn prinzipiell könnten die elektronischen Medien als Werkzeuge der Aufklärung dienen. Ich bezweifle jedoch, dass sie überwiegend als Mittel des demokratisch-kritischen Wissenserwerbs genutzt werden. An den Universitäten und von den Eliten wird eine Ethik diskutiert, welche die Tiere zunehmend mit einschließt. Noch sind das Brückenköpfe eines neuen Denkens. Der Mainstream unserer Kulturen scheint dagegen unverändert radikal menschenzentriert.

Diese aufkeimende pragmatische Sicht von Welt und Mensch ist durch empirische Ergebnisse belegbar, etwa jene zur weitgehenden Ähnlichkeit der sozialen Gehirne der Wirbeltiere. Deswegen ist diese Sicht auch wesentlich realistischer und „objektiver" als jene verkopften und welt- und sozialblinden

Ideologien, die uns zuerst weismachen wollen, wie denn Menschen (und Natur) zu sein hätten, um uns anschließend entsprechend daran anzupassen.

Der neue Pragmatismus suggeriert freilich eine Art von Objektivität, die es letztlich allein deswegen niemals geben kann, weil „die Wirklichkeit" nur in der Vorstellung existiert. Der große österreichische, nach den USA exilierte Psychiater Paul Watzlawick meinte einst: „In Wirklichkeit ist die Wirklichkeit nicht wirklich wirklich". Die mentalen Repräsentationen in den Gehirnen der Menschen interpretieren die Welt und bestimmen, wie wir die für uns relevanten Dinge und Lebewesen sehen. Freilich spiegelt sich die Welt in diesen unseren Repräsentationen – wir lernen. Erfahrung bildet Gehirn um. So werden diese Repräsentationen durch unsere mit den Dingen dieser Welt gemachten Erfahrungen immer auf Stand gehalten.

Dies bedeutet zwar, dass wir die Wirklichkeit „wie sie wirklich ist" nie werden erkennen können. Aber ich möchte die Debatte, ob es so etwas wie eine absolute Wirklichkeit außerhalb unserer Wahrnehmung gibt, lieber den Philosophen überlassen. Hier reicht die Feststellung, dass Sinnesorgane und Gehirne der Menschen wohl eine Art menschenspezifischer Wirklichkeit vermitteln, eine menschentypische „Umwelt" im Sinne des Jakob von Uexküll. Diese Variante der Wirklichkeit ist zwischenmenschlich hinreichend ähnlich, dass wir darüber kommunizieren können. Und durch Kommunikation entsteht wiederum Wirklichkeit.

Aus einem naturwissenschaftlichen Pragmatismus heraus ist es heute möglich, nach Jahrhunderten der Verirrung die Mensch-Tier-Beziehung und die Beziehungsfähigkeit zu Tieren zum beidseitigen Wohl wieder zurechtzurücken. So befinden wir uns in der absurden Situation, dass ein von der Natur gewissermaßen emanzipierter Mensch sich unter balanciertem Einsatz von Hirn und Herz von althergebrachten ideologischen Vorstellungskorsetts befreit und so wieder zu einer ursprünglichen (?) Beziehungsfähigkeit zu den anderen Tieren zurückfinden kann. Oder ist auch diese Feststellung bloß eine Verirrung, die einer neuen und romantischen „Zurück zur Natur"-Ideologie entspringt?

Die Revolution des Sesshaftwerdens, wie daraus der tiefe Graben zwischen Mensch und Tier entstand und was daraus folgte

Menschen wurden, je nach Weltgegend, vor etwa 15 000 bis 10 000 Jahren sesshaft. Am frühesten wohl in Zentral-Ostasien, vor etwa 12 000 Jahren auch im Hochland von Anatolien und im „fruchtbaren Halbmond" Mesopotamiens, erst später in Europa. Warum Menschen ihre Mobilität weitgehend aufgaben – ganz taten sie es ohnehin nie –, wird noch heftig diskutiert.

Es wäre wohl naiv, zu glauben, sie hätten das Umherziehen satt gehabt und daher beschlossen, Tiere und Nutzpflanzen zu domestizieren, um so an einem Ort bleiben und sozusagen Wurzeln in der Heimat schlagen zu können. Offenbar gab es zum Ende der Altsteinzeit, etwa 12 000 vor unserer Zeitrechnung, in manchen Gebieten bei hohen Wilddichten auch viele Jäger- und Sammler-Gruppen, die einen Kulturkreis bildeten. Lokale Heiligtümer wurden errichtet, oft mit großen Steinstrukturen wie Säulenkreisen, astronomisch ausgerichtet und mit Tiersymbolen versehen. Diese „spirituellen Hotspots" zogen natürlich viele Menschen an, oft aus erheblicher Distanz.

Um diese Heiligtümer herum entwickelte sich ein Ring von Ansiedlungen im Schutz des dort herrschenden relativen Friedens. Die Besucher benötigten Nahrung, Unterkunft und andere Serviceleistungen. Wahrscheinlich traf man dort gute Geschichtenerzähler und vielleicht begann dort auch die gewerbsmäßige Prostitution. Noch nährte man sich aber vom Sammeln und von der Jagd. Schwierig zu beurteilen, ob dadurch im Falle des fruchtbaren Halbmonds die frühen Domestikationsereignisse wie Schaf und Getreide vor etwa 12 000 Jahren ausgelöst wurden. Hunde gab es zu diesem Zeitpunkt schon etwa 15 000 Jahre lang, die Domestikation der Wölfe hatte also zunächst nichts mit dem Sesshaftwerden zu tun. Allerdings erfuhr die Hundwerdung dadurch einen weiteren Schub; mehr dazu später.

Bis heute denken viele, dass Pflanzen und Tiere wegen ihres materiellen Nutzens als Nahrung, Handelsgut etc. domestiziert wurden. Heute gibt es erhebliche Zweifel an dieser Nützlichkeitsperspektive. Nicht nur beim Wolf, auch bei Schaf und Rind scheinen es primär spirituelle Gründe gewesen zu sein, die Menschen eine Nahebeziehung zu den Wildformen suchen ließen. Bei Wölfen könnte es auch umgekehrt gewesen sein. Zumindest nach den Vorstellungen mancher Fachkollegen schlossen sich Wölfe seit etwa 50 000 Jahren, wahrscheinlich wiederholt, Menschen an.

Man wollte damit vielleicht eine stabile Verbindung zu den wichtigen Totemtieren erreichen, vielleicht auch, um Macht und Kontrolle über diese Tiere auszuüben. Sicherheit durch Kontrolle zu gewinnen, ist ein typisch menschliches Thema, wahrscheinlich schon sehr lange; vielleicht ging es auch um Prestige, wer weiß? Darauf lassen die lange Zeit bedeutsame Rolle des Rindes, vor allem im asiatisch-indogermanischen Raum, schließen sowie die dominierende Rolle des Widders in Bereich der arabischen Halbinsel und des fruchtbaren Halbmonds. Ein Modell für diese Vorstellungen liefern etwa die Himba, ein Volk afrikanischer Rinderhirten, denen es vor allem darum geht, große Herden von Tieren mit mächtigen Hörnern aus Prestige- und spirituellen Gründen zu halten. Sie nutzen in geringem Ausmaß Milch und Blut, kaum aber das Fleisch der Tiere.

Besonders überraschend waren Ergebnisse von US-amerikanischen Paläobotanikern, wonach Getreide kaum in Zusammenhang mit Ernährung domestiziert worden sei, sondern vor allem zur Herstellung von Alkohol (Dietler 2006). Dieser wiederum gilt als eines der verbreitetsten und ältesten „spirituellen Schmiermittel" der Menschheit. Denn neben den Totemtieren halfen den Menschen vor allem bewusstseinsverändernde Drogen in ihren spirituellen Praktiken, sich mit der Welt der Geister gutzustellen. Es wäre ein plausibles Szenario, dass in und um die Heiligtümer der spirituelle Konsum von Alkohol, zunächst in Form von Getreidebier – Hochprozentiges wurde erst später destilliert –, die Nachfrage ankurbelte und den Getreideanbau beflügelte. Für die Wohlhabenden in Babylon und Troja gehörte Alkohol schon zum Lebensstil, zumal das Vergären von Frucht- und Traubensaft ebenfalls als uralte Kulturtechnik gilt. Möglich, dass für Herrscher, die ihre Herkunft von Göttern ableiteten, das Trinken von Alkohol zunächst auch Teil ihres Statusgehabes war. Stadtleben verdirbt offenbar den Charakter. Unterstützt wird diese Sicht der Dinge durch den Umstand, dass Mahlsteine dem Getreideanbau um tausende Jahre vorangingen und zunächst zum Mahlen von Pigment zur (spirituellen) Körperbemalung dienten.

Sesshaftwerden ging mit gewaltigen sozio-ökonomischen Umwälzungen einher. Jäger und Sammler wenden gewöhnlich nur wenige Stunden pro Tag zur Befriedigung ihrer Grundbedürfnisse auf und verfügen daher über genügend anderweitig nutzbare Zeit, die mit allerlei sozialen Aktivitäten etc. verbracht wird. Sesshafte Bauern und Viehhalter müssen dagegen viel mehr arbeiten, um ihren Besitz zu wahren und zu mehren. Im Gegensatz zu den meisten nomadisierenden Jägern und Sammlern legen sie zudem Vorräte an. Damit kommt es immer auch zu einem Wandel von den relativ flachen Hierarchien der Jäger und Sammler zu den meist patriarchalen Herrschaftssystemen der Sesshaften. Die gehäufte Ansiedlung um Heiligtümer bedeutet ja auch, dass Regeln des Miteinander und Herrschaftsstrukturen benötigt werden, aber auch, dass es Vorräte und Menschen gibt, die hinreichend konzentriert auftreten, um monopolisier- und beherrschbar zu werden.

Die soziobiologische Theorie ermöglicht es, präzise Vorhersagen zum Verhalten von Menschen und anderen Tieren zu treffen. Wenn Ressourcen in monopolisierbarer Form auftreten, so kann dies vor allem von Männern/

Männchen genutzt werden, um Kontrolle über die weibliche Reproduktion zu erlangen. Gerade beim Menschen bedeutet Besitz Einfluss und Macht über andere. Mit wenigen Ausnahmen ist Besitz meist männlich und bedeutet Zugang zu Frauen; und Letztere bevorzugen zwar generell nette Männer, vor allem aber auch solche mit Status. Vor nicht allzu langer Zeit war auch bei uns das Recht, zu heiraten, an Besitz gekoppelt. Reiche in den verschiedensten Kulturen haben oft mehrere bis sehr viele Frauen, die sich dem materiellen Diktat mehr oder weniger freiwillig unterwerfen; Brillantring und Bankkonto sind immer noch bedeutende Argumente bei der Partnerinnensuche. Sesshaftwerden bedeutet immer auch das rasche Entstehen einer durch Besitz und spirituelle Sonderstellung legitimierten Herrschaftsstruktur. Eine solche Anhäufung von Ressourcen – Getreide, Gold und Sklaven – erregt natürlich immer auch die Begierde der anderen. Man muss sich also verteidigen oder will die anderen zum Zwecke der eigenen Machtmehrung ausrauben. Vorbei die Zeiten, da die Krieger benachbarter Stämme einander nur alle heiligen Zeiten mehr oder weniger ritualisierte Scharmützel lieferten, wenn sie nicht gerade miteinander feierten – nun war die Bedrohung permanent. So gesehen ist die Entwicklung der Atombombe letztlich eine direkte Folge des Sesshaftwerdens.

Es kam zur Institutionalisierung des männlichen Kriegertums in Heeren, wahrscheinlich bereits unter Einbeziehen von Hunden. Dass die molosserartigen Hunde neben Ursprünglich-Wolfsartigen, Hirtenhunden und hochdomestizierten Hunden eine von vier genetischen Hundegruppen bilden (Parker et al. 2004), deutet auf die frühe Allianz der Menschen mit den domestizierten Wölfen zur Verteidigung gegen andere hin. Eindrucksvoll zeigt etwa das Parthenonfries im Deutschen Museum in Berlin, wie große Kampfhunde auf Seite der Griechen gegen die Perser metzeln. Das war freilich tausende Jahre nach dem Sesshaftwerden. Dem eingangs erwähnten *Kynegetikos* zufolge müssen Hunde „süß und zugetan den eigenen Leuten gegenüber sein, aber grausam gegen die Feinde". Eine beeindruckende Leistung im Tumult einer Schlacht.

Die ersten Großbauten der Menschen waren neben den spirituell motivierten Megalithen große Mauern um Ansiedlungen und zwischen den Herrschaftsgebieten. Mit dem Sesshaftwerden begannen auch die ethischen und nationalen Abgrenzungen, die großen Herrschaftskriege, die ideologieverbrämten Pogrome. Seit dieser Zeit gibt es auch ständige Auseinandersetzungen zwischen den Sesshaften, die über das Land, das sie bewirtschaften, ein klares Bewusstsein von Eigentum entwickeln, und jenen Menschen, die den

Weg in einen eher nomadischen Lebensstil einschlugen. Letztere kennen Weide- und Wasserrechte, tun sich aber oft schwer mit den Ansprüchen der Sesshaften auf Landbesitz. Solche Konflikte schwelen heute noch in Afrika, und wahrscheinlich liegt darin auch der Kern des Dauerkonflikts um die Roma und Sinti. Mit der Sesshaftigkeit verloren die Menschen ganz offenbar noch ein Stück jener Unschuld, mit der es auch vorher schon nicht sonderlich weit her war. Sie vollzogen sozusagen einen weiteren großen Schritt in ihrer Vertreibung aus dem Paradies.

Aus der recht lebensnahen Spiritualität der Jäger und Sammler, dem einfach zu verstehenden Dualismus zwischen der wahrnehmbaren Welt und der Welt der Geister, entwickelten sich nach dem Sesshaftwerden im Rahmen der entstehenden Macht-Ideologie-Geflechte die Religionen (Broom 2003). Die enge Verzahnung von Tier-, Natur- und sozialen Beziehungen mit der Spiritualität bei allen Jägern und Sammlern bildete über hunderttausende von Jahren das Substrat für jegliche Kulturentwicklung. So entstanden die menschliche Spiritualität und, in ihrem Kern, auch die großen Religionssysteme in enger Beziehung zu Tieren und Natur. Mehr noch, das menschliche Konzept- und Mythenhirn, das menschliche „philosophische Modul", entstand in dieser Tier- und Naturbeziehung im spirituellen Kontext. Die typisch menschliche Biophilie war Hintergrund und Teil des Selektionsumfeldes für die Evolution der „Physis der menschlichen Psyche", d.h. dafür, wie Menschen heute sozial und psychisch ticken. Was Menschen wirklich ausmacht und sie von anderen Tieren unterscheidet, entstand also in der Natur- und Tierbeziehung. Die Metapher vom Tier als Spiegel, in dem wir uns erkennen, reicht damit viel tiefer und ist von wesentlich fundamentalerer Bedeutung, als viele heute glauben oder akzeptieren wollen.

Macht über Wildtiere, abhängige Haustiere, Schächten und Verdinglichung

Lebensweise und Sozio-Ökonomie bestimmen die Weltsicht der Menschen. Daher änderten sich mit dem Sesshaftwerden parallel zueinander die Einstellung zu Tieren und die spirituellen Vorstellungen. Menschen schaffen sich einerseits Tierbeziehungen, die ihren Bedürfnissen entsprechen, andererseits Götter nach dem jeweils Maß, welches nach dem Sesshaftwerden immer weniger die Natur, sondern der Mensch selbst war. Vorher hatte man Tieridole, Totem- und Mittlertiere, dem Menschen gleichwertig oder sogar in ihrer physischen und spirituellen Macht überlegen. Man musste sich arrangieren, auch mit den Geistern im Rahmen einer bodenständigen, leicht verständlichen Spiritualität. Mit dem Sesshaftwerden wurden zunehmend Tiere domestiziert. Dies bedeutet auch, Kontrolle über diese Tiere zu erlangen. Das gefühlte Machtgleichgewicht zwischen Menschen und den anderen Tieren, ja der Natur generell, verschob sich dadurch zugunsten der Menschen. Kein Wunder, dass im Gleichklang dazu auch die Tiergötter zu Menschengöttern mutierten. Und letztlich ist es auch nicht verwunderlich, dass die chaotischen Götterolympe der frühen Hochkulturen, deren Proponenten nichts Menschliches fremd war, im Zuge der zunehmenden Hierarchisierung und Paternalisierung der menschlichen Gesellschaften dem Glauben an den *einen,* menschenähnlichen Gott wichen. Der hielt mehr oder weniger streng oder liebevoll alle Fäden in der Hand und herrschte uneingeschränkt in der Art eines monarchischen Führers. Er tut dies im Wesentlichen in vollständigem Wissen von allem und als moralisch perfektes Idol. Das führt wiederum direkt in das so genannte Theodizee-Problem: Wie kann ein allwissender und gerechter Gott die horrenden Grausamkeiten auf der Welt zulassen? Es ist stimmig, dass dieser absolutistische Gott in den individualisierten und fraktionierten westlichen Gesellschaften zunehmend seine Bedeutung als letzte Instanz für alle einbüßt – Gott ist eben nicht demokratisch. Stimmig ist aber auch, dass Tiere mit dem Verlust an göttlich-menschlichem Allmachtdenken heute wieder rasch an Bedeutung in unseren Gesellschaften gewinnen, und das nicht nur als Nahrungsmittel.

Im Zusammenhang mit der Machtbalance zwischen Mensch und Natur ist wohl auch die Haltung von Wildtieren zu sehen, insbesondere das Zähmen dieser Tiere. Zahme Wildtiere wurden bereits exzessiv an den Höfen des alten Ägypten gehalten. Repräsentative Wildtierhaltung war wahrscheinlich schon Thema, seitdem es im Zuge der ersten stadtähnlichen Ansiedlungen so etwas wie Könige gab. Vordergründig aus Freude an der ästhetischen Natur, hintergründig aber auch als Insignie der Macht. Die Erinnerung an die physische und spirituelle Abhängigkeit der Jäger- und Sammler-Vorfahren von Tieren mag ein paar tausend Jahre vor unserer Zeitrechnung noch recht lebendig im Bewusstsein dieser Neu-Städter gewesen sein. Umso größer war möglicherweise die Befriedigung von Semiramis & Co, diese Tiere nun in ihren ummauerten Gärten zu halten, Macht und Kontrolle über sie auszuüben. Das uralte Totemtier Hirsch dominiert die frühen Tierhaltungen wohl nicht nur wegen seiner relativ einfachen Haltung. Obhut über diese Tiere war sichtbarer Ausdruck gottähnlicher Macht.

Die Verknüpfung der herrschaftlichen Tierhaltung mit dem Jenseitsglauben ist gerade im alten Ägypten offensichtlich. Doch der über die Haltung exotischer Wildtiere ausgedrückte Herrschaftsanspruch zieht sich bis in die Neuzeit. Die Menagerien der Herrscher in Europa und anderswo könnten naiv und naheliegend damit begründet werden, dass es sich diese Menschen leisten konnten, sich mit exotischen Tieren zu umgeben und so ihre Biophilie standesgemäß auszuleben. Es bleibt allerdings der Eindruck, dass diese Tierhaltung der Oberschichten symbolisch die eigene Macht über die Natur und Gottähnlichkeit gegenüber einer breiten beherrschten Unterschicht demonstrierte, die ihrerseits ihre alten animistischen Vorstellungen nie ganz ablegten. Man hatte ja auch das Monopol der Jagd, und nicht nur der österreichische Thronfolger Franz Ferdinand erlegte zehntausende von Tieren. Machtdemonstration über Tierhaltung und Jagd war wahrscheinlich besonders wirksam, besonders wenn diese zahmen Wildtiere sich den Herrschenden zu Willen verhielten, wie etwa im alten Ägypten. Bauern war die Jagdausübung lange Zeit verboten, und Wilderei war immer auch ein Zeichen der Auflehnung. Sie wurde mit jahrzehntelanger Festungshaft bestraft.

Die typisch menschliche Neigung, Macht und Kontrolle über andere auszuüben, findet sich auch als Element in der Domestikation von Tieren. Während man etwa einem Wildrind mit Vorsicht und besonderer Achtung entgegentreten muss, weil von Wildtieren immer auch unwägbare Gefahren ausgehen können, erlangt man durch Domestikation Kontrolle über diese Tiere und Sicherheit im Umgang. Heute hält man Selektion auf Zahmheit für ein zentrales Thema in der Domestikation von Wildtieren. Dadurch werden alle domestizierten Tiere, gleich ob Wolf, Schaf oder Rind, ruhiger, weniger intensiv an der Umgebung orientiert, weniger fluchtbereit und akzeptieren generell Menschen bereitwilliger als dominierende Partner als Wildtiere, besonders wenn sie von klein auf mit Menschen zusammenleben. Menschen und ihre Kultur stellen einen wichtigen Teil der Umwelt dieser zunehmend an ein Leben mit Menschen angepassten Tiere dar.

Dies bedeutet aber auch eine besondere Sorgfaltspflicht für diese Tiere, besonders in den ursprünglichen Hirten- oder Bauerngesellschaften. Das Gebot, Tiere gut zu behandeln, ist keine neue Idee des 20. Jahrhunderts, sondern findet sich vielfach im für die drei Buchreligionen Judentum, Christentum und Islam gültigen Alten Testament, während das Neue Testament der Christen nahezu ohne Tiere auskommt. Natürlich bedeutet die Obsorge über domestizierte Tiere neben Verantwortung auch eine Art von Machtausübung, welche über Wildtiere in dieser Form nicht möglich ist. Kontrolle über Tiere bedeutet ein geringeres Ausgeliefertsein an Unwägbares, auch an jene Tabus und Vorschriften, die es den Ahnen der Tierhalter ermöglichen sollten, mit den Geistern der Wildtiere in Frieden zu leben. Es kam zu einer zunehmenden Entseelung der domestizierten Tiere, mit ihrem Höhepunkt bei René Descartes. Damit bedeutet das neue Leben mit domestizierten Tieren auch eine Verringerung des Angstpotentials vor Tieren und Natur. Nicht aber vor anderen Menschen, denn auch das Vieh der anderen weckte seit Urzeiten Begehrlichkeit.

Der Zugewinn an Kontrolle und Macht über Tiere und Natur bedeutet aber noch nicht das Ende des Glaubens an deren Beseeltheit. Darin liegt beispielsweise die Wurzel des bei zwei der drei großen Buchreligionen beim Schlachten von Tieren immer noch praktizierten religiösen Rituals des Schächtens. Dessen Ursprung hat wenig mit „Hygiene in den heißen Ländern" zu tun, wie gelegentlich Nützlichkeitsdenker ein an sich unerklärliches und daher irgendwie bedrohliches Ritual zu rationalisieren versuchen. Jäger und Sammler, aber auch noch viele ihrer Hirten- und Bauern-Nachfolger, glaubten, dass das Blut der Sitz der Seele sei. Daher war ein zum Verzehr bestimmtes Tier per Kehlschnitt zu töten, vor allem, um es ausbluten zu lassen, schon aus Achtung dem Tier gegenüber, dessen Seele man damit entweichen ließ. Aus der Sicht dieser Menschen war es – ebenfalls verständlich – nicht akzeptabel, die Seele eines Tieres zu verzehren.

Heute ist das Schächten von Schlachttieren für Juden und Muslime immer noch wichtiges Ritual. Warum eigentlich nicht im Christentum? Haben die frühen Christen eingesehen, dass die Sache mit dem Blut als Sitz der Seele ein Aberglaube, das Ritual des Schächtens Tierquälerei ist? Mitnichten! Apostel Paulus hatte es nach dem Tode Christi nicht leicht, den neuen Glauben zu verbreiten. Nicht überall wurde er freundlich empfangen, wie man weiß. Es war ihm und anderen schlicht zu mühsam, im Zuge der Verbreitung der neuen jüdischen Sekte den Missionierten auch noch Ernährungsrituale vorzuschreiben, auch wenn im Apostelkonzil von Jerusalem für frisch missionierte Neu-Christen das Verbot des Blutgenusses sehr wohl noch festgeschrieben wurde. Sicher ist, dass die Christen schon sehr lange nicht mehr schächten.

Aber was hat das Christentum mit dem Verzicht aufs Schächten verloren? Nicht mehr zu schächten – bedeutet das, dass man nicht mehr an das Blut als Sitz der Seele glaubt oder dass man sich einfach nicht mehr drum schert? Und bedeutet ein Verzicht auf das Schächten, dass man nun generell nicht mehr an die Beseeltheit der Tiere glauben muss? Bedeutet ein Ende des

Schächtens nicht auch einen Schritt in Richtung der Verdinglichung der Tiere?

Jäger und Sammler glaubten als Animisten an die Beseeltheit der Natur, der Tiere und der Menschen. Dies bedeutet aber nicht, dass sie alle Dinge und Wesen der Natur für gleich beseelt hielten. Aristoteles' *Scala naturae* ist ein gutes Beispiel dafür, dass die alten Griechen noch in animistischen Kategorien dachten, sie jedoch zu rationalisieren trachteten und wohl in der Tradition der animistischen Vorfahren hierarchisierten. So hielt Aristoteles im Grunde Steine für ein wenig und Pflanzen schon für ein wenig mehr beseelt, jedoch nicht so stark wie die Tiere. Am beseeltesten war natürlich auch bei Aristoteles der Mensch.

Die Bevorzugung bestimmter Totem- und Mittlertiere bei den unterschiedlichen Jäger- und Sammler-Kulturen deutet darauf hin, dass nicht alle Geister als gleich mächtig galten. So etwa spielt das „große Ren" bei nordamerikanischen Rentierjägern eine zentrale Rolle. Und der Umstand, dass der „Große Geist" von Ethnien auf beiden Seiten der Beringstraße sozusagen als „Obergeist" anerkannt wird, deutet darauf hin, dass diese spirituelle Essentialisierung und Hierarchisierung zu einer Art „animistischen Monotheismus" schon recht lange existiert, vielleicht etwa 30 000 Jahre, bevor die Menschen über die Beringstraße Nordamerika erreichten. Bei den Mongolen heißt dieser Obergeist übrigens „Tengger", wenn man dem chinesischen Autor Yiang Rong (2010) glauben darf, und „Manitu" kennt man ja seit Karl May auch bei uns. Beide Chefgeister waren übrigens nur noch mäßig tierbezogen.

Aus naheliegenden Gründen war die Spiritualität der Jäger und Sammler sehr mit Tieren verquickt. Bei den fantastischen, bis zu 40 000 Jahre alten Höhlenmalereien in Südwest-Europa, etwa in der jungsteinzeitlichen El-Castillo-Höhle, ging es wahrscheinlich primär nicht um jene schlichte Ästhetik, die uns heute so fasziniert, sondern eher um den spirituellen Kontext, konkret um Jagdzauber. Tiere waren Beute und Bedrohung, es galt also, das Einvernehmen mit ihnen und ihren Seelen herzustellen, auch um die Kooperation der gejagten Tiere zu erlangen. Noch um das Sesshaftwerden und lange danach spielten Totemtiere, Tieridole und Tiergeister eine große Rolle, sogar noch in den bronzezeitlichen und frühen eisenzeitlichen Kulturen Europas.

Dazu zählte auch die Hallstatt-Kultur der La-Tène-Menschen, die in Hallstatt oder anderswo um 800 vor unserer Zeitrechnung begannen, Salz abzubauen. Ihr Haupt-Totem- und Bezugstier war, wie bei vielen anderen eurasischen Kulturen auch, der Hirsch. Die Hallstätter Salzmineure verzehrten vor allem Hausschweine, und sie gingen auch noch intensiv zur Jagd – wie die heutigen Älpler eben auch. Funde von Hundegeschirren deuten darauf hin, dass Hunde im Bergwerk zum Ziehen der Wägelchen eingesetzt wurden. Gegessen wurden sie wahrscheinlich kaum. Eine besondere spirituelle Bedeutung, wie etwa bei den nordamerikanischen Indianern, scheinen sie nicht gehabt zu haben. Hunde wurden etwa im Gegensatz zu Hirschen auch nicht abgebildet. Archäologische Befunde geben bislang wenig Auskunft darüber, ob Hunde als Sozialpartner und Tierkumpane tatsächlich *mit* diesen Menschen lebten oder nur parallel zu ihnen.

Von den Tiergöttern zu allzu menschlichen Götterolympen

Bereits ein paar tausend Jahre vor unserer Zeitrechnung tauchten im Zusammenhang mit den Hochkulturen Vorstellungen über Hybridgottheiten zwischen Tieren und Menschen auf. Das alte Ägypten brachte etwa den schakalköpfigen Anubis, den ibisköpfigen Toth, den widderköpfigen Khnun oder den falkenköpfigen Horus hervor. Nicht wenige Gottheiten wurden, ähnlich den Gott-Pharaonen, die ja Menschen waren, aber auch schon vollständig als Menschen dargestellt, etwa Amun oder Isis. Auch die griechische Mythologie wird von Hybridwesen belebt, etwa dem kretischen Minotaurus, dargestellt mit Menschenkörper und Stierkopf, oder den Kentauren, Menschen, die von der Hüfte abwärts Pferde waren. Faune, Menschen mit Ziegenunterbau und Ziegenhörnern, erfreuten sich bis in die Neuzeit großer Beliebtheit in allen möglichen Darstellungen. Sie scheinen auch Modell für die volkstümlichen Darstellungen des Teufels gestanden zu haben. Die Fülle an griechischen Göttern wurde aber in reiner Menschengestalt dargestellt. Mehr noch, sie waren auch von ihren Charakteren her sehr menschlich: zuweilen edel, aber auch ziemlich eitel, verschlagen, jähzornig und nachtragend – noch nicht wirklich unnahbare Göttertypen, die cool über den Dingen stehen.

Allerdings verwandelte man sich als menschähnlicher Gott oft in ein Tier, wenn man etwa unerkannt mit einer Frau verkehren wollte. Notorisch dafür bekannt war der Götterchef Zeus, welcher der holden menschlichen Weiblichkeit ganz und gar nicht abgeneigt war. So etwa entführte er in Stiergestalt die phönizische Prinzessin Europa – die ursprünglich die kretische Mondgöttin war – und vergewaltigte sie. Der griechischen Mythologie zufolge zeugte er mehrere Dutzend Nachkommen, aber nur sechs davon mit seiner Frau Hera. Die war übrigens seltsamerweise während seiner Affäre mit Europa abgelenkt und bestrafte Europa nie für die Nahebeziehung zu ihrem Gatten.

Faszinierend auch, dass unter Beteiligung bzw. Patronage des Zeus ein alter indogermanischer Wolfskult weitergeführt wurde. In Anwesenheit des „Zeus Lykaios" (Wolfszeus) fanden auf den Hängen des Lykaios, des höchsten Berges Arkadiens, Wandlungsriten statt, bei denen unter anderem ritualisierter Kannibalismus eine Rolle gespielt haben soll, sicherlich auch Sex. Auch dies ist ein Hinweis auf die Überlebenskraft animistischer Rituale. Jene Epheben, die daran teilnahmen, rechneten mit ihrer Transformation in Werwölfe. Während Jupiter gelegentlich mit Widdergehörn dargestellt wird, hatte es neben Zeus auch der Gott Apollo eher mit den Wölfen. Als „Apollo Lycaeus" (Wolfsapollo) wurde er im Athener „Lyceum" angebetet, in dem übrigens auch Aristoteles lehrte. So war der Wolf namensgebend für alle jene höheren Lehrstätten, die heute noch so heißen. Mit den Tierverwicklungen der alten Griechen und ihrer Götter könnte man Bände füllen. Nicht nur jugendfreie. Denn neben dem Sex mit Knaben spielte auch der Sex mit Tieren eine gewisse Rolle, auch im spirituellen Kontext.

Viel später als die alten Griechen gönnten sich auch die alten Germanen (so es die als homogene Gruppe überhaupt gab) ihre in vielen Details an den griechischen Olymp erinnernde Götterschar. Freia, Odin, Thor etc. hatten Menschengestalt, kooperierten aber mit Tieren. So der Obergott Odin, dem die beiden Raben Huginn und Muninn zur Seite standen. In ihrem launischen Charakter unterschieden sich die germanischen Götter kaum von den griechischen, lebten aber mehr als ihre griechischen Kollegen unter ständigen Bedrohungen. Dazu zählten der Machtverlust in der Götterdämmerung, aber auch die Bedrohung ausgerechnet durch einen mächtigen Wolf – wie könnte es anders sein?

Das Wolfsmonster Fenris war der älteste Sohn Lokis mit der Riesin Angrboda. Ständig wuchs er an Körpergröße und Macht. Ketten konnten ihn nicht halten. So wob man den Zauberfaden Gleipnir aus Spinnweben und anderen versponnenen Zutaten und trickste den Fenriswolf aus, sich damit fesseln zu lassen. Als Vertrauenspfand deponierte der Kriegsgott Tyr seine rechte Hand zwischen den Kiefern des Fenris, welche Letzterer natürlich abbeißen musste. An einen Kriegsgott ohne rechte Hand zu glauben, lässt auf den schwarzen Humor der Germanen schließen. Den Kriegsgott der südamerikanischen Maja symbolisiert übrigens ein Kolibri. Körpergröße wog im alten Südamerika offenbar weniger als Aggressionsbereitschaft; den alten Germanen schien beides wichtig.

Der Faden Gleipnir hielt, wie zu befürchten, den Fenriswolf bloß bis Ragnarök, der Götterdämmerung. Dann ließ der Zauber nach, Fenris kam frei und verschlang Odin, den Obergott. Das schrie nach Blutrache, daher tötete Odins Sohn Vidar prompt das Wolfsmonster. Aber es war bereits zu spät; Skalli und Hati, zwei Nachkommen des Fenris, verfolgen seitdem Sonne und Mond. Eines Tages werden sie diese eingeholt haben – das bedeutet den Weltuntergang. Einer anderen Version der Geschichte zufolge verschlang der Fenriswolf zu Ragnarök die Sonne.

Dieses grauenhaft-faszinierende Blutepos wirft ein bezeichnendes Bild auf die germanische Blutrache-Gesellschaft und ihre Vorstellungen. Innerhalb des eigenen Klans gab es einen starken Zusammenhalt, das Leben der anderen dagegen zählte nur wenig. Angesehen war, wie in anderen animistischen Gesellschaften auch, wer viele Gegner tötete und seinen eigenen Klan heldenhaft beschützte. Die Germanen schufen sich, ähnlich wie die Griechen, einen sehr menschlichen Götterolymp, mit viel Intrige und Gewaltbereitschaft. Aber im Gegensatz zu den Griechen hatten die germanischen Götter mit der Götterdämmerung ein klares Ablaufdatum.

Der Wolf begleitete und bedrohte als animistischer Archetyp diese Götter ohne Unterlass und konnte nur für begrenzte Zeit von ihnen neutralisiert werden. Dass der Wolf schließlich nicht irgendwen verschlingt, sondern ausgerechnet Chef Odin, bedeutet einen Sieg der alten animistischen Geister über die menschenähnlichen Götter. Der Versuch einer spirituellen Emanzipation von den Naturgeistern durch die neuen Götter, denen man im Übrigen auch nie ganz traute, musste bei den Germanen scheitern, wohl auch, weil im täglichen Leben germanischer Stämme die animistischen Vorstellungen immer noch sehr stark waren. Man traute einander über die Klangrenzen hinweg nicht, warum sollte man also den menschenähnlichen Göttern trauen? Mehr noch: Man legte das Schicksal der Welt gleich für immer und ewig in den Rachen des animistischen Archetyps Wolf.

Alle indogermanischen Völker kennen den Werwolfmythos, also die Verwandlung von Mann in Wolf. Hintergrund war wahrscheinlich die mit dieser Verwandlung einhergehende kriegerische Enthemmung. Die Verwandlung in Wolfsmenschen war auch Teil des Initiationsritus junger Krieger, zumindest seit der Jungsteinzeit. Als sich vor etwa 30 000 Jahren die Gene von Wolf und Hund erstmals in Eurasien trennten (Thalmann et al. 2013), war der Werwolfmythos mit einiger Sicherheit schon in den Köpfen der Menschen. Dies legt den Verdacht nahe, dass diese tiefe Beziehung unserer Jäger- und Sammler-Vorfahren zum Bruder Wolf den eigentlichen Anstoß für dessen Hundwerdung gab.

Auch die germanischen „Berserker" stellen eine besondere Ausprägung des Werwolfkults dar; sie wurden mit Wolfskopf und Wolfsfell dargestellt und waren überaus aggressive Krieger, die auch zu Friedenszeiten mordeten, raubten und vergewaltigten, selbst im eigenen Umkreis, nur nicht im eigenen Klan. Man tolerierte sie, weil solche Gewalttaten als spirituelle Handlungen gesehen wurden. Zudem machten Berserker die Gegner ihrer Klans vorauseilend friedlicher. Gegenüber Berserkerfamilien verzichtete man gern auf die Ausübung der Blutrache zugunsten einer materiellen Kompensation. Somit trieben die Berserker das Leben im Zeichen des Werwolfs auf eine drastische Spitze.

Ob dieser überaus starken animistischen, also „heidnischen", Bedeutung des Wolfes braucht man sich nicht zu wundern, dass Wölfe im ausklingenden Mittelalter und der beginnenden Neuzeit ihre spirituelle Rolle weiterspielten. Allerdings in umgedrehter Bedeutung: Wölfe wurden nicht nur als gefährliche Beutegreifer der Haustiere mit den grausamsten Mitteln verfolgt, sondern als Verkörperung des Bösen, des Teufels schlechthin abgestempelt. Sie wurden – wenn man ihrer habhaft werden konnte – auch schon mal gehenkt. Und bekanntlich verwandelten sich Hexer und auch Teufel in Wölfe und Hexen kopulierten mit ihnen. Hexensabbat, schwarze Wölfe (die es in Europa nie gab), Raben, Schwefelgeruch – so sehr sich die Buchreligionen über 2 000 Jahre abmühten, sie wurden den animistischen „Aberglauben" niemals ganz los. Unter anderem deswegen, weil sie ihn auch selbst schürten, etwa mit der Inquisition.

Apropos Sex: Eines der größten Tabus der modernen Gesellschaft ist wohl Sex mit Tieren (Beetz und Podberszek 2005). Dabei spielte dieser wahrscheinlich bei Jägern und Sammlern und auch bei den alten Griechen keine unwesentliche Rolle und stand immer wieder in der Menschheitsgeschichte auch im spirituellen Kontext. Vor dem Hintergrund des Bewusstseins von Tieren als Wesen auf gleicher Augenhöhe war wohl die Schwelle relativ niedrig. Mit der Vertiefung des Grabens zwischen den Menschen und anderen Tieren wuchs diese Schwelle. Wie metaphorisch Sex mit Tieren auf Hexensabbaten aufzufassen ist, bleibe dahingestellt. Jedenfalls wurde der Teufel mit Tierattributen dargestellt, eine seiner Verkörperungen war der Wolf. Sex mit dem Teufel war also immer auch Sex mit einem Tier – oder umgekehrt. Folgerichtig wurde Sex mit Tieren zum absoluten Tabu.

Dennoch, so begründete aktuelle Schätzungen, sind etwa 2–4 % der Bevölkerung „zoophil", Tiere spielen in ihren sexuellen Vorstellungen und teils auch in ihrer sexuellen Praxis eine zentrale Rolle (Beetz und Podberscek

2005). Sex mit Tieren ist vor allem in ländlichen Regionen männlich, in der Stadt angeblich vorwiegend weiblich. Innerhalb der Zoophilie scheint es ein ähnliches Spektrum an sexuellen Gepflogenheiten zu geben wie beim Sex unter Menschen. Besonders in extrem anthropozentrischen Gesellschaften mag Sex mit Tieren vor allem deswegen als moralisch problematisch erscheinen, weil damit in einem höchst intimen Kontext Artgrenzen überschritten werden. Objektiv betrachtet ist vor allem das Prinzip der Freiwilligkeit von Seiten des Tieres nicht gewahrt, Sex mit Tieren ist daher vor allem ein Tierschutzproblem. Einige Ethiker stießen jedoch eine Diskussion zu diesem Thema in die andere Richtung an: Tierhalter, die sich gewöhnlich bestmöglich um Nahrung, soziale Bedürfnisse etc. ihrer Tiere kümmern, sollten diesen auch ermöglichen, ihre Sexualität auszuleben.

Menschen schufen sich den allmächtigen Gott – und dieser schuf die Menschen nach seinem Ebenbild

Tiere spielen im Volksglauben eine Rolle, noch lange nachdem sie in den Buchreligionen offiziell unwichtig wurden. Parallel zur sozio-ökonomischen Entwicklung der Menschen von Jägern und Sammlern zu mehr oder weniger sesshaften Viehhaltern und Ackerbauern gewannen die Menschen Macht über Tiere und Natur und verbannten sie folgerichtig auch zunehmend aus ihren religiösen Vorstellungen. Tieridole und -Götter wandelten sich über Mensch-Tier-Hybridwesen zu rein menschlichen Göttern. Man konnte sich zwar nicht auf die Integrität der Götter verlassen, dafür verfügten sie aber auch nicht über jene unendliche Macht des einzigen Gottes, der im Monotheismus Angst machen kann. Tiere und Hybridwesen spielten in diesen Olympen und ihren irdischen Lebensräumen, wie Hainen und Quellen, immer noch Statistenrollen oder waren auch noch ganz zentral, wie im animistischen und sich im Grunde bis heute durchziehenden Wolfskult. Doch letztlich hatten die Menschen nach dem Sesshaftwerden einen großen Schritt getan und sich Götter nach ihrem eigenen Ebenbild geschaffen.

Der Glaube an einen Gott treibt diese Entwicklung auf die Spitze. „Akhenaten", besser bekannt als Echnaton, beseitigte etwa 1350 vor unserer Zeitrechnung die ägyptische Götterwelt der Halbtier- und Menschengötter radikal innerhalb eines Jahrzehnts und führte den Glauben an einen einzigen Gott ein, war er als Pharao doch selbst Gott. Er hatte jedoch seine Macht überschätzt und kam damit (noch) nicht durch. Sofort nach seinem Tod wurde das Andenken an ihn gründlich beseitigt. Der alte Glaube lebte noch, die alten Priester ebenfalls; zu groß offenbar war der von oben verordnete Sprung. Ägypten wurde dennoch die Wiege des einen und einzigen Gottes. Der Auszug des jüdischen Volkes aus Ägypten ist schließlich jener Gründungsmythos, auf dem der Monotheismus der Buchreligionen beruht. Als man unter wechselnder Autorenschaft und vor dem Hintergrund einer Hirtenkultur in der israelitischen Königszeit etwa 800 vor unserer Zeitrechnung begann, das Alte Testament zu verfassen, hatte der eine und einzige Gott ein anderes Gesicht als hunderte Jahre später. Gott wandelte sich, wurde an die Zeit angepasst. Zudem ist dieses Alte Testament voller für eine Hirtenkultur typischer animistischer Rituale und Tiere spielen noch eine große Rolle.

Es ist faszinierend, wie im biblischen Schöpfungsmythos die Menschenähnlichkeit Gottes institutionalisiert wird, wenn es heißt, dass Gott den Menschen „nach seinem Ebenbild" schuf. Vom Standpunkt eines allmächtigen Gottes ist das eigentlich ziemlich unverschämt und vermessen von den Menschen, könnte man meinen. Jedenfalls machten sich die Menschen auf diese Weise maximal gottähnlich und erhoben sich über „das Tier". Damit wurden sie einem Gott ähnlich, den sie sich selbst menschenähnlich vorstellten. Die Menschen schufen Gott also nach *ihrem* Ebenbild. Doch damit nicht genug. Zumindest die Christen schufen sich im Neuen Testament einen Gott, der sich mit den Menschen solidarisierte, indem ein Teil von ihm in Menschengestalt auftrat und sich dann von den anderen Menschen misshandeln und töten ließ.

Eine perfektere Vereinnahmung – der Mensch als Ebenbild Gottes und Gott, der Menschengestalt annimmt – ist kaum möglich. Das Neue Testament ist wohl nicht von ungefähr voller Menschen, aber nahezu tierfrei. Die Menschen stellten damit mit ihrem Menschengott jene Nahebeziehung her, in die keine Tierbeziehung mehr passte. Zumindest offiziell. Die wirklichen Menschen ließen sich selbst durch die starke Botschaft der Buchreligionen und deren geistig dominierenden und machtbewussten Priester die Tiere nie ganz verbieten.

Zuschütten des tiefen Grabens zwischen „Mensch und Tier"?

Mit dem Monotheismus sind die Tiere gründlich aus dem Spiel. Domestiziert stehen sie unter menschlicher Kontrolle, sie sind daher nicht mehr wichtig genug, eine spirituell-religiöse Rolle zu spielen. Sie mutierten langsam, aber sicher vom bedeutenden Totem und Idol zum Opfertier und schließlich zum bloßen Nahrungsmittel. Töten Animisten ein Tier, so bedarf es Rituale der Entsühnung und der Versöhnung mit dessen Seele. Dies ist nun in den Buchreligionen, vor allem im Christentum, nicht mehr so. Juden und Muslime beziehen sich zumindest durch das Schächten noch symbolisch auf die Beseeltheit der Tiere. Wenn Christen, aber auch Juden oder Muslime, Tiere schlachten, dann gibt es höchstens ein Fest. Entsühnung ist nicht mehr nötig, da wir vom allmächtigen Gott das Mandat erhalten haben, die Erde zu nutzen und sie uns untertan zu machen. Allenfalls gibt es daher beim Tod eines Tieres ein Dankgebet an den Gott, der so gut für uns sorgt. Und einen Schnaps zum fetten Schweinebraten. Das spirituelle Schmiermittel Alkohol wurde zur Verdauungshilfe und die Tiere wurden von spirituellen Partnern zu Nahrungsmitteln. Mit Ausnahmen: Wenn ein Jäger einen Hirsch „waidgerecht" erlegt, so befolgt er gewisse Rituale, etwa dem toten Tier ein Zweiglein ins Maul zu stecken, den „Bruch", wie das in Österreich heißt. Es bleibe dahingestellt, ob der meist christliche Jäger weiß, dass er damit ein animistisches Ritual durchführt und der Seele des Hirsches seine Ehre erweist. Der rund um die Jagd konsumierte Alkohol steht übrigens kaum im spirituellen Zusammenhang, ist wohl eher Doping für das Hochgefühl auf der Jagd.

Parallel zum Verlust der spirituellen Bedeutung der Tiere machten sich zumindest die Menschen des jüdisch-christlich-muslimischen Kulturkreises zum Ebenbild Gottes bzw. schufen sie sich einen Gott nach ihrem eigenen idealisierten Ebenbild. Folgerichtig wurden sie selbst zu den gottähnlichen Herren der Welt. Die Gottähnlichkeit des Menschen und die Versuche, die alten, mit Tieren verbundenen animistischen Wurzeln des Denkens zu überwinden, erzeugten den tiefsten Graben in der Menschheitsgeschichte zwischen Menschen und anderen Tieren, eine nahezu manische Abgrenzungssucht „zu den Tieren", und führte zu wahrlich monströsen Denkschulen. „Ich denke, also bin ich", lautete der durchaus nachvollziehbare Kernsatz des René Descartes. Er hatte noch ein recht idealistisches Bild vom Denken. Wie das Gehirn funktioniert, war damals noch weitgehend unbekannt. Da er Tieren Bewusstsein und Denken absprach, schloss er haarscharf, dass Tiere reine Reiz-Reaktions-Maschinen seien. Er ging davon aus, dass sie schmerzunempfindlich seien, denn um Schmerzen zu empfinden, braucht man Bewusstsein, was Menschen im Übermaß, Tiere dagegen gar nicht hätten. Eine falsche Annahme, wie wir heute wissen.

Bis ins 20. Jahrhundert hinein prägten die rationalistischen Philosophen die Szene der akademischen Denkeliten. Sie stellten das Denken über alles, waren teils der Empirie gegenüber feindlich eingestellt und an Tieren – wenn überhaupt – nur mäßig bzw. vorwiegend aphoristisch interessiert. Sie bereiteten damit den Boden für die maßlose Überschätzung der Vernunft und des rationalen Denkens, auch in der Psychologie, wenn es um Menschen ging.

Als Höhepunkt dieses Ausblendens der „tieferen Schichten" der menschlichen Psyche, auch der animistischen Wurzeln, kann der Behaviorismus eines Burrhus Frederic Skinner gelten. Mit Heerscharen gläubiger Jünger beharrte er um die Mitte des vergangenen Jahrhunderts darauf, dass Menschen wie Tiere als „Tabula rasa" zur Welt kämen und alles gelernt sei, dass Emotionen keine Rolle spielten, ja gar nicht existierten. Skinner beherrschte damit den Mainstream der Psychologie im 20. Jahrhundert und behinderte so auch die Annäherung zwischen Psychologie und Biologie. Letztlich lieferte er einen weiteren wichtigen Baustein zur Ideologie der Abgrenzung der Menschen von den Tieren. Wir teilen, so seine Sichtweise, zwar die Lernmechanismen, sonst aber kaum etwas. Skinner war damit auch letztlich ein später Erfüllungsgehilfe Descartes'. Erst in den letzten Jahrzehnten überwindet die moderne Psychologie ihren behavioristischen Monismus.

Aber es gab auch Psychologen am anderen Ende des Spektrums: Die „Experimentalpsychologen" des späten 19. und frühen 20. Jahrhunderts etwa „mentalisierten" Tiere hemmungslos, während in Gegenposition dazu die frühen Ethologen wie Konrad Lorenz und Niko Tinbergen die Tiere zwar nicht wie Descartes als reine Reiz-Reaktions-Maschinen einschätzten, sich aber doch auf die Erforschung der Instinkthandlungen konzentrierten. Dies änderte sich erst im ausgehenden 20. Jahrhundert, als etwa englische Öko-Etholgen um John Krebs endlich wieder die Frage stellten, wie Tiere es denn anstellen, komplexe Entscheidungen zu treffen und wie dies mit dem Bau ihres Gehirns zusammenhängt. Gleichzeitig zeigte die US-amerikanische Kognitionsbiologin Irene Pepperberg (2002) mit ihrem Graupapagei Alex, dass dieser nicht nur menschliche Worte nachplappern konnte, sondern auch verstand, was er sagte, dass er basale Grammatik entwickelte, ausdrücken konnte, was er wollte, und Kategorien bildete, ja selbst spontan einen Begriff von Null entwickelte. Gelegentlich wurde er ob der langweiligen Testerei ärgerlich, verweigerte die Mitarbeit oder beging kreative „Irrtümer". War also Alex bloß eine Reiz-Reaktions-Maschine oder aber ein Verstandesmonster ohne Gefühle?

Pioniere wie John Krebs oder Irene Pepperberg trugen sehr zum Start des heutigen Booms der evolutionären Kognitionsforschung bei, also der Forschung zur geistigen Leistungsfähigkeit der Tiere und natürlich auch der

Menschen und ihres historischen Geworden-Seins. Heute interessiert uns weniger die Frage, wie menschenähnlich Tiere oder wie tierähnlich Menschen seien. Es geht heute in der Wissenschaft vor allem um den Anpassungswert geistiger Leistungen, um ihren Ursprung, ihre spezielle Ausprägung bei den unterschiedlichen Arten und Individuen, wie stark geistige Leistungen über Kontexte generalisiert werden können und wie sie über den Stammbaum verbreitet sind. Wenig aufregend ist es etwa, zu wissen, ob Wölfe bis sieben oder doch bis neun „zählen" können, wenn man nicht gleichzeitig erforscht, warum sie das können sollten, welchen Überlebenswert diese Fähigkeit also für diese Tiere haben mag.

Kaum eine Entwicklung zuvor führte zu einer ähnlichen Welle der Einsicht wie die Erkenntnis der modernen Kognitionsbiologie, dass sich Menschen nicht prinzipiell von anderen Tieren unterscheiden, dass Tiere tatsächlich schmerz-, denk- und bewusstseinsfähige Wesen sind. Und wenn Menschen beseelt sind, was eine Glaubens- und keine Wissensfrage bleibt, dann sind es selbstverständlich auch die Tiere. Ob abgestuft oder nicht, darüber mag man mit Aristoteles diskutieren. Wenn wir heute also anderen Tieren bestimmte geistige und mentale Fähigkeiten zubilligen, dann nicht mehr aus einer rein menschenzentrierten Position und „wishful thinking" heraus, wie etwa Alfred Brehm und seine Zeitgenossen im ausklingenden 19. Jahrhundert.

Heute projizieren wir nicht einfach im Sinne einer uninformierten Vermenschlichung unsere eigenen menschlichen Fähigkeiten in die anderen Tiere hinein. Heute *wissen* wir über die teilweise frappanten, tiefen Gemeinsamkeiten zwischen uns und den anderen Arten. Klar, dass selbst profundes Wissen menschliche Projektionen in andere Tiere nicht ganz verhindern kann. Denn das Von-sich-auf-andere-Schließen ist zutiefst menschlich, ist ja auch Kern und Wesen der Empathiefähigkeit. Mehr noch: Auch Konrad Lorenz betonte, wie wichtig letztlich die Selbsterfahrung ist, selbst in der Wissenschaft. Er wurde dafür von den Vertretern der reinen Lehre ebenso heftig wie ungerechtfertigt geprügelt.

Jedenfalls führten das abendländische Denken, seine Buchreligionen und Philosophen zur radikalsten Trennung zwischen „Mensch und Tier" in der Menschheitsgeschichte. Paradoxerweise schickt sich nun ausgerechnet die abendländisch-aristotelische Naturwissenschaft an, diesen Graben in wenigen Jahrzehnten wieder zuzuschütten. Manchmal mag es doch zweckmäßig sein, den Bock zum Gärtner zu machen.

Das mag eine ethisch wohltuende Botschaft sein. Vor allem aber entfällt mit dem Wegfall des Beharrens auf der „Sonderstellung" des Menschen eines der größten Hemmnisse für den weiteren Erkenntnisgewinn in der Forschung zu Menschen. Tiere sind den Menschen stammesgeschichtliche Brüder und Schwestern. Sie sind unsere Wurzel und bilden den Rahmen für unsere Evolution. Sie sind damit auch jener Spiegel, den wir benötigen, um uns selbst zu erkennen. Nicht in Abgrenzung, sondern im Vergleich. Wenn wir uns schon als „Krone der Schöpfung" sehen wollen – was aus evolutionsbiologischer Sicht eigentlich nicht haltbar ist, da Evolution grundsätzlich keinen Plan hat, vom „Niederen zum Höheren" zu streben –, dann müssen wir heute akzeptieren, dass die anderen Tiere die Edelsteine in dieser Krone sind. Die folgenden Kapitel handeln vor allem von Belegen dafür, dass Menschen doch nicht so radikal unterschiedlich zu anderen Tieren sind, wie manche glauben wollen.

3. Warum Menschen und Tiere miteinander können: Die evolutionäre Werkzeugkiste

Menschen teilen mit allen anderen Wirbeltieren ein seit etwa 500 Millionen Jahren existierendes soziales Netzwerk im Gehirn. Es steuert das instinktive Sozial- und Sexualverhalten und blieb über die Stammesgeschichte hinweg nahezu unverändert. Aber Menschen teilen auch jene modernen Teile des Großhirns mit den Säugetieren und Vögeln, die sozialtaugliche Ordnung in das Gewitter der Instinkte bringen – bei Menschen und auch bei ihren Kumpantieren.

In den vorderen Teilen dieses Buches habe ich die evolutionären und historischen Gründe diskutiert, die dafür verantwortlich sein mögen, dass Menschen mit anderen Tieren leben *wollen*. Warum Menschen mit anderen Tieren aber tatsächlich auch sozial zusammenleben *können*, ist eine andere Frage. Tatsächlich sehen Menschen durchaus anders aus als etwa Hunde, Katzen oder Pferde; und dennoch können wir offenbar miteinander, wenn wir nur wollen. Menschen können offenbar mit Hunden, Wölfen und Pferden so zusammenleben, dass diese sogar aus freien Stücken und aus ihrer sozialen Veranlagung heraus kooperieren und nicht, weil sie unter Druck gesetzt werden – auch wenn Zwang im Umgang mit Tieren lange das Mittel der Wahl war. Dass es auch anders geht, bemerkte man erst in nennenswertem Ausmaß, als auch in der Schule und in anderen gesellschaftlichen Bereichen der Rohrstock aus der Mode kam.

Für die wissenschaftlichen Systematiker unter uns: Es geht in diesem Kapitel um die mechanistische Basis des Sozialverhaltens (Tinbergens Ebene 2, s. oben), also jene Gemeinsamkeiten in Nerven- und Hormonsystemen und im Verhalten, welche uns erlauben, auch zwischenartliche Sozialbeziehungen einzugehen. Mehr als ein Jahrhundert vergleichende Forschung ergab deutliche sozio-kognitive, strukturelle und funktionelle Ähnlichkeiten, sogar zwischen entfernten Stämmen der Wirbeltiere. Aber natürlich zeigen sich auch deutliche Unterschiede zwischen den Arten, wie sie mit den Herausforderungen ihrer Umwelt umgehen. Besser als je zuvor kennen wir heute die Basis für zwischenartliche soziale Kommunikation zwischen Menschen und ihren Kumpantieren. Auf Basis dieser Erkenntnisse scheint es, dass sogar weitschichtig verwandte Gruppen wie Fische, Vögel und Säugetiere mehr Gemeinsamkeiten im Sozialleben und in den geistigen Leistungen teilen, als dies selbst den meisten Biologen bewusst ist (vgl. Kotrschal 2009, Julius et al. 2014).

So haben wir etwa mit unseren Kumpantieren jene Teile des Gehirns gemeinsam, welche die Dinge der Welt als angenehm oder unangenehm interpretieren. Ersteres ist oft verbunden mit einer Aktivierung des *Nucleus caudatus*, vielleicht einer Ausschüttung des Sozial-und Wohlfühlhormons Oxytocin, sicher mit dem Anspringen des hirneigenen Belohnungssystems. Wir entspannen, fühlen uns wohl, bleiben, wo wir sind. Unangenehmes dagegen aktiviert den Mandelkern und die Stresssysteme, aktiviert, macht unruhig und bereit zur Veränderung. Ja, mehr noch: Mensch und Hund/Kumpantier lesen wechselseitig ihre Grundbefindlichkeiten und stecken einander damit an.

Dass es diese weitgehenden Parallelen gibt, ist auf zwei Hauptgründe zurückzuführen: Erstens bleiben Gehirnstrukturen im Verlauf der Evolution extrem konservativ erhalten. Kein Wunder also, dass Säugetiere mit den Vertretern der anderen Stämme – Fische, Amphibien, Reptilien und Vögel – vor allem die tieferen Strukturen des Gehirns, Hirnstamm und Hypothalamus, nahezu struktur- und funktionsgleich teilen. Das ist unverändert erhaltenes evolutionäres Erbe. Zweitens aber unterscheiden wir Säugetiere uns sehr wohl von den Vertretern der anderen Stämme in den moderneren Teilen des Gehirns, etwa im Bau des Großhirns. Das Stirnhirn etwa, welches Impulse kontrolliert und Individuen damit sozialfähig macht, haben nur Säugetiere. Vögel entwickelten parallel dazu einen funktionsgleichen Hirnteil aus denselben Bausteinen, aber mit anderer Struktur. Offenbar vollzogen sich parallele Entwicklungen, verursacht durch jene Zwänge der Ökologie und des Soziallebens, die wir als Selektionsdrucke bezeichnen.

Komplexes Sozialleben und die zugehörigen kognitiven Leistungen sind tatsächlich nicht gleichmäßig über den Stammbaum der Wirbeltiere in Art einer *scala naturae* verbreitet. Immer noch gehen viele davon aus, dass es evolutionär zwangsläufig von den „dummen Fischen" zu den höchst „gescheiten Säugetieren" geht, egal, ob aufgrund eines göttlichen Schöpfungsplans oder weil es notwendigerweise in der Evolution vom „Niederen zum Höheren" ginge, was nicht einer gewissen Plausibilität entbehrt. Denn es ist davon auszugehen, dass es in der frühen Stammesgeschichte aufgrund der zweckmäßigen Anordnung der Sinnesorgane unserer wurmförmigen und noch kieferlosen Vorfahren, die vor etwa 600 Millionen Jahren die Urwelt bevölkerten, auch zu jener Konzentration von Nervenzellen zur Verrechnung des Inputs aus diesen Sinnesorganen kam, die wir heute „Gehirn" nennen. Solchen frühen Gehirnen kamen eher jene Aufgaben der Lebenserhaltung zu, die heute Hirnstamm und Hypothalamus immer noch wahrnehmen: Ionenkonzentration, Gaskonzentrationen und Ernährungszustand im Körper zu überwachen und, wenn nötig, angepasstes Atmen, Wasseraufnahme oder -abgabe und Nahrungsaufnahme zu veranlassen.

Natürlich mussten diese frühen Hirne auch einfache Entscheidungen treffen; auch damals mussten jene Chorda-Würmer, aus denen in einer sehr fernen Zukunft einmal Menschen werden sollten, ihnen zuträgliche Umwelten aufsuchen, Fressfeinden entkommen und artgleiche Partner zwecks Sex treffen. Eigentlich ist es kein geringer oder trivialer Leistungskatalog, der bereits damals erfüllt werden musste. Diese Grundkonstruktion war zudem gut genug, um mit geringen Veränderungen bis heute die lebenserhaltenden Leistungen aller Wirbeltiergehirne zu steuern.

Wurden Tiere im Verlauf der Stammesgeschichte klüger?

Plausibel ist auch, dass es im Verlauf der Stammesgeschichte zu einem „evolutionären Rüstungswettlauf" kam, was geistige Leistungen betrifft, etwa zwischen Räubern und ihrer Beute. Wenn etwa Erstere effizienter werden, rascher im Ansprechen der Beute und Kiefer entwickeln, um diese festzuhalten, muss die potenzielle Beute zumindest gleichziehen. Schafft sie das nicht, wird sie von den innovativen Räubern weggeputzt und stirbt aus. Frühe Beute legte sich also zunächst dicke Panzer zu, was aber offenbar keine nachhaltige Strategie war, da man damit nicht gerade an körperlicher und geistiger Beweglichkeit gewinnen kann. Wie auch in der Militärentwicklung schlägt Hirn Panzer. Beute musste immer reaktionsfähiger, schneller, unauffälliger, giftiger oder generell besser im Tarnen und Täuschen werden, was entsprechende Anpassungen auch im Gehirn erforderte.

Innerartlich verdrängte das Bessere das Gute, vor allem im Zusammenhang mit Überleben, Sex und dem Aufziehen von Nachwuchs. Ein wenig besser als andere Artgenossen zu sein, etwa Sperma in zeitliche und räumliche Nähe befruchtungsfähiger Eier zu bringen und diese so zu platzieren, dass Schlupfrate und Überleben optimiert werden, hängt vor allem auch damit zusammen, die besseren Entscheidungen zu treffen, also ein vielleicht um Nuancen besseres Hirn zu haben als der konkurrierende Artgenosse. Und klarerweise setzen sich vor allem jene Gene über die Generationen durch, welche direkt oder indirekt das Potenzial unterstützen, sich zu vermehren.

Es liegt also nahe, von den Fischen bis zu den Säugetieren eine zwar nicht unbedingt stetige, aber doch zunehmende Höherentwicklung der geistigen Leistungsfähigkeit anzunehmen. Zumindest in den modernen Teilen des

Vorderhirnes der Fische, die vor hunderten Millionen Jahren lebten, bis zu den heute lebenden Fischen, Reptilien und Säugetieren. Dies ist vor allem in jener Entwicklungslinie nachvollziehbar, die von Lungenfischvorfahren über die Schwanzlurche zu den Reptilien und von dort vor mehr als 200 Millionen Jahren einerseits zu den Säugetieren, andererseits zu den Vögeln führte. Da Menschen aufgrund eines Gehirns, das komplexe Symbolsprache ermöglicht, durchaus auf die Idee kommen könnten, sie seien die „Krone der Schöpfung", liegt eigentlich auch nahe, in dieser Entwicklung vom Gewürm zur Krone eine Art „Schöpfungsplan Gottes" zu erblicken. Das wäre allerdings eine reine Projektion einer religiösen Ideologie auf einen Stammbaum, der ein Produkt naturwissenschaftlicher Erkenntnis darstellt – also ein klarer erkenntnistheoretischer Kategorienirrtum.

Die ideologische Interpretation des Stammbaumes ist aber beileibe keine Erfindung der Buchreligionen. Auch sie ist direkt aus der animistischen Spiritualität der Jäger und Sammler herzuleiten. Aristoteles' *skala naturae* beschreibt zunächst nicht die Entwicklung zum „Höheren", wie später hineininterpretiert. Er formalisiert und formuliert vielmehr das alte animistische Denken einer abgestuften Beseeltheit der Natur, natürlich mit uns Menschen als Referenz- und Höhepunkt.

Im Groben ist also die Idee sicherlich nicht falsch, die geistige Leistungsfähigkeit habe sich seit dem Erdaltertum nach und nach gesteigert, nicht nur in Richtung Mensch. Es fällt auf, dass die geistig besonders hoch entwickelten Vertreter der Stämme der Wirbeltiere im späten Erdmittelalter und in deren Neuzeit auftraten. Dazu zählen innerhalb der Fische die Barschartigen, innerhalb der Vögel die Singvögel und innerhalb der Säugetiere die sozialen Hundeartigen sowie natürlich Affen und Menschenaffen. Es gibt keine Fossilbelege dafür, dass besondere geistige Höhenflüge auch schon unter den Tieren des Erdaltertums und -mittelalters aufgetreten wären, dass also die Gescheiten ausgestorben, die Dummen übriggeblieben wären. Es scheint einfach so, dass die Ökologie der Erdneuzeit und das Zusammenleben mit anderen klugen Tieren die Gehirnentwicklung besonders beflügelten. Diese Idee wird auch durch die Tatsache unterstützt, dass sich das menschliche Gehirn ausgerechnet in den letzten 700 000 Jahren vergrößerte.

Die grundlegende „soziale Werkzeugkiste" an Gehirnstrukturen und physiologischen Mechanismen teilen buchstäblich alle Wirbeltiere. Dies ist sicherlich auch die gemeinsame Basis für die nahezu parallelen geistigen Anpassungen, insbesondere bei den barschartigen Knochenfischen (Bshary et al. 2002), den Rabenvögeln und Papageien (Kotrschal et al. 2007) und bei den Säugetieren (Byrne und Whiten 1988). Die erwähnten Gruppen rüsteten ihre Hirnstruktur hauptsächlich quantitativ auf. Warum also wechselseitiges Verständnis, soziales Zusammenleben, ja sogar soziale Bindung zwischen Menschen und anderen Tieren möglich ist, erklärt teilweise diese gemeinsame „Werkzeugkiste" der Wirbeltiere, die Verhalten, Physiologie und Strukturen des Nervensystems enthält. Besonders stark sind diese stammesgeschichtlichen und funktionellen Gemeinsamkeiten zwischen Säugetieren und Vögeln (Emery und Clayton 2004; Kotrschal et al. 2009).

Wahrscheinlich ist es kein Zufall, dass im Wesentlichen nur diese beiden Stämme der Wirbeltiere es schafften, durch Verbrennen von Energie und gleichzeitige Körperisolierung mit Haaren, Federn oder Unterhautfett ihre Körpertemperatur auch bei wechselnder Umgebungstemperatur annähernd konstant zu halten. Dies scheint eine der Voraussetzungen für die Entwicklung eines wirklich komplexen sozialen Zusammenlebens und für die dazu notwendige Erhaltung eines großen, leistungsfähigen und kostenintensiven Gehirns zu sein. Es ist sicher kein Zufall, dass unsere Kumpantiere sich fast ausschließlich aus dem Kreis dieser gleichwarmen Säugetiere und Vögel rekrutieren. Sicherlich, manche Menschen unterhalten auch soziale Beziehungen zu ihren Farbkarpfen oder streicheln grüne Leguane; das sind wohl jene Ausnahmen, welche die Regel bestätigen.

Soziale Komplexität

Im Wesentlichen führen im Tierreich zwei grundverschiedene Wege zur sozialen Komplexität. Staatenbildende Insekten wie Honigbienen, Blattschneiderameisen und viele andere zeigen eine sehr komplexe Arbeitsteilung, etwa über Kastenbildung. Spezialisierte Arbeiterinnen, Soldatinnen oder auch junge Königinnen entstehen durch unterschiedliche Fütterung. Die meisten Weibchen verzichten als Arbeiterinnen auf eigene Vermehrung, pflegen stattdessen ihre Schwester und bauen komplexe Nester. Diese Insektenstaaten funktionieren nach einfachen Regeln und auf der Basis von Reiz-Reaktions-Mechanismen. Ihre beeindruckenden Leistungen vollbringen diese Insekten gemeinsam – wie die Zellen in einem Körper. Sie bilden meist auch genetisch eine Art „Superorganismus". Eine einzelne Biene oder Ameise mag zwar lernfähig sein, ist aber zum Vollbringen der artspezifischen Leistungen auf das Kollektiv angewiesen.

Im Gegensatz zu den Insekten hängt das komplexe soziale Zusammenleben der Vögel und Säugetiere vor allem an der geistigen Leistungsfähigkeit ihrer Individuen. Was natürlich nicht bedeutet, dass das soziale Zusammenleben der Säugetiere und Vögel auf rein kognitiver Basis stattfände und Instinkte gar keine Rolle mehr spielten. Ganz im Gegenteil. Sogar alles, was Menschen sozial tun, findet im Rahmen eines starken und artspezifisch unterschiedlichen Grundgerüsts von Instinkten und Reiz-Reaktions-Mechanismen statt. Ohne diese Grundausstattung wären wir gar nicht sozialfähig. Allerdings bedarf es bei Menschen im Gegensatz zu den sozialen Insekten zur Sozialfähigkeit einer erheblichen Kontrolle durch die stammesgeschichtlich moderneren geistigen Fähigkeiten. Emotionen, die Menschen in Grundstruktur und Funktion ebenfalls mit allen Kumpantieren teilen, vermitteln zwischen Instinkten und Verstand.

Selbst bei Menschen ergibt sich eine optimale individuelle Sozialfähigkeit, eine hohe „soziale" Kompetenz, durch ein optimiertes Zusammenwirken von Instinkten, Emotionen und geistigem Überbau, sozusagen durch eine Balance zwischen Ratio und Bauchgefühl. Darin zeigen sich natürlich Unterschiede zwischen den Arten. So wird meine Hündin wohl mehr ihrem Bauchgefühl folgen als ich selbst. Wobei dieser Vergleich unfair ist. Denn wir unterscheiden uns ja auch in den Bereichen, in denen wir Entscheidungen treffen. Bei ihr etwa Hasenjagd oder nicht, bei mir, ob ich einen Studenten, der sich um eine Master-Betreuung bewirbt, annehme oder nicht. Aber auch im letzteren Fall zeigt die Erfahrung, dass es dem Verstand gelegentlich gut ansteht, auf das Bauchgefühl zu achten.

Es bedarf zur säuger- und vogelspezifischen Ausbildung komplexen Soziallebens, also vor allem einer wohlentwickelten geistigen Leistungsfähigkeit. Sozial komplexe Tiere, etwa Mensch, Wolf oder Rabe, leben in individualisierten Gruppen. Das verlangt dem Gehirn einiges an Leistung ab. Die Mitglieder erkennen einander, differenzieren zwischen Bindungspartnern und engen oder weitläufigeren Bekannten. Man kann für Affenklans oder Wolfsrudel davon ausgehen, dass alle Mitglieder einander „kennen". Bei „offenen" Gruppen, etwa Graugänsen, die sich nicht dagegen wehren, dass sich neue Gänse einer Schar anschließen, ist das nicht unbedingt der Fall; aber auch in diesem Fall kann man annehmen, dass die Gänse eine erhebliche Anzahl von Individuen in ihrer Nähe kennen (Wascher et al. 2008).

„Kennen" bedeutet allerdings nicht nur „erkennen", sondern auch eine Zuordnung der in der Vergangenheit mit einem Individuum gemachten Erfahrungen. Auch Graugänse können sich merken, ob sie mit einem bestimmten anderen Individuum in der Vergangenheit freundliche Beziehungen gepflegt haben oder eher nicht. Graugänse sollten also, wie alle anderen komplex sozialen Tiere, mentale Repräsentationen über andere bilden. Es ist kaum objektivierbar, ob diese Repräsentationen in einem genauen episodischen Gedächtnis bestehen oder „bloß" in einem ständigen Updaten der emotionalen Wertigkeit anderer aufgrund der in Vergangenheit und Gegenwart gemachten Erfahrungen. Vor allem, weil auch den ausgefuchstesten experimentellen Biologen und Psychologen das subjektive Erleben anderer letztlich unzugänglich bleiben muss. Solche mental-kognitiven Repräsentationen anderer bilden aber letztlich die Basis für die Qualität der weiteren Beziehungen.

Die Fähigkeit zur Bildung differenzierter mentaler Repräsentationen kann auch als Grundlage für ein weiteres Merkmal komplexen Soziallebens gelten: Langzeit-Zweierbeziehungen mit wertvollen Partnern. Allianzen, Partnerschaften und Freundschaften mit engen Partnern können dazu dienen, gemeinsam wichtige Ziele zu erreichen, etwa um Chef einer Schimpansengruppe zu werden oder um als Männchen einen Harem vom alten Pascha zu erobern. Oft aber unterstützen einander Partner vorwiegend emotional. Das Leben in sozialen Gruppen geht meist mit einer starken Modulation der Stressphysiologie einher und ist daher auch sehr energieintensiv. Das bedeutet freilich nicht, dass Sozialleben generell als negativ empfunden wird. Soziale Tiere finden normalerweise Ruhe und Schutz im Schoße ihrer Gruppe. Eine besonders wichtige Rolle beim Beruhigen spielen gewöhnlich Bindungspartner.

Aber auch innerhalb solcher wertvoller Langzeitbeziehungen herrscht nicht immer nur harmonische Liebe. Es liegt in der Natur der Sache, dass auch innerhalb von solchen Beziehungen Konflikte auftreten, weil sich die Interessen der Partner im Verlauf der Zeit nie ganz übereinstimmend entwickeln. Zyklen von Konflikt und Versöhnung gelten geradezu als Merkmal und wichtiges Beiwerk von Langzeitpartnerschaften (Aureli und De Waal 2000) zwischen Menschen, zwischen Wölfen und Gänsen und sogar zwischen Menschen und ihren Kumpantieren (Kotrschal 2012ab). Paartherapeuten etwa wissen, dass bei Menschenpaaren, die nicht einmal mehr streiten können, kaum eine Chance besteht, dass sie zusammenbleiben. Die Krux dabei ist natürlich, dass jede Auseinandersetzung, etwa um das Ziel des Sonntagsausfluges beim Menschen oder um ein Stück Fleisch bei Wölfen, eskalieren und damit die Qualität der Beziehung beschädigen kann. Was also tun, wenn man den Partner in Zukunft sicherlich wieder in wichtigen Funktionen benötigen wird, als Beistand in der Auseinandersetzung mit anderen oder als höchst wichtige emotionale Unterstützung? Wenn Konflikte ausgetragen werden müssen, sollten man sich wieder versöhnen können, um Schäden mit Langzeitwirkung hintanzuhalten. Und wenn der eigene Partner von einem Dritten besiegt wird, sollte man ihn effizient trösten können (De Waal 2000). Versöhnen und trösten beruhen auf ganz ähnlichen psychischen und physiologischen Mechanismen. In beiden Fällen werden Stresshormone nach unten gedämpft, das Beruhigungssystem wird über Oxytocin aktiviert, Geschlechtshormone nehmen zu, die mentalen sozialen Repräsentationen werden wieder ins Positive gerückt, das Selbstbewusstsein steigt und damit die Fähigkeit, mit weiteren sozialen Herausforderungen gut zurechtzukommen.

Das trifft auf Menschen und sogar auf Graugänse zu (Scheiber et al. 2013). Komplexe Partnerschaften funktionieren in Rhythmizität und Synchronie (Wedl et al. 2011) und synchronisieren ihr Verhalten und sogar ihre hormonalen Rhythmen, wenn sie gut „harmonieren". Im netten, ruhigen Austausch wird wechselseitig das Beruhigungs- und Bindungshormon Oxytocin freigesetzt, in einer Umarmung, bei Hautkontakt, gutem Sex, aber auch beim Streicheln des eigenen Hundes (Handlin et al. 2011). Das verstärkt auch die Bindung. Bindungspartner sind füreinander sichere Basis für die täglichen Unternehmungen und Fluchtpunkte, wenn sie gestresst sind, und sie streben gewöhnlich zusammen, wenn sie getrennt wurden, Mensch zu Mensch, Wolf zu Wolf, aber auch Mensch zu Hund und Hund zu Mensch.

Das bedeutet aber nicht, dass Partner immer zusammenkleben müssen. Denn ein weiteres Merkmal komplexer Gruppen ist die so genannte „fission-fusion"-Organisation (Dunbar, 2007; Marino 2002): Man kann sich mit dem oder den Bindungspartner(n) auch mal mit anderen von der Gruppe entfernen, um miteinander Nahrung zu suchen, zu jagen, auf Urlaub zu fahren etc. Nach der Rückkehr und der sozialen Wiedervereinigung kann man dann mit anderen Partnern wieder zu anderen Unternehmungen aufbrechen, etwa um das Nachbarrudel zu bekriegen oder sich am Sportplatz mit den Mitgliedern des anderen Vereins zu messen. Diese Organisationsform zeigen neben Menschen, Schimpansen und Raben in unterschiedlichem Ausmaß auch Wölfe, Delfine, Elefanten etc. Fission-fusion gilt deswegen als besonders anspruchsvoll, weil die Gruppenmitglieder über die Kompetenzen der anderen Bescheid wissen müssen und darüber, wie diese „ticken". Nützlich ist auch, zu wissen, wie Dritte zueinander stehen. Wenn ich etwa weiß, dass zwei meiner Partner miteinander gar nicht können, wird es keine gute Idee sein, mit ihnen gemeinsamen Urlaub zu machen. In solchen „fission-fusion"-Gruppen finden sich die Spitzenleister in Sachen sozialer Kognition. Es kann von Vorteil sein, nicht nur durch Versuch und Irrtum über die Eigenheiten und Fähigkeiten der anderen zu lernen, sondern sich in diese hineinzuversetzen. Emotional-empathisch, aber auch kognitiv, also vom Verstand her. Durch diese Fähigkeit der so genannten „theory of mind" (TOM), also das Wissen darüber, was andere wissen, gewinnen die Spieler in komplexen sozialen Settings enorm an Flexibilität. Wenn etwa ein Rabe durch Versuch und Irrtum lernt, dass er sein verstecktes Fleischstück verlieren wird, wenn er beim Verstecken einen anderen Raben sieht, dann kann er sein Versteckverhalten so anlegen, dass er den Verlust der Verstecke an andere möglichst minimiert. Wenn er aber weiß, was der andere weiß, dann gewinnt dieses Spiel um Nahrungsverstecke den Charakter eines Pokerspiels (Bugnyar 2007). Tarnen, Täuschen und Bluffen sind angesagt, wenn Verstecker so tun, als hätten sie gerade versteckt, tatsächlich aber das Stückchen Fleisch im Schnabel zum nächsten Versteck transportieren, also Scheinverstecke anlegen. Jene Zuseher, die damit in die Irre geleitet werden sollen, tun wiederum so, als wären sie am Geschehen gar nicht interessiert.

Es ist nicht verwunderlich, dass Tiere mit einem solch scharfen sozialen Verstand auch über ein zumindest grobes Zeitkonzept verfügen, sollte man sich doch merken können, was man wann mit wem erlebt hat. Und auf der kognitiven Wunschliste sollte auch die Fähigkeit stehen, zu planen, was weit über das Anlegen von Verstecken für periodische Mangelzeiten, etwa Winter, hinausgeht. So etwa zeigte Niki Clayton und ihre Gruppe von der Universität Cambridge in anspruchsvoll geplanten Versuchen, dass amerikanische Blauhäher planen, indem sie etwa Erdnussstückchen verstecken, wenn sie wissen, dass es am nächsten Morgen zum Frühstück nur Wachsmotten geben wird, aber Wachsmotten verstecken, wenn sie erwarten, dass es am nächsten Morgen nur Erdnussstückchen geben wird (Raby et al. 2007). Tiere sind also ganz und gar nicht „stuck in time", wie der bekannte Philosoph Bertram Russel noch vor nicht allzu langer Zeit meinte. Und Menschen sind nicht die einzigen Tiere, die sich in andere Individuen nicht nur einfühlen, sondern auch eindenken können. Schimpansen und Raben können das offensichtlich, wie Versuche zu ihrer „theory of mind"-Fähigkeit ergaben. Hunde dagegen nicht (sorry, aber zu viele machiavellische Fähigkeiten wären wohl nicht gut für ihr Zusammenleben mit Menschen). Von Katzen oder Wölfen wissen wir es noch nicht.

Ein komplexes Sozialleben fördert also die Selektion eines vielseitigen und komplexen sozialen Verstandes, der wiederum erlaubt, die sozialen Spiele innerartlich noch anspruchsvoller zu gestalten, als dies vielleicht weniger intelligente soziale Konkurrenten können. Tatsächlich zählen Klugheit und soziale Kompetenz zu den wichtigsten Merkmalen in der Partnerwahl zumindest beim Menschen; über andere Tiere wissen wir diesbezüglich noch wenig. Auch an unseren Kumpantieren schätzen wir ja vor allem ihre Klugheit. Natürlich ist jeder menschliche Partner davon überzeugt, nicht nur mit dem schönsten/süßesten, sondern auch dem klügsten Hund der Welt zu leben.

So kam die Idee vom „sozialen Gehirn" auf (Humphrey 1976), derzufolge vor allem ein komplexes Sozialleben die evolutionäre Entwicklung großer Gehirne treibt. Heute ist diese „social brain"-Hypothese allgemein akzeptiert (Byrne und Whiten 1988; Dunbar 2007), auch und gerade für die Entwicklung des menschlichen Gehirns. Andere Faktoren wie Ökologie und Klimaschwankungen schließt das keineswegs aus. Ein großes Gehirn ist einerseits Ergebnis der Selektion auf geistige Leistungsfähigkeit, treibt aber andererseits als *die* Kommandozentrale für Verhalten wiederum die Evolution in Richtung noch leistungsfähigeres Gehirn.

Zur Frage, warum gerade Menschen ein analytisch reflektierendes Konzepthirn entwickelten, steuerte die vergleichende Arbeit an Primaten und Vögeln heute vom Mainstream der Forscher akzeptierte Antworten bei. Besonders bei den Säugetieren korreliert die Größe des Vorderhirns mit der „typischen Gruppengröße" einer Art und der sozialen Komplexität der Interaktionen. Mit „typische Gruppengröße" meint man jene Zahl von Individuen, mit der man noch sozialen Umgang pflegen kann. Sie liegt bei Schimpansen bei etwa 25 Individuen, beim Menschen bei bis zu 150, vor allem, weil Letztere im Vergleich zu Schimpansen über Sprache verfügen, was „soziales Grooming" auch über Distanz erlaubt, seit Erfindung des Telefons und der elektronischen Medien sogar über große Distanz. Schimpansen dagegen müssen im Interesse der Beziehungsqualität Zeit mit Grooming, also wechselseitiger sozialer Fellpflege, zubringen. Das kann man nur mit maximal rund 25 anderen, man hat ja auch noch etwas anderes zu tun während der etwa 12 Stunden Tageslicht.

Generell stehen „großhirnigen" Arten eher „offene" (also lernorientierte) evolutionär entstandene Verhaltensprogramme zur Verfügung (Shettleworth 1998). Es scheint, dass sich mit zunehmenden geistigen Leistungen mit bestimmtem sozialem oder ökologischem Bezug, etwa der Merkfähigkeit für Verstecke bei Hähern, auch die Übertragbarkeit dieser Leistungen auf andere Bereiche verbessert. Es kommt zur Ausbildung einer breiten „Allgemeinintelligenz", die etwa bei Nahrungssuche und Feindvermeidung genauso anwendbar ist wie im Sozialleben. Rabenvögel und Papageien verfügen nicht nur über primatenähnliche Intelligenzleistungen (Emery et al. 2007), sondern auch über eine den Menschenaffen ähnliche relative Gehirngröße.

Soziale Komplexität scheint daher bei Vögeln in einer ähnlichen Beziehung zur Hirngröße zu stehen wie bei Säugetieren (Iwaniuk und Nelson 2003; Scheiber et al. 2007). Allerdings mit etwas anderer Ausrichtung. Sind Säugetiere vor allem gruppenorientiert, so sind Vögel aufgrund ihrer soziobiologischen Ausrichtung eher paarorientiert. Auch bei Vögeln steigt mit der Vorderhirngröße die Innovationsfähigkeit (Lefebvre et al. 2004), also etwa das Vermögen, neue Nahrungsquellen oder Lebensräume zu erschließen. Offenbar bildet auch bei Vögeln das soziale Gehirn eine gute Basis für die Entwicklung einer breiten Allgemeinintelligenz. Spitzenleister in Sachen Allgemeinintelligenz sind sicherlich die Menschen, bei denen in Verbindung mit der symbolischen Sprachfähigkeit ein Konzept- und Welterklärungsgehirn entstand, das im Tierreich einzigartig ist.

Menschen und Schimpansen trennten sich vor etwa 4–6 Millionen Jahren. Daher ist es nicht verwunderlich, dass wir viel an sozialer Orientierung und vor allem geistigen Fähigkeiten teilen. Vögel und Säugetiere trennten sich hingegen bereits vor 230 Millionen Jahren. So mag es zunächst überraschen, dass es kaum ein soziales Phänomen oder geistige Leistungen bei Säugetieren gibt, die nicht auch an Vögeln nachgewiesen wurde. Einerseits das evolutionär konservative Wirbeltiergehirn und andererseits die parallelen Selektionsdrucke verhinderten wohl ein Auseinanderdriften der geistigen Leistungen von Vögeln und Säugetieren über diesen langen Zeitraum getrennter Evolution.

Auch moderne Knochenfische werden offenbar durch Interagieren mit anderen klug. Dabei sollte man aber den Begriff des Soziallebens nicht allzu eng sehen. Kürzlich wurde eindrucksvolles Beziehungswissen bei Putzerfischen nachgewiesen (Bshary et al. 2002). Diese kleinen, blau-weiß gestreiften, barschartigen Lippfische aus der Gattung *Labroides* betreiben „Putzerstationen" in Korallenriffen, wo nicht nur in der Nähe beheimatete „Stammkunden" regelmäßig vorbeikommen, sondern auch „Laufkundschaft". Das gesamte Spektrum an Rifffischen gehört zum Klientel, von den harmlosen, algenfressenden Doktorfischen bis zu gefährlichen Räubern wie Zackenbarschen oder Muränen. Auch Letzteren inspizieren die kleinen und durchaus essbaren Putzer Zähne und Maul, allerdings sehr vorsichtig, man will ja nicht verschluckt werden. Davor schützt nur eines: das Interesse des gefährlichen Räubers, wiederzukommen, denn Putzerfische sind ungiftig. Bei den Stammkunden bemühen sich die kleinen Fische, nur die Parasiten abzusammeln, bei Laufkunden hingegen bedienen sie sich auch ausgiebig an deren Körperschleim und Haut, was viel nahrhafter ist als magere Parasiten. Wie in der menschlichen Gastronomie auch wird Laufkundschaft eher geschröpft. Die kleinen Putzerfische sind also fähig, viele verschiedene Kunden zu unterscheiden und sie unterschiedlich zu behandeln. In eine ähnliche Richtung gehen Untersuchungen an den Gehirnen der Buntbarsche des Tanganjika-Sees, ebenfalls moderne, barschartige Knochenfische. Die relativ größten Vorderhirne zeigten Arten, die in strukturierten Lebensräumen Jagd vor allem auf andere Fische machen, oder Fische, die vermittels eines komplexen Brutpflege- oder Helfersystems die Wahrscheinlichkeit gering halten, diesen Räubern zum Opfer zu fallen (Kotrschal et al. 1998). Zumindest bei diesen Fischen ist nicht ausschließlich soziale Komplexität für relativ große Gehirne verantwortlich; vielmehr spielen auch Räuber-Beute-Beziehungen und generell die Nutzung von Nahrung und Lebensraum eine Rolle. Bei Vögeln und Säugetieren könnte das ähnlich gelaufen sein. Sozialleben ist wichtig, aber eben nicht alles.

Die konservativen Gehirne der Wirbeltiere und das „soziale Netzwerk" im Gehirn

Menschen teilen mit ihren Kumpantieren nicht nur einen hoch entwickelten sozialen Verstand und eine gewisse lebenspraktische Intelligenz, sondern auch die stammesgeschichtlich alte Basis für soziales Zusammenleben: die Strukturen des Hirnstamms und Zwischenhirns und die damit eng gekoppelte Palette instinktiver Verhaltensweisen. Und dies in einer extremen Weise: Wenn sich Hunde etwa über Anblick oder Geruch ihrer Menschen freuen, wird in ihrem Gehirn jener „Liebeskern" aktiviert, der auch bei Menschen in angenehmen sozialen Situationen aktiv wird (Berns et al. 2013). Wissenschaftler von der Budapester Eötvös Universität fanden heraus, dass uns Hunde exakt mit jenen Hirnteilen zuhören, die auch bei uns aktiv sind, wenn wir unseren Hund hören. Nur der liebe Gott mag wissen, warum vor etwa 600 Millionen Jahren das Wirbeltiergehirn bei den damals noch kieferlosen Chordatieren nach einem bestimmten Grundbauplan angelegt wurde. Einmal angelegt, wird dieser Bauplan dann an alle Wirbeltiere weitergegeben, und zwar in alle Zukunft: Der Hirnstamm läuft schnauzenwärts im Zwischenhirn aus. Auf dieser Basis sitzen in charakteristischer Abfolge jene seriellen Anbauten und Ausbuchtungen, die das Wirbeltiergehirn ausmachen.

Die vorderste Ausbuchtung bildet das *Pallium* („Mantel") des Vorderhirns, bei Säugetieren als *Neokortex* (die neue, geschichtete Großhirnrinde) angelegt, schwanzwärts gefolgt vom *Tectum opticum* (das visuelle Dach), dem *Cerebellum* (Kleinhirn) und gegebenenfalls artspezifisch unterschiedliche sensorische Bereiche der dort einziehenden Nerven am Stammhirn. Diese Elemente blieben buchstäblich von Fisch bis Mensch gleich in Anordnung und ähnlich in Struktur und Funktion (Northcutt 2002). Welkner schreibt etwa (1976): „... es scheint, dass der basale und adaptive neuronale Apparat bereits früh in der Evolution der Wirbeltiere entstand." (Übersetzung aus dem Englischen K.K.). Natürlich wurde das Gehirn über die Stammesgeschichte auch modernisiert, erweitert und an die Bedürfnisse seiner jeweiligen Träger angepasst. Wie auch für alle anderen Systeme des Körpers zutreffend, entstehen evolutionäre Neuerungen immer aus Zubauten, Erweiterungen und durch Funktionswandel bereits bestehender Strukturen.

Einige der über den Wirbeltierstammbaum beibehaltenen Funktionen stellen auch eine wichtige Voraussetzung für Sozialverhalten zwischen den Arten dar. Beispielsweise blieben ausgerechnet jene Gebiete des Zwischenhirns und des Hirnstamms über 400 Millionen Jahre Stammesgeschichte nahezu unverändert, die für die Steuerung des instinktiven sozio-sexuellen Verhaltens zuständig sind. Auf Basis seiner vergleichenden Untersuchungen schlug James Goodson (2005) von der University of Indiana in Bloomington den Begriff „social behavior network" (soziales Verhaltensnetzwerk) für eine Gruppe von Kerngebieten im basalen Mittel- und Vorderhirn von Vögeln und Knochenfischen vor, das sich als weitgehend funktionsgleich mit dem in seiner Herkunft und Struktur identen Netzwerk der Säugetiere herausstellte. Dieses Verhaltensnetzwerk besteht aus sechs Hauptkomponenten: der medialen *Amygdala*, dem lateralen *Septum*, der *Area praeoptica*, dem rostralen sowie ventromedialen *Hypothalamus* und dem basalen Mittelhirn. Auch jener *Nucleus caudatus* gehört dazu, der vor allem in angenehmen sozialen Situationen aktiv wird, bei Menschen und Hund übrigens in identischer Weise (Berns et al. 2013). Wenn wir also meinen, unser Hund würde uns genauso lieben, wie wir ihn, so ist dies neurobiologisch völlig korrekt.

Diese Gebiete sind wechselseitig miteinander und mit den moderneren Zentren für Sozialverhalten verbunden. Sie enthalten Andockstellen für Geschlechtssteroide und sind grundlegend und vielfältig an der Steuerung des Sozialverhaltens beteiligt. Die strukturellen und neurochemischen Eigenschaften dieses Netzwerks wurden also zwischen den unterschiedlichen Gruppen von Wirbeltieren sehr konservativ beibehalten, sogar was Art und Verteilung der als regionale und körperweite Botenstoffe tätigen Hormone betrifft. Dies bedeutet auch, dass selbst Forschung an Fischen in Hinblick auf die grundlegenden Mechanismen des Soziallebens der Säuger interessant ist. Die Forschung z.b. an Graugänsen ist dies ohnehin. Konrad Lorenz pflegte man oft unzutreffenderweise vorzuwerfen, er wolle den Menschen über die Graugans erklären. Mit dem Wissensstand der Nachgeborenen weiß man, dass das gar nicht so falsch gewesen wäre.

Goodson (2005) diskutiert, inwieweit die zwischenartliche Variabilität innerhalb dieses Netzwerks mit dem zwischenartlich doch etwas unterschiedlichen Sozialverhalten zusammenhängt. An Fischen wurde gezeigt, dass natürliche Selektion unabhängig voneinander an jenen neuroendokrinen Funktionen im Zwischenhirn ansetzen kann, die einerseits die Geschlechtsdrüsen steuern, andererseits für die geschlechtstypische Ausprägung des Sozialverhaltens zuständig sind. Versuchsserien an Vögeln haben gezeigt, dass Teile des sozialen Verhaltensnetzwerks parallel mit Artunterschieden im Sozialverhalten variieren. Zudem zeigt das soziale Verhaltensnetzwerk der Wirbeltiere das konservativste Muster an Genexpression, also der Umsetzung des Codes in Proteine aller Teile des Gehirns (O'Connell und Hofmann 2012). Die zwischenartlichen Unterschiede im Sozialverhalten kommen vorwiegend durch die Veränderungen auf der „Effektorseite", also bei den Andockstellen für die Hormone, in der Hardware der neuronalen Verschaltung und der dazu passenden Verhaltenssoftware zustande.

Das soziale Verhaltensnetzwerk ist eng mit den ebenfalls über die Stammesgeschichte konservativ beibehaltenen Mechanismen der Stressregulation verbunden sowie an der Regulation von Konkurrenzbereitschaft und der sozialen Verträglichkeit beteiligt. Es hängt mit der Ausbildung von Territorialität zusammen und spielt eine zentrale Rolle im Aufbau von Bindung zwischen Individuen und in der Synchronisation der sozio-sexuellen Aktivitäten. Aufgrund seiner Verbreitung über nahezu den gesamten Stammbaum der Wirbeltiere existiert dieses Netzwerk seit dem Paläozoikum, mindestens seit etwa 500 Millionen Jahren. Dieses Netzwerk bildet den Kern jener Werkzeugkiste an Mechanismen, die zwischenartliches Sozial-Sein ermöglicht.

Der universelle Bindungsmechanismus im Gehirn – Oxytocin

Teil der Zwischenhirnkomponente des „sozialen Netzwerks im Gehirn" der Wirbeltiere ist der *Nucleus preopticus* (Curley und Keverne 2005). Dieser produziert zwei Peptidhormone, die bei Bedarf von der Neurohypophyse abgegeben werden: Oxytocin und Arginin-Vasopressin, mit strukturell ähnlichen und funktionell gleichen Varianten in den verschiedenen Stämmen der Wirbeltiere (Goodson und Bass 2001): bei Fischen Isotocin, bei Vögeln Mesotocin. Neben ihren basalen Stoffwechselfunktionen sind diese Hormone aus neun Aminosäuren maßgeblich in die Regulation und Modulation geschlechtsspezifischen sozio-sexuellen Verhaltens involviert. Auf der weiblichen Seite dominiert das Bindungshormon Oxytocin, auf der männlichen das Arginin-Vasopressin. Letzteres scheint bei beiden Geschlechtern eine Rolle im Balzverhalten zu spielen sowie auch im männlichen Konkurrenzverhalten, vor allem in sexuellem Zusammenhang.

Bei Säugetieren, einschließlich Mensch, dienen Oxytocin und in weniger gut bekanntem Ausmaß auch Arginin-Vasopressin primär dazu, Nachwuchs und Eltern aneinander zu binden. Sekundär wird dieser Mechanismus auch genutzt, um monogame Geschlechtspartner zusammenzuhalten. Zumindest beim Menschen nennt man diesen Glückszustand trauter Zweisamkeit und verminderter Zurechnungsfähigkeit auch „Liebe" (Carter 1998; Uvnäs-Moberg 2003). In milderer Form ist derselbe Mechanismus wohl auch daran beteiligt, Freundschaften zu erhalten. Und mit Sicherheit hält der Oxytocin-Bindungsmechanismus auch Mensch-Kumpantier-Paare zusammen (Julius et al. 2014).

Generell spielt Oxytocin eine wichtige Rolle bei allem, was bei Säugetieren nach trauter Zweisamkeit aussieht, seien es Mutter-Kind-, Liebes- und Freundschafts- oder Mensch-Tier-Beziehungen. Oxytocin ist das zentrale Hormon der sexuellen Reproduktion, wird im Zuge weiblicher Orgasmen ausgeschüttet und verstärkt so die soziale Bindung der Partner. Vor allem aber ist es das wichtigste Hormon bei der Geburt. Daher hat es auch seinen Namen; der griechische Name bedeutet so viel wie „schnelle Geburt". Es stimuliert ferner die Milchabgabe und die Entwicklung der Mutter-Kind-Bindung. Oxytocin verstärkt aber auch das soziale Interesse und verbessert die Fähigkeit, die feinen Nuancen des Ausdrucks der Emotionen bei anderen zu lesen sowie sich in andere empathisch einzufühlen. Es beruhigt, wirkt als Gegenspieler zum Stresshormon Kortisol, steuert so dem Auftreten stressbedingter Erkrankungen und Angststörungen entgegen und verstärkt wechselseitiges Vertrauen. Oxytocin gilt also zu Recht als soziales Wohlfühl- und Bindungshormon. Es ist maßgeblich an der Entwicklung einer guten sozialen Einbettung und einer balancierten Emotionalität beteiligt und bildet solchermaßen die Basis für ein langes, gesundes und glückliches Leben (Coan 2011). Angenehme Beziehungen und gute Partnerschaften mit anderen Menschen, aber auch mit Kumpantieren, werfen die Ausschüttung von Oxytocin an. Oxytocin ist also der physiologische Mittler der Pufferwirkung angenehmer sozialer Beziehungen.

Ist Oxytocin also als „Paradieshormon" zu sehen? Wenn nur genügend davon hinreichend oft ausgeschüttet wird, lieben wir dann Gott, die Welt und alle ihre Menschen und Tiere? Nicht ganz, denn auch der Oxytocinmechanismus reflektiert unsere evolutionäre Vergangenheit als Angehörige relativ geschlossener Gruppen. Oxytocin fördert neueren Erkenntnissen zufolge vor allem nettes Verhalten innerhalb der eigenen Gruppen, aber auch ethnozentrisches Verhalten. Es fördert Vertrauen und Empathie gegenüber den Mitgliedern der eigenen Gruppe, allerdings gepaart mit Misstrauen und Zurückweisung gegenüber Fremden. Bestimmte Varianten des Oxytocin-Rezeptorgens fördern zudem aggressives Verhalten, und nicht immer machen hohe Oxytocinspiegel friedlich. So etwa können sie starke verteidigende Aggressionsausbrüche bei Müttern bewirken, die ihre Babys bedroht wähnen.

Zunächst kam die Liebe als Bindungsmechanismus zwischen Mutter und Kind in die Welt (Eibl-Eibesfeldt 1970). In der Schwangerschaft werden unter Einfluss der Steroidhormone Östrogen und Progesteron im Gehirn und anderswo verstärkt Oxytocinrezeptoren gebildet. Bereits vor der vaginalen Geburt wird schließlich unter Kortisoleinfluss in Pulsen Oxytocin in den Blutkreislauf abgegeben. Dies sorgt für das Auftreten der Wehen, lockert das Bindegewebe und erleichtert so die Geburt. Während der Geburt wird es in großen Mengen zur Dehnung des Muttermunds ausgeschüttet. Dies steht im Zusammenhang mit der Aktivierung der hirninternen Belohnungs- und Schmerzdämpfungsmechanismen. Diese geburtliche Oxytocinwelle unterstützt bei einer angemessenen mentalen Vorbereitung auf die Geburt eine starke Konzentration und glücksbetonte Bindung der Mutter an das Neugeborene. Damit einher gehen eine Geruchsprägung der Mutter auf ihre Nachkommen (Curley und Keverne 2005) und das Einschießen der Milch nach der Geburt. Dieser Bindungsmechanismus der Mutter an ihre Nachkommen läuft bei allen Säugetieren in identischer Form ab und schließt auch die entschlossene Verteidigung der Neugeborenen durch die Mutter mit ein.

Bei den „kleinhirnigen" Säugetieren, womit jene Arten wie Nagetiere gemeint sind, bei denen der Neokortex noch keine Furchen auf der Gehirnoberfläche bildet, steht Oxytocin obligat im Dienste der Mutter-Kind-Bindung. Sollte während der Geburt wenig Oxytocin ausgeschüttet werden oder wird nach der Geburt das Zeitfenster des hohen Oxytocinspiegels (bei Schafen etwa 30 Minuten) für die Kontaktaufnahme der Mutter zu den Neugeborenen versäumt, wird die Tiermutter ihre Nachkommen kaum mehr annehmen. Dieser Bindungsmechanismus der Mutter an ihre Nachkommen wird aber auch für die Paarbindung genutzt, wie an einer Art monogamer Mäuse gezeigt wurde (Carter und Keverne 2002). Heute wissen wir, dass Oxytocin faktisch bei allen monogamen Arten die Paarbindung unterstützt. Ob Wühlmäuse oder Gibbons „verliebt" sein können, also die dem Menschen entsprechenden Gefühle der Erstbindung entwickeln, wissen wir nicht. Menschen jedenfalls werfen in diesem Zustand ihre Oxytocinproduktion an, was zum Entschluss führen kann, zusammenzubleiben. Der kritische Verstand dem Partner gegenüber wird dabei eher ausgeschaltet und meldet sich erst wieder zurück, wenn der Zustand der ersten Verliebtheit abflaut.

Sehr wahrscheinlich springt dieser Bindungsmechanismus auch in den Erstkontakten mit Kumpantieren an. Wer mit einem Welpenwunsch hirnschwanger geht, wird sich in den ersten Welpen „verlieben", der ihm über den Weg läuft, verbunden mit dem Ausschalten gewisser Teile des normalen Verstandes und dem Wunsch, diesen Welpen zu behalten. Wer Hunde züchtet, weiß, dass Welpenabnehmer sich gewöhnlich in geistigem Ausnahmezustand befinden. Das muss wohl so sein, um die dauerhafte Bindung zwischen Mensch und Hund zu gewährleisten. Bei Kindchenschema (also jene Merkmale, die wir gemeinhin als „süß" empfinden) verströmenden Jungtieren springt dieser Mechanismus besonders heftig an; er kann aber auch durch erwachsene Tiere aktiviert werden, etwa wenn sich diese in einer misslichen Lage befinden und dadurch unser Fürsorgemechanismus aktiviert wird.

Bei „großhirnigen" Säugetieren, einschließlich Mensch, also jenen, deren Neokortex Furchen bildet, ist eine gewisse „Emanzipation" von diesem basalen hormonellen Bindungsmechanismus festzustellen, wie James Curley und Berry Keverne von der englischen Universität Cambridge (2005) zeigten. Während bei „kleinhirnigen" Säugern das Funktionieren des Oxytocinsystems eine unverzichtbare Bedingung im Aufbau der Mutter-Kind-Bindung darstellt, wird es mit dem Ausbau des sozialen Verstandes bei den „großhirnigen" Säugetieren zum unterstützenden System. So bauen Menschen- und sogar Hundemütter auch im Falle von Kaiserschnittgeburten und dem damit einhergehenden Fehlen der perinatalen Oxytocindusche eine starke Bindung zu den Nachkommen auf. Ob das Ausbleiben der Oxytocinanflutung infolge eines Kaiserschnitts beim „Bindungstier" Mensch psychische Folgen hat, und vor allem welche, harrt noch der Erforschung. Einfach so zu tun, als sei beim Menschen Oxytocin für den Aufbau der Mutter-Kind-Bindung entbehrlich, greift allerdings gefährlich kurz.

Der Grund für diese „Emanzipation" von den hormonalen Mechanismen bei den großhirnigen Säugetieren mag darin liegen, dass es an Stelle starrer Reiz-Reaktions-Mechanismen vermehrt flexiblen Verhaltens bedarf, um Nachkommen in sozial komplexen Gruppen großzuziehen, einer abgestimmten Zusammenarbeit zwischen den instinktiven Mechanismen, den Emotionen und geistigen Fähigkeiten, einschließlich komplexer mentaler Repräsentationen (Panksepp 2005). Säugetiere, auch die Menschen, sind nicht nur hochgradig geruchsorientiert, sondern auch nahezu süchtig nach sanftem Hautkontakt. Hunde wollen gestreichelt werden, Menschen auch. Graugänse dagegen nicht, weil sie als Nestflüchter andere Mechanismen der Jungenfürsorge haben, die Hautkontakt nicht mit einschließen. Vögel sind in geringerem Ausmaß geruchsorientiert als Säugetiere. Dennoch spielen Pheromone in ihrem Sozialverhalten eine offenbar erhebliche Rolle (Balthazart und Schoffeniels 1979) und Vögel zeigen in ihrem Sozialverhalten überraschend detaillierte Parallelen zu Säugern (Emery et al. 2007).

Anzunehmen ist, dass etwa im Zuge des gegenseitigen Kraulens der Paarpartner bei nesthockenden Vögeln wie bei den Säugetieren Bindungshormon ausgeschüttet wird. Bezeichnenderweise werden besonders Vögel, in deren Natur es liegt, einander zu kraulen, etwa Rabenvögel und Papageien, zu Kumpantieren von Menschen. Vielen Besuchern an der Konrad Lorenz Forschungsstelle ist es kaum nahezubringen, dass Graugänse nicht gestreichelt werden wollen. Andererseits ist es ein Erlebnis der anderen Art, wenn einem ein handaufgezogener Kolkrabe auf der Schulter mit der Spitze seines mächtigen Schnabels zart die Augenwimpern „groomt".

Wie „Bindung" zu „Attachment" wird

Der junge Hund flippt vor Freude geradezu aus, als seine beiden Menschenpartner nach einigen Tagen Abwesenheit zurückkehren. Er wuselt um die Beine der beiden, ist ein einziger Wedelschwanz, springt hoch, fiepst, japst. Es fällt auf, dass er sich mehr auf sie fokussiert als auf ihn. Sie freut sich auch mehr zurück, bezieht sich auf den Hund. Er bleibt etwas distanzierter. Immer wieder macht der Wuselhund einen Abstecher zu ihm, holt sich eine freundliche Berührung – und springt dann wieder zurück zu ihr. Angesichts der ausufernden Wiedersehensfreude offenbart sich, dass die beiden an ihren Hund gebunden sind und umgekehrt. Aber es zeigt sich auch, dass sich der Hund den beiden gegenüber nicht ganz gleich verhält und umgekehrt: Es zeigen sich ganz offensichtlich Unterschiede in der Qualität dieser Bindung.

Dem englischen Psychologen John Bowlby fiel zunächst aufgrund seiner genauen Beobachtungen von Kleinkindern und ihren Müttern auf, dass sich das Beziehungsverhalten dieser Krabbelkinder und ihrer Mütter bei Trennung und Wiedervereinigung in regelhafter Weise unterschied. Bowlby wurde 1907 als Kind einer Londoner Upper-class-Familie geboren, erlangte 1937 sein Diplom als Psychotherapeut und arbeitete nach dem Zweiten Weltkrieg an der East London Child Guidance Clinic, einer Institution der Jewish Health Organisation. Bowlby hatte einen persönlichen Grund für sein Interesse an der psychischen und sozialen Entwicklung von Kindern und ihren Bindungsmustern: Seine eigene Mutter sah er auch als Kleinkind nur eine Stunde pro Tag, im Anschluss an den Nachmittagstee. Sie war, wie viele ihrer Zeit, der Meinung, dass zu viel Zuwendung den Knaben verderben werde, und brachte ihn schon im Alter von sieben Jahren in einer gestrengen *boarding school* unter. Sein späteres Werk *Angst und Zorn* beruht auf der Selbstreflexion dieser für ihn schrecklichen Zeit. Im Zuge der Rettungsaktionen für jüdische und andere Kinder wurden während der NS-Zeit viele Kinder bereits früh von ihren Eltern getrennt und nach England verschickt. Bowlby erkannte sich in diesen Kindern selbst wieder.

Um 1950 hatte Bowlby genügend Erfahrung gesammelt, um zu wissen, dass Kinder dann „sicher gebunden" aufwachsen, wenn sie in ihren ersten Lebensjahren von konstanten Bezugspersonen zuverlässige und sensible Betreuung und Zuwendung erfahren, besonders wenn es um emotionale soziale Unterstützung geht. Einfach ausgedrückt: Ein Kind braucht emotionale Sicherheit, um die Welt um sich erforschen und erobern zu können, und es braucht Trost (Bowlby 1999). Sind diese Voraussetzungen nicht oder nur ungenügend gegeben, dann passt sich das Kind daran an, lernt, dass es eventuell besser ist, Trost nicht bei der Mama (hier als geschlechtsneutrale Kurzform für „Betreuungsperson" verwendet) zu suchen, von der vielleicht eine Zurückweisung kommt, sondern in der Beschäftigung mit Spielzeug; oder aber, sich so an die Mama zu klammern, dass es gar nicht zurückgewiesen werden kann. Die Nähe zur Mama beruhigt solche Kinder aber nur schlecht, sie sind ständig auf der Hut, die Stresshormone bleiben hoch.

Gemeinsam mit seiner Mitarbeiterin Mary Ainsworth, die zusätzliche ausgedehnte Beobachtungen zur Mutter-Kind-Beziehung in Afrika durchführte, entwickelte John Bowlby seine auch heute noch gültige Bindungstheorie mit den Bindungkategorien „sicher", „unsicher-vermeidend" und „unsicher-ambivalent". Ainsworth entwickelte eine standardisierte Testsituation, um den Bindungsstatus von Kleinkindern im Alter von etwa 12–18 Monaten zu erheben. Dieser so genannte Ainsworth Strange Situation Test (ASST) beruht darauf, dass das Kind in eine soziale Stresssituation gebracht wird, eine Voraussetzung dafür, dass das Kind Bindungsverhalten wie Annähern, Weinen etc. zeigt. Der ASST wird in einem dem Kind unbekannten Raum durchgeführt, in dem sich interessantes Spielzeug und fallweise auch eine dem Kind unbekannte Person befindet. Im Verlauf des Tests entfernt sich die Mutter zweimal aus dem Raum und kommt wieder zurück. Bewertet werden die Reaktion des Kindes auf die Trennung und bei der Wiedervereinigung sowie seine Neigung, sich der fremden Person zuzuwenden und bei ihr Trost zu suchen.

Für „sicher gebundene" Kinder sind ihre primären Bezugspersonen, in der Regel Mutter und Vater, „secure base" und „haven of safety". Solche Kinder holen sich Rückhalt und begeben sich dann wieder auf Forschungsausflug, um sich regelmäßig wieder bei der Mama rückzuversichern. Wenn etwas passiert, das Kind etwa stolpert, sich verletzt etc., holt es sich Trost und Hilfe. Wenn also die Mama im Zuge des ASST den Raum verlässt, dann protestieren sicher gebundene Kinder, konzentrieren sich auf die Tür, weinen und lassen sich kaum von der fremden Person trösten. Wenn die Mama nach knapp zwei Minuten wiederkommt, strebt das Kind zu ihr, sie nimmt es hoch, das Kind lässt sich trösten, beruhigen und beginnt, sich bald wieder für das Spielzeug zu interessieren. „Unsicher-vermeidend" gebundene Kinder dagegen registrieren kaum, dass die Mama den Raum verlässt, spielen „brav" und ungerührt weiter oder wenden sich der fremden Person zu. Wenn die Mama wiederkommt, gibt es allenfalls eine beiläufige Begrüßung. Böse Zungen behaupten, dass so früh das Interesse an Sachthemen gefördert werde, dass daher vermeidend gebundene Personen an den Universitäten überrepräsentiert seien. „Unsicher-ambivalent" gebundene Kinder protestieren, wenn die Mama geht, und klammern, wenn sie wiederkommt, ohne sich allerdings rasch zu beruhigen. Solche Kinder zeigen oft bei der Wiedervereinigung Aggression, schlagen, zwicken, bleiben zornig.

Später waren es die 1943 geborene Mary Maine von der University of California und ihre Dissertantin Judith Solomon, denen auffiel, dass es in der ASST-Situation immer wieder Kinder gab, die ziemlich seltsames Verhalten zeigten, etwa in einer Pose sekundenlang verharren, zurückweichen, wenn die Mama zurückkommt, stereotyp im Kreise krabbeln etc. Sie entdeckten damit das sogenannte desorganisierte Bindungsmuster (Main und Solomon 1986). Dies betrifft Kinder, deren Betreuungspersonen grob unzuverlässig und unsensibel agieren, sowie Kinder, die unter schwerer Bedrohung aufwachsen, etwa Depression und Selbstmordgefährdung eines Elternteils, oder die Opfer physischer oder sexueller Gewalt geworden sind. Sie sind in der paradoxen Situation, dass sie sozusagen evolutionär darauf programmiert sind, Trost und Beruhigung bei jenen Bezugspersonen zu suchen, die dem Kind oft genug selbst schweren Stress bereiten. Das übersteigt die Anpassungsfähigkeit der meisten Kinder in dieser Situation. Die einzige Möglichkeit, die sie haben, um einigermaßen über die Runden zu kommen, ist, selbst die Kontrolle zu übernehmen.

Als Kinder und später als Erwachsene zeigen Personen mit desorganisiertem Bindungsmuster daher gewöhnlich kontrollierendes Verhalten ihrer Umgebung gegenüber. Es gibt einigen Grund zur Annahme, dass daher Personen mit desorganisiertem Bindungsmuster insbesondere in Berufen überrepräsentiert vorkommen, in denen es um Kontrollausübung geht. Desorganisiert Gebundene entwickeln oft emotionale Störungen und eine geringe Ausbildung der so genannten exekutiven Funktionen, also Impulskontrolle, sich beherrschen können, Denken vor Handeln setzen, soziale Kompetenz, langfristiges Planen sowie Flexibilität und Verlässlichkeit.

Bei etwa 80 % der Kinder mit Lernstörungen liegt eine Bindungsproblematik zugrunde. Sie sind aufgrund ihrer oft nur gering ausgebildeten Fähigkeit, emotionale soziale Unterstützung zu geben und zu empfangen, sozial mangelhaft eingebettet und daher gefährdet, psychische Folgeprobleme wie stressbedingtes Burnout, Angststörungen und Depressionen zu entwickeln. Ein desorganisiertes Bindungsmuster gefährdet also die gesunde emotionale, kognitive und soziale Entwicklung der betroffenen Kinder. Es stellt einen erheblichen Risikofaktor dar für das Abrutschen in Sucht und Kriminalität und generell für ein relativ kurzes Leben, weit entfernt von einer ausbalancierten Emotionalität. Angesichts des Faktums, dass bis zu 20 % der Kinder in unseren Gesellschaften Elemente desorganisierter Bindung zeigen, ist das wahrlich eine bedrohliche Perspektive, suboptimal für den Einzelnen wie für die Gesellschaft. Die meisten der Betroffenen entwickeln sich zu unauffälligen und integrierten Mitgliedern der Gesellschaft. Andererseits aber sind Gefängnisse und Jugendheime voll mit Menschen dieses Bindungstyps.

Ein mächtiges Antidot gegen eine missglückende Entwicklung und ein Abrutschen ist es, zumindest eine sichere Bindung zu einer anderen Person zu entwickeln, sei es eine Tante, Erzieherin, Lehrerin oder Freundin; oder sogar zu einem starken Bezugstier, etwa einem Hund. Als wichtiger Schutzfaktor gilt auch, wenn Kinder schon frühzeitig Verantwortung für ihre jüngeren Geschwister übernehmen müssen; denn sich fürsorglich um Nahestehende zu kümmern, ist sozusagen die andere Seite der Medaille des Bindungsverhaltens. Aneinander Gebundene zeigen Fürsorge füreinander. Das geschieht auf Basis der dafür evolutionär vorgesehenen Emotionalität und Verhaltensmuster entweder ziemlich asymmetrisch, etwa bei Eltern und Kindern, oder symmetrischer, etwa bei Liebenden.

Die individuelle Bindungsgeschichte wirkt sich also nicht nur psychisch und auf die Entwicklung der Kinder aus, sie beeinflusst die Emotionalität bis tief in die Physiologie und sie wird über die daraus entstehenden Fürsorgemuster („caregiving") auf die kommende Generation weitergegeben. Eine selbst sicher gebunden aufgewachsene Mutter wird dem eigenen Kind jene flexible und verlässlich-sensible Fürsorge bieten, die wiederum zu einem sicheren Bindungsmuster führen wird. Im Gegensatz dazu sind Mütter mit desorganisiertem Bindungsmuster oft mit der Betreuung der eigenen Kinder emotional überfordert, idealisieren oder verteufeln sie, können jedenfalls kaum jene stabil-verlässliche und sensible Betreuung bieten, die einem Kind erlauben würde, eine sichere Bindung zu entwickeln.

Bindung ist eine rätselhaft komplizierte Angelegenheit. So sind Kinder selbst oder gerade dann stark an Eltern gebunden, wenn diese sie misshandeln und missbrauchen. Und noch vor nicht allzu langer Zeit galt es als heißer Tipp, einen Hund, der sich dem Empfinden der Menschen nach zu wenig um den Herren/Hundeführer und um dessen Kommandos scherte, „in die Bindung zu prügeln". Das funktioniert bei Hunden, um Aufmerksamkeit und Bindung zu erreichen; aber natürlich wird man auf diese Weise einen Hund bekommen, der unterwürfig irgendwie „funktioniert", aber aus Angst das eigene Denken einstellt. Ähnlich verhält es sich bei desorganisiert gebundenen Kindern. Selbst wenn diese von ihren Eltern misshandelt wurden, wollen sie in der Regel nicht von zu Hause weg und hängen sehr an ihren Eltern, die sie ja auch nicht immer misshandeln. Menschen und wahrscheinlich andere Tiere auch verfügen über einen psychischen Schutzmechanismus, um nicht ständig mit der Erinnerung an erlebte Traumata leben zu müssen. Die Erinnerung daran wird oft in eine bewusst nicht mehr zugängliche Schublade der Psyche abgeschoben und weggesperrt, kann aber von dort aus das Leben erheblich beeinträchtigen.

Bindung ist eine komplexe Gemengelage aus mehreren Elementen. Zum einen ist der auch bei den kleinhirnigen Säugetieren bereits aktive Bindungsmechanismus um das Oxytocin aktiv. Damit sind das Bestreben verbunden, zusammenzubleiben, sowie Trennungsschmerz und so genanntes Attachmentverhalten, um nach einer Trennung wieder Nähe herzustellen. Diese einfache Bindung existiert nahezu unberührt von der Beziehungsqualität, in die aber die persönlichen Eigenschaften der Partner einfließen. Man ist etwa an die eigene Mutter nicht nur gebunden, sondern hegt aufgrund der mit ihr lebenslang gemachten Erfahrungen bestimmte Erwartungen, welche den Umgang mit ihr prägen. Umgekehrt ist es genauso. Obwohl alle Menschen in der Regel an die Mutter nahezu instinktiv gebunden sind, gestalten sich die Beziehungen zur Mutter bei allen Menschen individuell unterschiedlich.

Es muss also neben dem in den stammesgeschichtlich ursprünglichen Gebieten des Gehirns angesiedelten Bindungsmechanismus noch eine weitere, eher kognitive Instanz geben, um die mit den Bindungspersonen gemachten Erfahrungen zu integrieren und damit Erwartungshaltungen für den weiteren Umgang mit diesen Personen abzuleiten. Menschen bilden so genannte mentale Repräsentationen für alle für sie relevanten Gegenstände und Personen, einschließlich Tiere. Eine besonders nachhaltige und nur zäh zu revidierende Repräsentation entsteht in der Beziehung zu den ersten Bindungspersonen. Die Beständigkeit der an den Eltern gebildeten „primären sozialen Repräsentation" deutet darauf hin, dass das Gehirn bereits mit einer bestimmten Erwartungshaltung zur Welt kommt und dass diese primäre Bindungsrepräsentation, das „interne Arbeitsmodell" (Internal Working Model, IWM), wie John Bowlby es nannte, durch die Erfahrungen des frühen Betreut-Werdens ausgebildet wird.

Wie das Eingangsbeispiel zeigt, bilden ganz offensichtlich auch Hunde eine solche soziale Repräsentation über ihre Bindungspersonen aus, also eine Erwartungshaltung, wie wir uns als individuelle Partner im Umgang mit ihnen verhalten werden. Sie tun dies vielleicht in etwas anderer Form als wir, vielleicht ist das IWM der Hunde nicht gar so stabil angelegt wie unsere eigene primäre Bindungsrepräsentation. Schließlich sind Hunde evolutionär weniger stark auf die Beziehung zu einem bis wenigen Frühbetreuern getrimmt als Menschen und ihre Affenverwandtschaft oder die menschenähnlich-familiär angelegten Graugänse.

Generell sollten diese sozialen Repräsentationen bei allen Tieren zu finden sein, deren Sozialleben einigermaßen auf kognitiven Fähigkeiten aufbaut. Klarerweise aber werden Menschen, Hunde oder Raben jeweils ihre artspezifisch unterschiedlichen IWMs ausbilden. Es sind also Variationen eines Themas, angepasst an die jeweilige artspezifisch-soziale Situation während der Frühbetreuung. Wölfe und ihre domestizierte Mischpoche, die Hunde, sind beispielsweise von klein auf eher gruppenorientiert. Sie werden bis zum Alter von etwa drei Wochen von der Mutter im Bau mit Milch versorgt und gepflegt, dann aber krabbeln sie heraus und treffen dort als Wölfchen auf die Rudelgenossen, lernen in wenigen Tagen, vor dem gelegentlich etwas mürrischen Rudelchef, meist dem Vater, Respekt zu haben, und dass einige der älteren Geschwister ganz einfach zum Spielen zu animieren sind, wenn man sie ins Bein zwickt, andere dagegen weniger. Und sie lernen im Spiel mit den Wurfgeschwistern, dass es nette und sanfte gibt, währen andere eher grob sind und zum Jähzorn neigen. Sie arrangieren sich mit Lieblingsgeschwistern und finden einen Modus Vivendi mit den anderen. Ähnliches gilt für Hundewelpen.

Wölfe erkennen einander und die anderen also nicht nur, sie bilden soziale Repräsentationen über die anderen in ihren Gehirnen. Ganz ähnlich verläuft der Beziehungsaufbau von Hundewelpen zu ihren Menschen. Von Anfang an gibt es mehr oder weniger nette Menschen in ihrer Umgebung, verspielte, manchmal übergriffige Kinder, liebe bis zurückhaltende Erwachsene beiderlei Geschlechts etc. Noch sind die Hundewelpen auf freundliche Kontaktaufnahme mit allen getrimmt, differenzieren aber bereits zwischen den verschiedenen Individuen, die sie in kürzester Zeit zu unterscheiden lernen. Idealerweise wird in diesem Alter eine soziale Repräsentation gebildet, die als Handlungsanleitung im Umgang mit Menschen ausgibt: Die anderen sind freundlich, man kann ihnen vertrauen. Und wenn ich etwas brauche, bekomme ich es. Solchermaßen ist die Bildung dieses Grundvertrauens mit der Entwicklung menschlicher Babys in den ersten Lebensmonaten vergleichbar, die schon zwischen Personen differenzieren, aber vermutlich deswegen sehr auf die Mutter angewiesen sind, weil vor allem diese zumindest im Ideal die beste Feinsynchronisation und „Ko-Regulation" mit Verhalten und Bedürfnissen des Babys bieten kann. Aber im Wesentlichen lernt die primäre soziale Repräsentation des Kindes in dieser Frühphase, dass Erwachsene nett und vertrauenswürdig sind und der Kontakt mit ihnen rasch wieder zum Wohlfühlen führt, sollte dies kurzfristig abhanden gekommen sein.

Erst später, nach der Abgabe an die menschlichen Langzeitpartner, differenzieren sich bei Welpen – wie beim Baby nach den ersten Lebensmonaten – die sozialen Repräsentationen aus. Man lernt, wer besonders liebenswert und verlässlich ist und wer nicht. Hundewelpen wie Kinder lernen also rasch über gute Spielpartner und Quellen der Sicherheit und Beruhigung. Allerdings kommt im Fall der Kinder stärker als im Fall der Welpen der ursprüngliche Bindungsmechanismus mit dem IWM in Konflikt, wenn die Bindungsfigur nicht nur nicht beruhigen kann, sondern noch zusätzlich Stress verursacht. Dies scheint bei Menschenkindern gravierender als bei Junghunden, weil Babys viel stärker auf eine Betreuung durch eine oder wenige Personen ausgerichtet sind als Welpen. Was bei Hunden und auch Katzen jedenfalls klappen sollte, ist die Bildung des Urvertrauens gegenüber Menschen generell durch eine gute Frühsozialisierung. Während sich aber bei Menschenkindern und Erwachsenen die über ihre Erfahrungen mit den ersten Betreuungspersonen gebildete primäre soziale Repräsentation relativ hartnäckig gegen die Veränderung über später gemachte soziale Erfahrungen behauptet, scheint diese Repräsentation bei Hunden flexibler. Dies entspricht der Erfahrung, dass sich Hunde nach einem Wechsel der Bezugspersonen – oft weil sie vernachlässigt oder gewaltsam missbraucht wurden – meist wieder rasch und zunehmend vertrauensvoll auf die neue soziale Umgebung einstellen.

Menschen dagegen übertragen früh gemachte Bindungserfahrungen stark auf spätere Beziehungen. Desorganisiert gebundene Kinder etwa können sich wohlmeinenden und idealistischen Pädagogen gegenüber so lange biestig und widerständig verhalten, bis diesen der Kragen platzt, womit für die Kinder der Beweis erbracht wäre, dass „die ja auch nicht besser sind". Diesen Teufelskreis zu durchbrechen, ist schwierig.

Es ist der 23. Dezember 2013, als ich diese Zeilen schreibe, und eben meinte mein Radio, dass gerade zu Weihnachten die traute Nähe zu den Liebsten nicht selten zu Gewaltausbrüchen führt. Die Sehnsucht nach harmonischen Sozialbeziehungen beißt sich offenbar mit der Realität. Die Bindungsverletzungen werden an solchen Tagen hoher positiver Sozialerwartung zunächst unter den Lieb-und-nett-Teppich gekehrt. Wenn die Familie bei ihrer ritualisierten Kommunikation bleibt, bleiben sie auch dort. Mit Hilfe von mehr oder weniger Alkohol können sie jedoch sehr leicht ausbrechen – wie ein Vulkan. Doch das ist kein unentrinnbares Schicksal. Menschen können sich ihrer sozialen Situation bewusst werden und daran arbeiten.

Das an Menschen erworbene Bindungsmodell würde von Kindern nicht auf Tiere übertragen, hieß es zumindest bislang. Insbesondere Fragebogenstudien zeigten, dass Menschen ungeachtet ihres eigenen Bindungstyps bereit sind, vertrauensvolle Beziehungen zu Tieren aufzunehmen (Julius et al. 2014). Dem entsprechen schon lange die Erfahrungen von Therapeuten wie Boris Levinson oder Henri Julius, dass unter Umständen ein anwesendes Tier, meist ein Hund, Kinder oder sogar Erwachsene bereit macht, zu kommunizieren und sie damit für die Therapie öffnet.

Auf dieser Erfahrung beruhend, wurde eine Studie an zum Großteil desorganisiert gebundenen etwa zehn- bis zwölfjährigen Knaben in einer kontrollierten sozialen Stresssituation durchgeführt, die gebeten wurden, vor einer Kommission von zwei ihnen unbekannten Personen eine Geschichte zu Ende zu erzählen. Dieser so genannte Trierer soziale Stresstest treibt verlässlich das Stresshormon Kortisol und meist auch das subjektive Stressempfinden nach oben. Es gab drei experimentelle Gruppen: Während eine Gruppe von Knaben in dieser Situation von einem netten Menschen emotional unterstützt wurde, bekam eine zweite Gruppe einen Stoffhund und eine dritte einen lebendigen Hund zugesellt. Wie erwartet, zeigte sich eine geringere Erhöhung des Stresshormons und eine rasche Erholung nur bei den Knaben in der Hundegruppe (Beetz et al. 2011); je mehr sich die Kinder mit dem Hund beschäftigten, umso wirksamer dämpfte dieser die Stresshormone. Nun sollen Therapeuten sicherlich nicht durch Hunde ersetzt werden. Aber ein Hund als Ko-Therapeut kann über die Dämpfung der Stresshormone der Kinder helfen, Vertrauen rasch auch wieder zu Menschen zu entwickeln.

Bindung und Attachment sind also keine rein psychischen Phänomene, sondern eng mit der individuellen Reaktivität der Stresshormone verknüpft. Es hängt tatsächlich nicht nur von den nackten Genen, sondern maßgeblich auch von der Qualität der Frühbetreuung ab, ob und wie stark und auf welche Reize hin das Gehirn den Körper dazu veranlasst, seine Aktions- und Bereitschaftssysteme nach oben zu fahren bzw. das Gegenteil zu tun, nämlich das Oxytocin-Beruhigungssystem anzuwerfen. Schon lange weiß man, dass Rattenmütter, die ihrem Nachwuchs viel leckende Fürsorge zukommen lassen, Nachwuchs großziehen, der sein Leben lang stressresistenter sein wird als jener von Rattenmüttern, die ihre Neugeborenen nur wenig lecken. Und man fand heraus, dass ein wenig zusätzliches Hantieren der Rattenbabys durch Menschenhände denselben Effekt erzielt. Dies scheint für viele Wirbeltiere zu gelten, auch für Hundewelpen. Wenn sie in ihren ersten Wochen genügend hantiert werden, werden sie ruhigere Hunde, entwickeln jene „hohe Reizschwelle", die an Gebrauchs- und Begleithunden in der Regel geschätzt wird. Auch das Handaufziehen von Graugänsen, Raben, Hunden oder Wölfen, um sie zu kooperativen und ruhigen Partnern in der Forschung heranzuziehen, führt zu einer höheren Stressresistenz der Handaufgezogenen im Vergleich zu den elternaufgezogenen Individuen (Hemetsberger et al. 2010).

Sorgsame und verlässliche Frühbetreuung führt also auch durch handfeste Effekte auf die Physiologie zu einer sicheren Bindung; zu Individuen, die sich ruhig, impulskontrolliert und selbstsicher den Herausforderungen des Lebens stellen können. Offenbar wird gerade in den ersten Minuten und Stunden des Lebens auch das Oxytocinsystem der Neugeborenen eingestellt, optimal etwa durch sofortigen Hautkontakt mit der Mutter nach der Geburt. Und ob sich soziale Nahebeziehungen im Erwachsenenalter oxytocinträchtig gestalten, hängt auch von der primären sozialen Repräsentation ab, dem IWM, wie der oben erwähnte Stress- und soziale Unterstützungsversuch mit desorganisiert gebundenen Knaben zeigt. Gefährlich wird es, wenn die Frühentwicklung völlig schief läuft, etwa im Falle von Babys, die sofort nach der Geburt in Waisenhäusern landeten, dort zwar satt, sauber und trocken gehalten wurden, aber ohne soziale Zuwendung lebten. Solche Babys können sogar an einem psycho-physiologischen Syndrom sterben; wenn sie überleben, dann mit entweder hypo- oder hyperaktiven Stress- und Oxytocinsystemen.

Man kann davon ausgehen, dass dies für andere Tiere in etwas anderer Form ebenfalls zutrifft. Versuche in den 1950er Jahren etwa, Hundewelpen in völliger sozialer Isolation aufzuziehen, resultierten in starken Verhaltens- und physiologischen Störungen. Ähnlich katastrophal wirkten sich die Experimente des US-Experimentalpsychologen Harry Harlow mit Rhesusaffenbabys aus. Ihm ging es um die Frage, ob die Bindung an die Mutter dadurch zustande kommen würde, dass diese Milch gibt, oder ob es andere Eigenschaften sind, welche die Zuwendung des Neugeborenen auslösen. Es ist nicht die Milch, es zeigte sich, dass eher Wärme und weiche Oberflächen Bindung herstellten. Harlow produzierte, sozusagen als „Nebenprodukt", viele Rhesusaffen, die zeitlebens kein normales Sozialleben mehr entwickeln konnten und im Sozialverband meist überaus aggressiv reagierten.

Die Moral aus der ganzen Geschichte wäre, dass die ursprünglichen Mechanismen der Bindung plus die mentalen sozialen Repräsentationen das spezifische Attachment-Muster von Individuen prägen, was wiederum stark deren soziale Erwartungshaltungen und ihr soziales Verhalten beeinflusst. Sowohl Menschen als auch andere sozial und kognitiv anspruchsvolle Tiere bilden in unterschiedlichem Ausmaß solche sozialen Repräsentationen aus.

Diese sind entweder relativ träge gegenüber Veränderung durch neue soziale Erfahrungen, etwa beim Menschen, oder relativ anpassungsfähig, etwa bei Hunden. Dies scheint mit ein Grund zu sein, warum sich Hunde offenbar besser und flexibler als andere Tiere an ihre menschengeprägte soziale Umgebung anpassen. Bindung und Attachment zählen wahrscheinlich zu den wichtigsten Faktoren, nicht nur im sozialen Zusammenleben der Menschen, sondern auch in der Beziehung von Menschen zu Kumpantieren (Julius et al. 2014).

Bei Menschen variieren also Bindung und der Stil des Attachments erheblich, abhängig vor allem von der Art der Frühsozialisierung (Ainsworth 1985; Bowlby 1999; Hinde 1998). Ob dies auch bei anderen sozialen Tieren so ist, harrt noch der Erforschung. Was oben über Hunde berichtet wurde, beruht stark auf Erfahrung, weniger auf Daten. Bindungsstile sowie, damit zusammenhängend, Persönlichkeitsstruktur und Einstellungen beeinflussen bei den Menschen jedenfalls den Beziehungs- und Interaktionsstil sowohl mit menschlichen Partnern als auch mit Kumpantieren (Kotrschal et al. 2009; Topál et al. 1998). Die Frühsozialisierung spiegelt sich später wiederum im Fürsorgeverhalten den eigenen Nachkommen und wahrscheinlich auch den Kumpantieren gegenüber.

Bindungsstile, und damit auch die Reaktion der Stresssysteme auf Herausforderungen, werden über Generationen von den pflegenden Eltern auf ihre Nachkommen weitergegeben (Meaney et al. 1991; Turner et al. 1986). So bildet dieser Anpassungsmechanismus von Nachkommen an ihre erste und wichtigste soziale Umwelt auch die Basis für die Entstehung sozialer Traditionen; wie freundlich etwa mit Babys umgegangen wird, scheint ein wichtiger Faktor für die Ausbildung friedlicher oder aber gewaltbereiter Gesellschaften zu sein (Prescott 1996); das ist natürlich ein Henne-Ei-Problem, denn friedliche Gesellschaften gehen netter mit ihren Babys um. In ähnlicher Weise wird ein bestimmter, aber freundlicher Umgang mit Hunden die Wahrscheinlichkeit verringern, dass diese sich aggressiv zu anderen Menschen verhalten. Der friedliche Umgang mit anderen Hunden hängt dagegen eher von einer guten Sozialisierung mit anderen Hunden im Welpenalter ab.

Letztlich beeinflusst das individuelle Attachmentmuster, wie Menschen sich emotional, geistig und sozial entwickeln: wie erfolgreich ihr Sozialleben sich gestaltet, ob sie emotionale soziale Unterstützung annehmen und geben können und, ob sie eine balancierte Emotionalität entwickeln. Aber auch eine suboptimale Attachmentrepräsentation bedeutet nicht lebenslange Verdammnis. Menschen sind enorm widerstandsfähig, sich selbst in sozial wenig förderlichen Umgebungen zu behaupten. Auch ein suboptimales primäres Bindungsmuster kann sich durch gute Beziehungserfahrungen im weiteren Leben in ein sekundär sicheres Muster wandeln. Dabei können auch gute Beziehungen zu Kumpantieren nützlich sein; besonders in der Kindheit kann eine vertrauensvolle Beziehung etwa zu einem Hund eine starke Pufferwirkung entfalten. Es soll ja bekanntlich vorkommen, dass Kinder ihre Schwierigkeiten in der Schule zunächst eher ihrem Hund/ihrer Katze anvertrauen als ihren Eltern.

Warum uns Kumpantiere anziehen – instinktive Auslöser für Fürsorgeverhalten

Hundebabys oder eben geschlüpfte Küken sind unwiderstehlich, sie zwingen uns beinahe zur spontanen Zuwendung, zum Streicheln (Spindler 1961). Spontan entsteht das Bedürfnis, solche Jungtiere zu schützen und zu pflegen. Junge, „süße" Fell- und Federtiere scheinen das soziale Fürsorgeverhalten von Menschen zu aktivieren (Eibl-Eibesfeldt 1999; 2004), während das Interesse an Insekten, Fischen oder Amphibien eher forschend zu sein scheint. Wie das Lorenz'sche „Kindchenschema" (1978) zeigt, klappt dieses Auslösen von Fürsorgeverhalten auch zwischenartlich. Als „niedlich" empfinden wir gewöhnlich einen im Vergleich zu Erwachsenen relativ großen, runden Kopf mit vorspringender Stirn und Backen, große Augen, kurze Beine und Arme, einen rundlichen Körper etc. Die Auslöserreize dieses Schemas unterstützen Pflege- und Fürsorgeverhalten (Eibl-Eibesfeldt 1999) und aktivieren damit das oxytocinbezogene Belohnungssystem im Gehirn (Panksepp et al. 1997). Das Lorenz'sche Kindchenschema bestand wissenschaftliche Überprüfungen (Gardner und Wallach 1965), vor allem aber den Test der kommerziellen Wirksamkeit. In der Werbung wird oft an das instinktive Fürsorgeverhalten appelliert, indem Produkte mit Kindern, Welpen oder generell „süßen" Tieren verbunden werden. Auch Hunde haben derzeit Saison in der Werbung, was indirekt ihre positive Wahrnehmung durch die Gesellschaft unterstreicht. So sind neuerdings autofreie Fernseh-Werbespots für Autos zu sehen, in denen ein Hund das Auto darstellt.

Im Zuge der Domestikation verschob sich offenbar das Äußere mancher unserer Kumpantiere in Richtung „Kindchenschema", wie das Beispiel der Zwerg- und Schoßhunde mit ihren runden Köpfen und großen Augen zeigt. Sie bewirken Zuwendung und scheinen damit die instinktiven Fürsorgemechanismen der Menschen für sich zu nutzen („social exploitation"; Serpell 1986). Fürsorgeverhalten für solche Kumpantiere aktiviert jene Systeme im Gehirn, die eigentlich der Betreuung des eigenen Nachwuchses dienen. So mag eine zentrale Funktion des Lebens mit Kumpantieren in der Befriedigung des sozialen Bedürfnisses der Menschen liegen, fürsorglich zu sein. Möglicherweise existiert sogar ein positiver Zusammenhang zwischen dem investierten Pflegeaufwand und der Bindungsstärke (Sprecher 1988). Je mehr emotional und materiell in eine Kumpantierbeziehung investiert wird, umso intensiver scheint bei manchen Menschen die Bindung ausgeprägt, zumindest von Mensch zu Tier. Das kann sogar eskalieren: Eine starke Bindung mag Ausgangspunkt für hohe Zuwendungsbereitschaft sein, umgekehrt kann ein hoher Pflegeaufwand die Bindung noch verstärken. Warum würden sich Menschen sonst etwa für Kumpantiere entscheiden, die vor allem für ihre notorischen Gesundheitsprobleme bekannt sind? Nicht wenige Hunderassen weisen heute bekanntlich eine ganze Menge „Qualzuchtmerkmale" auf. Während für manche Menschen Fürsorge für ihre Beziehung zu ihrem Tier sehr wichtig ist, schätzen andere eher die gemeinsamen Aktivitäten. Natürlich sind nicht alle Menschen bereit, unendlich viel in die Betreuung eines Partnertieres zu investieren; Betreuungsaufwand ist nicht selten ein Grund, die Beziehung zu einem Kumpantier aufzugeben.

Über die Stammesgeschichte konservierte Gefühle

Emotionen sind das zentrale Thema im Leben. Manche Menschen mögen durch ihre einnehmende Freundlichkeit beeindrucken, andere wiederum nerven durch unkontrolliert-überschwängliche Gefühlsausbrüche. Wieder andere profilieren sich als „emotionale Analphabeten", die sich ihres Gefühlslebens und jenes der anderen kaum bewusst zu sein scheinen und das vielleicht auch noch gut finden; das hängt wiederum mit einer wenig entwickelten „sozialen Kompetenz" zusammen. Denn dafür sollte man sich in andere einfühlen können (und wollen). Voraussetzung dafür ist, sich der eigenen Befindlichkeiten und Emotionen bewusst zu sein und sich von ihnen nicht ständig überwältigen oder beherrschen zu lassen. Sozialfähig wird man durch Ermächtigung des Stirnhirns, Emotionen und Affekte zu kontrollieren, nicht umgekehrt. Auch darin unterscheiden sich Menschen wenig von ihren Kumpantieren.

Emotionen beherrschen unseren Erfahrungsraum, sie begleiten den Lebensweg: Liebe die Zeugung neuen Lebens, Freude die Geburt, Trauer und

Schmerz den Tod. Und zwischen den Polen Geburt und Tod fahren wir jahr-
zehntelang auf einer Achterbahn der Gefühle, zyklisch, chaotisch, im Idealfall ausgeglichen. Letztlich dreht sich das Leben um Emotionen und wie wir
mit ihnen umgehen. Eine ausgeglichene Emotionalität erwies sich, wie er-
wähn, als wichtigster Faktor für ein langes, glückliches und gesundes Leben
(Coan 2011). Wie im Abschnitt über Bindung und Attachment diskutiert,
wissen wir heute, dass eine verlässliche und sensible Frühbetreuung in den
ersten Lebensjahren ein ideales Fundament für eine optimale emotionale,
kognitive und soziale Entwicklung legt. Später im Leben beruht eine balancierte Emotionalität vor allem auf guten Partnerschaften und Freundschaften mit anderen Menschen und auch Kumpantieren, die viel mehr zum Le-
bensglück beitragen können als die vergänglichen Sternschnuppen von
Ruhm und Macht, Erfolg und Geld.

Emotionen lenken ihrerseits das soziale Zusammenleben. Sie sind sozusagen evolutionär angelegte Zuckerbrote und Peitschen, die uns antreiben, mit
anderen zusammenzuarbeiten oder zu konkurrieren, Partner zu suchen und
uns vermehren zu wollen. Spätestens seit Charles Darwin (1872) ist klar, dass
die Kommunikation von Emotionen über Mimik und Körpersprache das
Grundgerüst unseres Soziallebens bildet. Menschen verfügen über eine im
Vergleich zu anderen Tieren sehr komplexe Emotionalität. Dies zeigt sich
schon darin, dass wir die komplexeste Gesichtsmuskulatur aller Primaten entwickelten, die vorwiegend zur Kommunikation von Emotionen dient. Verhalten und Physiologie funktionieren unter Vermittlung der Emotionen als Einheit: Angenehm erlebte Situationen gehen mit Beruhigung und der Aktivierung der Belohnungssysteme einher. Unangenehm-bedrohliche Situationen
dagegen aktivieren jene neuronal-hormonalen Stresssysteme, die uns aktionsbereit machen und je nachdem erstarren, flüchten oder kämpfen lassen.

Emotionen lenken unser Interesse an den Dingen der Welt, an Personen,
Objekten, Situationen, mit denen wir uns beschäftigen. Die Emotionen be-
werten diese für uns laufend auf der Basis unserer mentalen Repräsentationen über diese Dinge der Welt, die wiederum durch Erfahrungen mit eben
diesen Dingen gebildet und auf Stand gehalten werden. Alle für uns relevanten Subjekte, Objekte und Kontexte werden so mit einer emotionalen Signa-
tur versehen, die wiederum beeinflusst, wie wir damit in Zukunft umgehen
werden. Die allermeisten dieser Bewertungen trifft unser Gehirn, ohne uns
ständig damit zu belästigen.

Mit den anderen Tieren teilen wir das Prinzip der Steuerung des Lebens
durch Emotionen wie auch das Prinzip der zirkulären Beziehung von Emo-

tionen und Bewusstsein: Was wir denken, durchläuft immer erst den Filter der Emotionen. Und wie gut wir unsere Emotionen im Griff haben, hängt wiederum nicht unwesentlich von der Qualität des Denkens ab. Letztlich verhalten sich Emotionen zum Denken wie die klassische Sekretärin zum Chef in einem großen Büro: Er entscheidet, aber sie bestimmt, was auf seinem Schreibtisch landet. Würde sie jedoch die falschen Filterentscheidungen treffen, wäre sie nicht lange Hüterin des Vorzimmers und der Themen. Und sollten Sie sich nun ob dieses Spiels mit altmodisch-unkorrekten Geschlechterrollen geärgert haben, dann erlebten Sie gerade ein bis in Ihr Bewusstsein vorgedrungenes Beispiel einer solchen Bewertung.

Das Ausmaß der Verflechtung der Emotionen mit der „höheren Kognition" (Bekoff et al. 2002) bei den anderen Tieren hängt übrigens von deren stammesgeschichtlicher Stellung und der sozialen Organisation ab. Affekthandlungen sind zumeist zutiefst instinktiv verwoben. Von „Emotionen" ist gewöhnlich dann die Rede, wenn affektive Gemütszustände bewusst werden (Panksepp 2005). Diese Affektsysteme sind an jeder Entscheidung durch den präfrontalen Kortex beteiligt und daher auch an den bewussten Beurteilungen von relevanten Objekten, Subjekten und Kontexten. Umgekehrt beeinflussen alle getroffenen Entscheidungen die Affektsysteme (Koechlin und Hyafil 2007). Die stehen wiederum direkt mit jenen motorischen Systemen im Gehirn und Rückenmark in Verbindung, welche den Ausdruck der Emotionen steuern.

Menschen teilen tatsächlich ihre Grundemotionen mit Hund, Katze und Co. Nach Jaak Panksepp (2005) von der Washington State University versteht man darunter folgende Emotionen: das Interessesystem, Aggression-Zorn, Angst, Lust (Motivation für Sexualität), Fürsorge (caregiving), den Panik-Depression-Trauer-Komplex und Spiel. Dies sind auch jene Motivationssysteme des Lebens, die ihre Träger dazu bewegen, die Welt zu erkunden, sich zu paaren, sich um Nachwuchs zu kümmern, die freundliche Nähe zu anderen zu suchen, mit engen Partnern zusammenzubleiben oder sich mit Klauen und Zähnen zu verteidigen. Menschen teilen mit anderen Tieren die zugehörigen Zentren und Mechanismen im Gehirn und zeigen bei Aktivierung dieser Emotionssysteme ähnliches Verhalten. Kommunikation über Emotionen bildet auch den Kern jeglichen Soziallebens. Kein Wunder also, dass wir uns mit anderen Tieren gut verstehen können. Über die naturwissenschaftliche Erforschung kann man natürlich nie erfahren, wie andere Menschen und Tiere ihre Emotionen subjektiv wahrnehmen. Wie „glücklich" etwa mein Hund ist, sagt mir bestenfalls sein Verhalten. Ich kann versuchen, mich einzufühlen, werde aber dennoch niemals wissen, ob ich damit richtig liege.

Das **Interessesystem** hält Individuen an den relevanten Dingen des Lebens interessiert. Schon für Erich von Holst und Konrad Lorenz war die Feststellung wichtig, dass Tiere und Menschen nicht einfach in der Gegend liegen, bis ein aktivierender Reiz vorbeikommt. Die Katze auf dem Feld begab sich mit einiger Wahrscheinlichkeit dorthin, weil sie dort Mäuse wähnt. Die mentale Repräsentation allein reicht aber nicht; es muss vielmehr eine Instanz geben, die dafür sorgt, dass sich die Katze dafür auch interessiert. Auch Hunger reicht als Erklärung nicht aus, die Katze könnte sich ja auch maunzend zu einem ihrer Servicemenschen begeben und Nahrung verlangen. Es geht also um die *Lust* am Mäuseln, welche die Katze auf das Feld treibt. Katzen verhalten sich in dieser Gestimmtheit relativ zivilisiert, etwa im Vergleich zu Hunden, die angesichts einer Jagdsituation völlig aus dem Häuschen geraten können.

Die alten Ethologen hätten wohl von „Appetenz" gesprochen. Erforschen, erleben, jagen – das alles ist mit Spannung verbunden und meist lustvoll besetzt. Dopamin und Serotonin sind daran stark beteiligt, die Belohnungssysteme werden zugeschaltet. Man könnte auch meinen, die Katze würde ihren „Jagdtrieb" ausleben, ähnlich dem Erleben des menschlichen Jägers, der gerade einen Hirsch erlegte. Bei dem stellt sich in der Regel zufriedenes Selbstbewusstsein ein, der Spiegel des männlichen Geschlechtshormons steigt, jener der Stresshormone fällt. Wenn Menschen in unterschiedlichen Situationen jagen, dann hat das immer etwas von einem archaischen Ritual, und es scheint eine enge Verbindung zum instinktiven Interessesystem zu geben. Gerade im Interesse des Beherrschens dieser Instinkte ist im Zusammenhang mit der Jagd Ritualisierung wichtig. Der Jagdhund etwa soll tun, wozu er gebraucht wird, und nicht etwa Tiere seiner eigenen Wahl anfallen.

Das **Aggressions- und Zornsystem** dient wohl vor allem dazu, die eigenen Interessen innerartlich oder in der eigenen Gruppe durchzusetzen. Die hohe soziale Kunst besteht darin, Aggression zu kontrollieren und sie dosiert und nur dann einzusetzen, wenn es wirklich sein muss. Zu Recht wurde am Beispiel der Aggression die Lorenz'sche Idee der Staubarkeit heftig kritisiert. Doch gerade Lorenz setzte mit seinem Buch *Das sogenannte Böse* (1965) die Aggression für Jahrzehnte auf die bio-psychologische Forschungsagenda. Aggression muss aber beileibe nicht „ausgelebt" werden, wenn es mal eine Zeit lang friedlich war. In der Auseinandersetzung um einen Apfel oder einen Parkplatz aggressiv zu eskalieren, schädigt das soziale Standing des Rabauken. Es kommt eben stark auf Kontext und Spieleinsatz an. Wenn es um Reproduktion geht, kommt es nicht nur bei Löwen zu Mord und Totschlag. Auch Menschen, insbesondere Männer, metzeln Rivalen oder auch Ex-Freundinnen, die mit ihnen Schluss gemacht haben. Diese völlig unangemessene Aggression kann als Hinweis darauf gelten, wie stark evolutionäre Atavismen die menschliche Psyche noch immer beherrschen können, insbesondere bei Personen mit geringer Impulskontrolle und einer schwach ausgebildeten kognitiven Kontrollinstanz.

Für Wölfe und viele andere Tiere gibt es offenbar nur zwei Situationen, die eskalierende Aggression rechtfertigen. Zum einen in Ausnahmefällen, wenn es um die Alpha-Position und damit das Vorrecht auf Vermehrung geht. Dies kann passieren, wenn sich ein Gruppenfremder im Rudel festsetzen konnte und nach oben strebt. Gewöhnlich geschieht das aber kaum, handelt es sich bei den Alphas doch meist um die eigenen Eltern. Und zum anderen ist es für Wölfe offenbar in Ordnung, die Nachbarn zu bekriegen und auch zu töten. Denn die sind nicht nur ökologische Konkurrenten, sondern ihrerseits ebenfalls lebensgefährlich. Im normalen Rudelalltag ist man dagegen nett zueinander, aggressives Verhalten ist kaum zu beobachten.

Dies ist nicht bei allen Tieren so. Bei Schimpansen etwa beherrschen Männerbünde recht gewalttätig ihre Gruppen, mit viel Imponiergehabe und auch schon mal durch Verprügeln von Weibchen oder jüngeren Männchen. Aber es wäre falsch, anzunehmen, dass der Aggressionsspiegel innerhalb der Gruppen rein „artspezifisch" wäre. Tatsächlich zeigen vor allem Menschen starke Unterschiede in der Gewaltbereitschaft ihrer Gesellschaften. Andererseits gibt es wahre Gewaltkulturen, etwa die alten Germanen mit ihrer Betonung des Kriegertums und der Blutrache oder die Blutsuppe schlürfenden Spartaner. Alles übrigens Beispiele männerdominierter Gesellschaften, in denen man sich Ansehen durch aggressives Verhalten und Töten anderer erwirbt.

In den westlichen, von der US-amerikanischen Unterhaltungskultur beeinflussten Gesellschaften ist man diesbezüglich seltsam ambivalent. Gruppeninterne Friedfertigkeit und sanftes Verhalten zählen zu den wichtigsten Erziehungsidealen dieser Kulturen der Buchreligionen. Andererseits werden gewalttätige Filme, Computerspiele etc. akzeptiert und Gewalt findet sich auch in anderen kulturellen Ausdrucksformen, in Romanen, Theaterstücken etc. Künstlerische Freiheit, meinen die Produzenten und bedienen damit den Voyeurismus und das Aggressionssystem der Konsumenten. Das Anschauen aggressiver Filme und Tötungsspiele diene dem Aggressionsabbau, hieß es.

Dabei weiß man schon lange, dass dem nicht so ist, das Gegenteil ist der Fall (z.B. Eron et al. 1972; Guerra et al. 2003). Psychologisches „Trockentraining" kann für den Ernstfall enthemmen. Das macht die Gesellschaft nicht generell gewaltbereiter. Doch wenn jemand in eine Ausnahmesituation gerät, erhöht es die Chance, dass er sofort sehr gewalttätig reagiert. Völlige Friedfertigkeit freilich ist weder erstrebenswert noch erreichbar, weil sie weder dem menschlichen Naturell noch dem vieler Tiere entspricht; doch wenn dem schon so ist, dann sollte aggressives Verhalten in kleinstmöglichen Dosen und sozial verträglich ablaufen.

So kommen vor allem Knaben mit der Bereitschaft zum „rough and tumble play" auf die Welt: Sie spielen gerne aggressiv und testen die Grenzen des sozial Angemessenen aus, während Mädchen dies eher über Rollenspiele tun. Es ist normal, dass unter Knaben ein Streit auch mal in eine Handgreiflichkeit ausartet. Das erfordert keine Anzeige bei der Polizei und es wird kein Blut fließen, sofern diese Knaben während ihres Heranwachsens mehr Zeit mit Spielgefährten als mit Tötungsspielen am Computer verbracht haben. Nicht nur beim Menschen zeigt das Spiel der Knaben mehr aggressive Elemente, auch bei Affenkindern und Hundewelpen. Es ist kein Problem, deren Zerr- und Beißspiele mitzumachen, solange man als Mensch klar bestimmt, wann gespielt wird und wann damit Schluss ist.

Menschen- und Tierwelpen lernen im Spiel mit Altersgenossen ihr aggressives Potenzial zu beherrschen und die entsprechenden Verhaltensweisen dosiert und in akzeptabler Weise einzusetzen. Unangemessene Eskalation beschädigt soziale Beziehungen und kann Verletzungen verursachen, auch beim Aggressor. Gerade bei Tieren mit gefährlichen Waffen, etwa Giftschlangen oder Hirsche, läuft der Rivalenkampf meist in erheblichem Ausmaß ritualisiert, und es wird, wenn überhaupt, sehr vorsichtig eskaliert. Man schätzt vorsichtig ab, wer physisch stärker und mental entschlossener ist, und gibt meist auf, bevor wirklich gekämpft wird und etwas passieren kann. Dies dient aber weniger „der Arterhaltung", wie Konrad Lorenz noch meinte und wie man auch heute noch oft zu hören bekommt, sondern vielmehr der eigenen Sicherheit. Das „Überleben der Art" sichern vor allem die Weibchen. Viele für das Reproduktionsgeschehen ohnehin unwichtige, „überzählige" Männchen könnten einander ruhig töten, es würde die Art nicht gefährden. Die ritualisiert agierenden Kämpfer handeln also im Interesse der eigenen Sicherheit.

Heiß umkämpfte Themen und Minenfelder finden sich rund um die Aggression zwischen Hunden und Menschen. Einerseits erinnern uns immer noch viel zu viele Hundebisse, gelegentlich sogar mit tödlichem Ausgang, daran, dass Hunde nicht immer nur Schmusetiere sind. Je nach im Umlauf befindlichen Rassen und der Kultur des Umgangs mit Hunden gibt es pro Jahr etwa einen ernsthafteren Biss mit Hautverletzung pro 300–400 Hunde, in Österreich und anderswo. Andererseits können sich insbesondere Hundetrainerinnen endlos und nicht ganz zu Unrecht darüber ereifern, dass man als Mensch Hunden gegenüber nicht „dominant" sein dürfe. Es gilt also das Gegenteil von dem, was die letzten 100 Jahre als angemessener Umgang mit Hunden gesehen wurde.

Die Welpen aller Rassen und Schläge entwickeln sich bei angemessener Frühsozialisierung und Erziehung nicht automatisch zu gleich friedlichen erwachsenen Hunden. Aggressionsbereitschaft ist relativ stark erblich. Der Witz der Hundezucht bestand ja über die Jahrtausende gerade darin, die ursprünglich wölfische Aggressionsbereitschaft zu verstärken und zu verbreitern. Die „Begleitwölfe" sollten zunächst ihre Menschen gegen andere Wölfe verteidigen, zogen ein wenig später forsch mit ihnen in den Krieg, bewachten Vieh und Haus und Hof gegen Wölfe und andere Menschen etc. Verteidigungs- und Angriffsbereitschaft waren also immer gefragte Eigenschaften von Hunden. Noch heute werden manche Deutschen Schäferhunde von seltsamen Züchtern auf Aggressionsbereitschaft ausgelesen und manche Staffordshire Terrier unfassbarerweise immer noch zum Kampf gegeneinander. Es ist daher nicht sehr verwunderlich, dass Hunde prinzipiell aggressionsbereit sind, unspezifisch aggressionsbereiter als Wölfe. Domestikation auf Zahmheit steht zwar im Zentrum bei der Domestikation von Tieren (Hare et al. 2012), das muss aber nicht unbedingt eine Selektion gegen Aggressionsbereitschaft bedeuten, wie man an manchen Hunden sieht.

Die starke Selektionierbarkeit der Aggressionsbereitschaft bedeutet aber auch, dass man in wenigen Generationen tatsächlich sehr friedliche Hunde züchten kann. Dies wurde auch immer wieder unternommen, etwa bei Schlittenhunden oder modernen Jagdhunden, die zu den manchmal wechselnden Menschen sowie untereinander sehr freundlich sein sollen. Schlitten- und Jagdhunde sollten auch dann nicht übereinander herfallen, wenn sie die anderen nicht so gut kennen. Bei anderen Rassen, etwa den ursprünglich für den Krieg gezüchteten Molossern oder den Herdenschutzhunden, mag das anders sein.

Natürlich übt die Art der Frühsozialisierung und des Aufwachsens mit netten, aber konsequenten Menschen und mit Spielgefährten einen großen Einfluss darauf aus, wie sich die genetisch mitgebrachte Aggressionsbereitschaft im Verhalten eines erwachsenen Hundes äußern wird. Jeder Hund braucht zu seiner optimalen Entwicklung – zu der auch das Beherrschen aggressiver Impulse zählt – die tägliche Arbeit, die täglichen Unternehmungen mit seinen Menschen, und möglichst viel davon ohne Leine. Er braucht wechselseitige ständige Aufmerksamkeit, einen freundlichen Umgang, ein sofortiges Reagieren auf unerwünschtes Verhalten und er braucht klare Regeln und Grenzen.

Die Partnermenschen der Kumpantiere dürfen also in diesem Zusammenhang durchaus „dominant" sein, in dem Sinne, dass sie bestimmen, wann und wie gemeinsame Aktivitäten laufen; Leadership wäre dafür der bessere Begriff als Dominanz. Zudem bietet der Partnermensch dem anderen Tier ja auch das sozio-ökonomische Umfeld, in dem es lebt. Dies sollte daher nicht nur menschen-, sondern auch tiergerecht sein. Was es im Umgang mit Hunden und anderen Kumpantieren nicht braucht, ist ständiges „Nein"-„Pfui"-Schreien, Nackenfellschütteln, Schnauzenbiss oder sonstige Maßnahmen der physischen Unterordnung. Das bringt nur Angst, Misstrauen und Distanz in die Beziehung. Das Kumpantier wird deswegen nicht besser „funktionieren". Die Anerkennung der menschlichen Leadership entsteht aus den täglichen Unternehmungen, auch in der harmonischen Zweisamkeit, nicht aus der physischen Gewaltanwendung. So betrachtet, ist es natürlich völlig unnötig, Hunde und andere Tiere im klassischen Sinn zu „dominieren". Gute Beziehungen entstehen aus Zusammenarbeit und Achtung, nicht aus der wechselseitigen Gewaltanwendung.

Und nein, der Wolf, der Fuchs, der Jäger auf der Pirsch oder dessen assistierender Hundepartner sind nicht allein deswegen „aggressiv", weil sie einem anderen Tier nach dem Leben trachten. Sie haben ja nichts gegen ihre Beute, sind nicht zornig auf Hirsch oder Hase. Emotionssysteme sind Motivationssysteme. Daher ist es unsinnige Themenverfehlung, von „Beuteaggression" zu reden. Aggression tritt vielmehr in Konkurrenzsituationen auf. So kann der Fischer, der hinter dem Kormoran her ist, oder der Jäger gegenüber dem vermeintlichen Konkurrenten Wolf tatsächlich aggressiv gestimmt sein; nicht aber den Beutetieren Forelle, Reh und Hirsch gegenüber. Emotionssysteme sind in Bezug auf die oben erwähnten vier „Tinbergen'schen Ebenen" untersuchbar. Sie von ihrem Ergebnis her zu definieren, wäre daher ein Kategorienirrtum. So kann Töten aggressiv oder über das Interessens- und Jagdsystem motiviert sein. Das Ergebnis ist zwar immer eine Leiche, aber für die Beurteilung der Handlung kommt es dennoch auf die Umstände an.

Zudem ist eine Hierarchie der Prioritäten zwischen den Emotionssystemen festzustellen, was Konrad Lorenz und Niko Tinbergen als „Hierarchie der Instinkte" bezeichneten. So wird ein vor Zorn rauchendes Gehirn in diesem Moment weder fähig noch bereit sein, sich auf zärtliches Liebeswerben oder Fürsorge einzulassen. Es ist bekannt, dass aggressive Alarmzustände, die mit erheblichen Stresshormonausschüttungen einhergehen, die „höheren Instanzen" der sozialen Kognition blockieren. In diesem Zustand funktionieren Flucht und Angriff, nicht aber verstandesgeleitetes Verhandeln. Beim Versuch, zwischen zwei zornigen Streithähnen zu vermitteln, hat schon manch gutmeinender Mensch schwer was auf die Nase bekommen. Und wenn Sie einem zähnefletschenden, knurrenden Hund mit gesträubtem Rückenfell gegenüberstehen, versuche Sie bitte nicht, ihn durch Streicheln zu beruhigen. Sorgen Sie zuerst für Entspannung, dann klappt das Streicheln auch wieder.

Aggressionsbereitschaft ist also prinzipiell adaptiv und nicht pathologisch, das ist nur ihre Übertreibung. Sie variiert zwischen Individuen einer Population aufgrund genetischer Unterschiede, Geschlecht und der Qualität der (frühen) Sozialisierung bzw. allgemein der sozialen Erfahrung. Das männliche Geschlechtshormon Testosteron kann aggressives Verhalten insbesondere im Zusammenhang mit sozio-sexuellen Konkurrenzsituationen fördern. Diese Beziehung zwischen Hormon und Verhalten ist aber keineswegs zwingend und keinesfalls der einzige verhaltensleitende Faktor. Auch eine stärkere dunkle Pigmentierung kann aufgrund der pleiotropen Wirkungen der Gene des Melanokortin-Systems (Ducrest et al. 2008) bei Felltieren mit einer erhöhten Aggressionsbereitschaft einhergehen. Wahrscheinlich ist es kein Zufall, dass Menschen sich eher vor dunklen als vor hellen Tieren fürchten (Grandin und Johnson 2005); oder dass die sanften großen Esel, welche die Gärten der Schlösser im Habsburgerreich bevölkerten, weiß waren.

Für alle sozialen Tiere gilt jedenfalls, dass aggressives Verhalten nur dann angepasst sein kann, wenn es möglichst sparsam und mit Blick auf die jeweilige Situation angewandt wird. Aber Ausnahmen bestätigen auch hier die Regel. So etwa waren germanische Klans besser vor der Blutrache anderer geschützt, wenn sie einen Berserker in ihren Reihen hatten, also einen jener hyperaggressiven Krieger, deren Morden und Rauben auch zu Friedenszeiten als spirituelle Handlung gesehen wurde. Und bei den territorialen kanadischen Grauwölfen treten 30 % schwarze Tiere auf, möglicherweise, weil sie das Territorium entsprechend entschlossen verteidigen.

Angst kann alle anderen Emotionen dominieren. Während aber Zorn und Aggression eher aktivieren und angriffsfreudig machen, wirkt Angst fluchtauslösend oder lähmend. Angst und Aggression schalten, wie auch der Panik-Depressions-Komplex, die Belohnungssysteme aus, werfen die Stresssysteme an und machen aktionsbereit. Eine wichtige Rolle spielt dabei die Amygdala, der Mandelkern des tiefen Schläfenlappens. Die Reflexionsfähigkeit und die soziale Denkfähigkeit des Stirnhirns werden weggeschaltet; zu viel denken ist bei Gefahr nicht angebracht. Nur weg, muss die Devise lauten. Angst verdummt also gewissermaßen, zumindest kurzfristig. Aber auch langfristig, wenn etwa traumatische Erfahrungen in der frühen Kindheit die optimale Entwicklung des Stirnhirns und damit die geistige, emotionale und soziale Entwicklung behinderten. Bei lange anhaltenden Angststörungen kommt es über hohe Kortisolspiegel zu negativen Auswirkungen auf das Gehirn.

Wie bei so vielen anderen Themen des Lebens macht auch im Falle der Angst die Dosis das Gift. Angst rettet sehr oft Leben, das ist schließlich ihre Funktion. Sie fühlt sich unangenehm an und lässt Menschen wie Tiere möglicherweise gefährliche Situationen vermeiden. Gelegentlich und im richtigen Kontext aktiviert, ist Angst daher ziemlich gesund. Wohl aus Überlebensgründen sind die Gehirne der Säugetiere so gebaut, dass es ihnen leicht fällt, Angst zu entwickeln, aber relativ schwer, stabile Ausgeglichenheit zu erreichen oder glücklich zu leben. Menschen und anderen gescheiten Tieren macht vor allem auch Unerklärliches Angst. Eine hochkomplexe, kaum mehr begreifbare Welt kann stark angstinduzierend wirken, insbesondere, wenn sie mit Medien gepaart ist, die vor allem Negatives transportieren.

Angst wirkt zu allem Überdruss sozial stark ansteckend. Rhesusaffen etwa, die sahen, dass ein Gruppenmitglied starke Angst vor einer Schlange zeigte, entwickelten stärkere Angst vor der Schlange als Äffchen, die ohne soziales Modell mit dieser Schlange in Kontakt kamen. Diese Art der Stimmungsübertragung war lange überlebenswichtig, denn wenn ein paar Individuen in einer Gruppe starke Angst zeigten, war es wohl überlebenswichtiger, sich ihnen anzuschließen und zu flüchten, als zuerst der Sache auf den Grund zu gehen. Auch Menschen und ihre Kumpantiere stecken einander bekanntlich mit ihren Stimmungen an. Einerseits beruhigt die bloße Anwesenheit eines ruhigen Hundes durch den „Biophilieeffekt" (s. oben), andererseits fanden wir in unseren eigenen Untersuchungen, dass hoch „neurotizistische" Personen (eine Persönlichkeitsdimension aus den „Big Five", siehe unten), die sich durch geringe emotionale Stabilität mit einem gewissen Angstanteil auszeichnen, relativ unsichere Hunde hatten. Menschen werden übrigens mit zunehmenden Alter ängstlicher und vorsichtiger, Hunde auch.

Wenn aber Angst bei Menschen oder Tieren stressbedingt, wegen einer extremen Persönlichkeitsausbildung, aufgrund traumatischer Erlebnisse oder auch wegen des grassierenden Alarmismus der Medien zum Dauerzustand wird, dann ist dies höchst unangenehm, gefährlich und auch für die soziale Umgebung unerträglich. Angst hemmt Lernen, Kreativität und geistige Leistungen, bei Menschen wie bei Hunden. Sie macht unglücklich und unempfänglich für die schönen Seiten des Lebens. Dagegen therapeutisch einzuschreiten, kann ebenso wie im Fall schwerer Depression überlebenswichtig sein.

Lust treibt Menschen und Tiere, oft unglaubliche Mühen, Kosten und Anstrengungen auf sich zu nehmen, um – in der Regel – mit Partnern des anderen Geschlechts Geschlechtszellen auszutauschen. Letzteres mag gespreizt klingen, ist aber sachlich richtig. Denn unter „Sex" bezeichnen die Biologen nicht die Handlung des Kopulierens, sondern die Verschmelzung der haploiden Geschlechtszellen (ein Chromosomensatz) zu einem wiederum diploiden Individuum mit zwei Chromosomensätzen, einem vom Ei, einem vom Sperma. Doch daran denken Tiere und Menschen gewöhnlich nicht, wenn sie „Sex haben", also kopulieren. Üblicherweise geht es dabei nicht um die Verschmelzung des Erbmaterials und selten nur um die Vermehrung – der Zusammenhang zwischen Kopulieren und Kinder-Bekommen ist nicht einmal allen Menschen bewusst, geschweige denn anderen Tieren –, sondern vor allem um die Lust.

Und die braucht es offenbar nicht nur beim Menschen. Dass Affenmänner im Zuge der Ejakulation ihre Höhepunkte erleben, ist unschwer nachzuvollziehen. Da man auch den Menschenfrauen bis zu den gesellschaftlichen Erneuerungsbewegungen des 20. Jahrhunderts nicht gerne Lustfähigkeit zubilligte – die weibliche Genitalbeschneidung im afrikanischen Raum ist immer noch erschütternder Beleg dafür –, war es lange unvorstellbar, dass Affendamen Orgasmen haben können. Sie können, wie wir heute wissen. Wahrscheinlich können das auch Wölfinnen und Wölfe, Gänsinnen und Gänse etc. Warum sollten sie sonst in der Paarungszeit derart oft und ausdauernd miteinander kopulieren? Und sicherlich auch die australischen Zwergbeutelratten, deren Männchen sich in stunden- bis tage- und wochenlangen Anstrengungen buchstäblich zu Tode kopulieren. Angesichts der elaborierten Penisse von Käfern nehmen Biologen sogar an, dass diese sexuell selektiert sein müssten und dass Käfer und alle anderen Tiere, die „es" tun,

Lust empfinden sollten. Warum würden sie sich sonst auf diese oft lebensgefährlichen Aktivitäten einlassen? „Triebhaftes Verhalten" klingt nur auf dem Papier klinisch sauber. Tatsächlich ist es immer mit entsprechenden emotionalen Antrieben gekoppelt.

Lust kann eine sehr wirkmächtige Emotion sein, die dafür sorgt, dass Arten nicht aussterben, oft im männlichen Geschlecht auch verbunden mit Dominieren, Monopolisieren und Aggression. Sex und Gewalt sind evolutionäre Brüder. Evolviert wohl im Dienste der Vaterschaftssicherung, sorgt diese Verbindung dafür, dass es insbesondere für das weibliche Geschlecht gefährlich werden kann. Fehlgeleitete Lust kann töten. Obwohl zumindest die menschlichen „Triebtäter" meist die Verderbtheit ihres Tuns einsehen (oder verdrängen), verfallen sie – lustgetrieben – dennoch immer wieder in die eigene Zwangshaltung. Auch der ganz normale Sex in Verbindung mit männlichen Reproduktionsinteressen kann hoch gefährlich sein. So ist der Ex der gefährlichste Faktor für Leib und Leben von Frauen und der neue Freund der Mutter gefährdet ihr noch abhängiges Kind. Und das trifft nicht nur die Menschen. Bei den Stockenten findet man meist ein zu Gunsten der Männchen verschobenes Geschlechterverhältnis, weil relativ viele Weibchen bei Gruppenvergewaltigungen ums Leben kommen.

In der Beziehung zu Kumpantieren spielt Lust hoffentlich keine Rolle, obwohl Sex mit Tieren in der Geschichte der Menschheit nicht immer ein absolutes Tabu war. Aus Sicht der Kumpantiere sorgen wir uns zwar um ihre Nahrung, ihre Unterbringung und meist sogar um ihr soziales Wohl. Dass aber Sex auch zum Leben gehört, wird überwiegend verdrängt. Man kann darüber streiten, ob es tatsächlich zu den Pflichten eines Hundehalters zählt, seinem Flocki auch regelmäßig sexuelle Freuden zu gönnen, wie manche meinen. Kaum zu glauben, welche Hilfsmittel zu diesem Behufe im Internet angeboten werden. Naheliegend übrigens auch, dass man die vor allem in den USA grassierende Frühkastrationsmode bei Hunden nicht nur als Ausdruck der kulturellen Gepflogenheiten und der Bequemlichkeit der dortigen Hundehalter interpretieren kann, sondern auch als konsequente Verdrängung der Sexualität des Kumpantieres. Das ist eine sehr tiefenpsychologische Vermutung, scheint mir aber plausibel in einer Zeit, die einerseits versext, andererseits aber prüde wie nie zuvor daherkommt.

Apropos Tiefenpsychologie: Die klassische Freud'sche Idee, dass die Sexualität der Hauptantrieb für alles und jedes im Leben sei, wurde von der modernen Soziobiologie zumindest für die evolutionäre Ebene der Erklärung von Verhalten umfassend und überzeugend bestätigt. Dies bedeutet aber nicht, dass bei jeder von Menschen und anderen Tieren getroffenen Entscheidung (sexuelle) Lust im Spiel sein muss. Das basale Antriebssystem der Appetenz tut es durchaus. Die Lust scheint doch stark auf die Sexualität und ihre oft seltsame Fetischwelt begrenzt.

Bindung, Liebe und **Fürsorge** (caregiving) sind Seiten derselben Medaille. Es handelt sich dabei auch um das strukturell, physiologisch und psychologisch repräsentierte emotionale Antriebssystem, zunächst für die Fürsorge für den Nachwuchs, in Folge aber auch der Fürsorge für Partner, Freunde und Kumpantiere. Bindung ermöglicht emotionale Zuwendung und erleichtert in Folge auch die tätige Zuwendung. Nach dem klassischen System von John Bowlby und Robert Hinde zeige/n die Mutter/Eltern nach der Geburt Fürsorgeverhalten, unterstützt durch die eigene, hormonell unterfütterte Stimmungslage und die Entwicklung der mentalen Zuwendung über den Verlauf der Schwangerschaft. Die Mutter reagiert aufmerksamer, konzentrierter, exklusiver und empathischer auf ihr Kind, als sie es ohne diese Vorbereitung täte. Wie man mit bildgebenden Verfahren herausfand, springt nach einer vaginalen Geburt und bei selbst sicher gebundenen Müttern angesichts fremder Kinder im Gehirn insbesondere das Belohnungssystem an. Bei Müttern, bei denen eine Bindungsproblematik vorliegt, hingegen eher nicht. Auch auf das zuwendungsheischende Schreien des fremden Kleinkinds reagieren sie oft eher gestresst und genervt als mit empathischer Zuwendung.

Das Baby ist nicht bloß passiver Betreuungsempfänger, es sendet von Beginn an Signale an die Mutter aus. Die Vorgänge um die Geburt bewirken, dass für die Mutter ihre Nachkommen besonders gut riechen und süß aussehen. Im Idealfall reagiert sie hoch sensibel auf die kleinsten Signale des Kindes, das durch die erste Ausbildung seines Bindungsverhalten anzeigt, ob und wann es Betreuung braucht, gestillt werden will, Hautkontakt braucht, gesäubert werden muss. Mutter und Kind stehen von Anfang an in intensiver Kommunikation, sind „ko-reguliert", wie es etwa die US-amerikanische Attachmentforscherin Judith Solomon ausdrückt. Aber bereits in diesem frühen Stadium kann diese weitgehend instinktive Kommunikation zwischen den beiden gestört sein. Etwa durch eine aufgrund ihrer eigenen Betreuungs- und Sozialgeschichte wenig sensitive Mutter oder auch durch ein Kind, das von sich aus mit wenig Änderung seines Verhaltens auf die Betreuungsversuche der Mutter reagiert. Nichts kann eine Mutter mehr frustrieren als ein Kind, das nicht auf ihre Zuwendung reagiert.

Mit der Zeit lernt das Baby die Betreuungsperson(en) kennen und stellt sich in seinem Verhalten auf sie ein. Es entwickelt sein individuelles Attachment-Verhalten, das immer dann anspringt, wenn es unter Stress gerät oder in eine missliche Lage. Oder wenn es sich einfach nur unwohl, krank oder hungrig fühlt. Dieses Verhalten zielt darauf ab, auf Seiten der Betreuungsperson Betreuung und Fürsorgeverhalten auszulösen. Ein solches Zusammenspiel zwischen Nachkommen und Eltern ist in unterschiedlicher, artspezifischer und individueller Ausprägung auch bei anderen Tieren zu finden. Es schützt die Nachkommen vor vielen Gefahren, Fressfeinden, aber auch vor den gar nicht seltenen mörderischen Attacken von Artgenossen. Aus hier nicht zu erörternden Gründen ist Kindermord durch männliche oder weibliche Artgenossen bei Säugetieren und Vögeln gar nicht selten und erzeugte offenbar einen starken Selektionsdruck auf Seiten der Eltern, ihr Kind zu beschützen. Einfach ausgedrückt, hält die Bindung Eltern und Kinder zusammen und sichert deren Versorgung mit Nahrung etc. Die Bindungs- und Fürsorgebeziehung zwischen den beiden sorgt für Schutz gegen alle möglichen Gefahren, und zwar umso ausgeprägter, je abhängiger die Nachkommen sind.

Weil Kumpantiere, insbesondere die „süßen" Jungtiere, die instinktive menschliche Fürsorgebereitschaft ausnutzen, wurden sie mehrfach des „sozialen Parasitentums" geziehen. Kuckucksgleich würden sie uns ausnutzen, sich in unser Bindungssystem einschleichen, uns nahezu zwingen, sie zu betreuen, und dabei auch noch Glücksgefühle auf unserer Seite erzeugen. Einerseits entsteht der Eindruck, dass junge Frauen und Männer heute insbesondere in Städten zunehmend eher mit Hunden oder anderen Kumpantieren leben als mit Menschenpartnern. Leider gibt es dazu keine soziologisch-demographischen Daten. Die Beobachtung verlockt zu der Annahme, diese Tiere besetzten heute jene sozialen Plätze, die evolutionär für Menschenpartner und Kinder reserviert waren. Vielleicht wenden sich junge Menschen Tieren zu, weil ihre Familien zerfallen und elektronische Medien mehr Aufmerksamkeit bekommen als echte Menschen, weil sie wegen der Präkarisierung der Arbeitsbedingungen und damit der Lebensumstände zunehmend Probleme mit Zweierbeziehungen und Familiengründungen bekommen. Mag sein. Man könnte die Sache aber auch positiv sehen: Möglicherweise leben heute viele junge Leute in einer entspannteren, toleranteren und insgesamt humaneren Gesellschaft als die Jugend noch vor 50 Jahren. Sie sind netter und empathischer als ältere Menschen und haben daher auch ein größeres Bedürfnis, mit Tieren zu leben.

Am Beispiel des Lebens mit einem Hund könnte man zum Schluss kommen, dass die „Kuckuckstheorie" zutreffen könnte: Die Haltung eines Hundes kostet über dessen Lebenszeit gerechnet im Schnitt pro Jahr etwa 1000 €,

Hunde beanspruchen enorm viel Zeit und verändern das Verhalten von Menschen und Familien. Wie Parasiten eben. Sie beeinflussen das Urlaubsverhalten, sorgen durch Gebell für Konflikte mit der Nachbarschaft, lösen sich hemmungslos auf Gehsteigen und Parkrasen und drängen Hundebesitzer dadurch fallweise in die Rolle des „sozialen Underdog". Hunde sorgen also für Ärger und Stress und wären überhaupt unnötig, wenn es nach manchen Hundehassern ginge. Zudem wären Hunde, wie Tierschützer gern anmerken, entsprechend den egoistischen Bedürfnissen der Menschen nur noch auf Kindchenschema „qualgezüchtet" wie Chihuahuas oder Möpse, denen beim Husten schon mal das Auge aus dem Schädel kullert (leider kein Witz). Verbieten und abschaffen sollte man sie. So würde wohl ein Hundegegner argumentieren.

Ein Hundefreund würde dagegen ins Treffen führen, dass Hunde wunderbare Sozialgefährten sein können, dass das gemeinsame Leben und die Unternehmungen für Spannung und Entspannung im Leben sorgen, dass der Hund als ausgezeichnetes soziales Schmiermittel gute Sozialkontakte bringt, dass man als Hundebesitzer in den Augen der anderen durchaus Ansehen und Vertrauen genießt, dass Hundebesitzer im Schnitt weltweit etwa 15 % weniger den Arzt aufsuchen, weil sie sich wohler und fitter fühlen als vergleichbare Nicht-Hundehalter und es tatsächlich auch sind. Diese Liste der Vorteile der Kumpantierhaltung ließe sich noch fortsetzen. Sie würde in ähnlicher Form auch für Katzen oder Pferde gelten. Die extrem materialistische Sicht der Kumpantierhaltung trifft also nicht zu. Mag sein, dass wir uns Tieren auch aufgrund der angelegten Fürsorgebereitschaft zuwenden. Aber sie geben als Sozialgefährten und emotionale soziale Unterstützer, als Freizeitpartner und soziales Schmiermittel der Kontaktanbahnung zu anderen Menschen sehr viel zurück, und zwar im Bereich der Schalter für das Glück im Leben.

Depression und Trauer werden vor allem durch Verlust eines wertvollen Bindungspartners ausgelöst. Während die Funktionen anderer Grundemotionen wie Lust, Aggression oder Fürsorge nahezu selbsterklärend auf der Hand liegen, ist dies bei der sozialen Depression nicht der Fall. Sind Trauer und Depression unvermeidliche Nebeneffekte jener Sehnsucht, die Partner zusammenhält, sozusagen als „evolutionärer Kollateralschaden"? Oder sind Trauer und Depression im Sinne der evolutionären Fitness (man denke an die Tinbergen'schen Ebenen) adaptiv, erhöhen also die Reproduktionschancen der Trauernden? Eigentlich ist das kaum vorstellbar.

Gewöhnlich treten Depression und Trauer nur dann auf, wenn der wertvolle Langzeitpartner oder auch die Einbettung in die eigene Gruppe dauerhaft abhanden kommen, etwa durch einen Raubfeind. Das scheinen selbst Graugänse mitzubekommen. Nimmt man etwa an der Konrad Lorenz Forschungsstelle einen Paarpartner unter den Arm und verschwindet um die Ecke des Hauses, so sind Kontaktrufe zu hören, aber das Verhalten des zurückbleibenden Partners erscheint kaum verändert. Fällt dagegen eine brütende Gans einem Fuchs zum Opfer, dann zeigt sich der Partner auffällig inaktiv, hockt mit dem Hals auf dem Rücken aufliegend am Rande der Schar, fällt im Dominanzrang innerhalb der Schar sofort stark nach unten – die Stellung von Graugänsen innerhalb der Scharhierarchie hängt von ihren Partnerinnen und dem Bindungsstatus ab – und läuft bei Anhalten dieses Zustandes Gefahr, der Partnerin relativ bald über den Magen eines Fressfeindes in die ewigen Weidegründe nachzufolgen.

Es bleibt müßig, darüber zu diskutieren, ob Gänse, Elefanten oder andere Tiere nun „trauern", denn damit beziehen wir uns auf ein Gefühl, das Menschen, vielleicht auch andere Tiere, durch *subjektives Erleben* kennen. Wie sich der Verlust eines wichtigen und möglicherweise geliebten Bindungspartners bei anderen Tieren anfühlt, kann ich als Mensch natürlich nicht einschätzen. Einfach anzunehmen, Trauer würde sich bei anderen Tieren wie bei uns Menschen anfühlen, hieße, die Empathie mit diesen anderen durch eine blanke Projektion zu ersetzen, andere Tiere also relativ unreflektiert zu vermenschlichen. Das möchte ich vermeiden. Zweifellos aber können auch andere Tiere in jenen über Verhalten und Hirnchemie definierten Depressionszustand bei Partnerverlust verfallen, den man im Fall starker Trauer auch vom Menschen kennt. Bereits ihr Verhalten gibt darauf klare Hinweise, wie am Beispiel des Graugans-Ganters eben geschildert. Es wirken sogar dieselben Psychopharmaka (Panksepp 2005) wie gegen Depressionszustände bei Menschen. Depression ist also ein recht gut objektivierbarer Zustand, Trauer dagegen nicht.

Da eine soziale Depression universale Begleiterscheinung bei Verlust eines engen Bindungspartners bei Menschen und Tieren zu sein scheint, verwundert es kaum, dass sie regelmäßig auch zwischen Menschen und ihren Kumpantieren auftritt. Menschen trauern ganz ausgeprägt und tief um ihre Hunde und Katzen, manchmal auch um ihre Pferde, Hamster oder Meerschweinchen; oft ist das ein Grund, den verblichenen Tierkumpan nicht gleich wieder durch einen Nachfolger zu ersetzen. Und gar nichts selten verfallen Hunde in depressionsähnliche Zustände, wenn sie ihre Menschenpartner durch Tod verlieren oder weil diese sie wegen der Höherwertigkeit einer Urlaubsreise gegenüber der Beziehung zum Kumpantier im Tierheim abgeben. Hunde können dadurch Verhaltensprobleme entwickeln, stellen gelegentlich sogar die Nahrungsaufnahme ein oder weigern sich, die Grabstätte ihres Menschenpartners zu verlassen. Es ist umstritten, ob dies auch auf Katzen zutreffen kann, die, wenn überhaupt, wesentlich opportunistischer an ihre Menschen gebunden zu sein scheinen als Hunde. Von Pferden als sehr gruppenorientierten Wesen ist die Entwicklung einer Depression bei Verlust des Hauptbezugsmenschen ebenfalls eher nicht zu erwarten, aber aufgrund der ähnlichen Hirnmechanismen nicht auszuschließen. Trauer rührt, verführt andere zum Mitfühlen und löst damit emotionale soziale Unterstützung aus. Langanhaltende Depression dagegen isoliert sozial. Können also Trauer und Depression als Anpassung interpretiert werden? Natürlich kann man sich zu jeglicher Eigenschaft lebender Systeme eine adaptive Geschichte einfallen lassen. So könnte eine Funktion der Trauer sein, Anteilnahme der anderen zu wecken, um eine bessere Integration in die Gruppe zu erreichen, damit den Verlust rasch zu überwinden und eben nicht in eine soziale Depression zu verfallen. Trauer hilft Menschen, mit Verlusten zurechtzukommen. Im Falle der krank machenden und lebensbedrohenden Depression dagegen fällt mir kaum eine adaptive Erklärung ein. Am wahrscheinlichsten scheint mir, dass es sich dabei um ein Überschießen des Bindungssystems handelt.

Kinder **spielen,** Erwachsene manchmal auch, bei Menschen und bei anderen Tieren. Steht am Ende einer Bindungsbeziehung Trauer, so ist an deren Anfang meist Spiel beteiligt. Man weiß, dass viele Säugetiere und auch Vögel spielen. Und ernsthafte Verhaltensbiologen erklären dem staunenden Publikum, dass sogar Schildkröten spielen (Burghardt et al. 1986). Gewöhnlich erkennen wir es, wenn Menschen oder andere Tiere spielen. Menschen und andere soziale Tiere haben, so scheint es, einen eingebauten „Spiel-Detektor", der signalisiert, wann es ernst ist und wann nicht. Dennoch fällt es der Wissenschaft schwer, Spiel zu definieren, und noch schwerer, zu erklären, wozu Spiel eigentlich gut sein soll. „Übung für den Ernstfall", hieß es dazu früher. Eine langweilige und viel zu oberflächliche Erklärung, wie viele heute meinen. Im Spiel werden oft „übertriebene" Bewegungen gezeigt, es wird gesprungen, die Pfoten fliegen etc. Im Spiel wird offensichtlich nicht auf die Ökonomie der Bewegungen geachtet. Nicht nur viele Fleischfresser, auch junge Huftiere zeigen eine recht charakteristische Spielaufforderung. Während der Körper vorne tief hinuntergeht, fast eine Art Verbeugung macht, oder Bocksprünge aufgeführt werden, schaut der Spielwillige den anderen an: ein klares Signal, mitzumachen. Es scheint sich bei dieser Verhaltensweise zumindest um eine Säugetieruniversalie zu handeln.

Menschen und Tiere spielen miteinander oder sie spielen mit Wasser, Blättern, Sand, Stöckchen etc. Objektspiel ist immer auch Forschen. Kinder etwa mischen Objekt- und Rollenspiele in ihrer Beschäftigung mit Spielzeugautos, Puppen oder Naturstoffen. „Er lernt Physik", meinte Konrad Lorenz einst angesichts eines Dreijährigen, der kreativ in Wasser und Schlamm plantschte. Tiere lernen, was sie an Alltagsphysik können müssen, ebenfalls im Spiel. Hunde- und Wolfswelpen plantschen ausgiebig, Katzenwelpen und Katzen kann man stundenlang mit Federspielen beschäftigen usw. Auch Wölfe und Katzen sollten wissen, wie die Schwerkraft wirkt und in welchem Winkel man laufen oder springen muss, um die flüchtende Beute abzufangen.

Nicht alles, was danach aussieht, ist allerdings Objektspiel. So etwa dient im „King-of-the-Castle"-Spiel, bei dem ein Wolf oder ein Hund sein Stöckchen mehr oder weniger knurrend vor Artgenossen oder Menschen hütet, das Objekt nur als Mittel zum Zweck; entweder um Dominanz zu zeigen oder um den anderen zum Spiel aufzufordern. Das kann in ein wildes, aber nettes Spiel münden oder in einem Biss enden, je nachdem. Es verdeutlicht, dass man im Rahmen des Spiels den anderen zu interpretieren lernt, meist nett, manchmal aber auch auf die harte Tour. Denn Spielen kann auch in Aggression eskalieren. Spiel ist also nicht einfach Spiel, aus Spiel kann Ernst werden und umgekehrt. Erst die Einschätzung des Zusammenhangs erlaubt es, vorsichtig auf die jeweilige Funktion zu schließen.

Spiel besteht aus Verhalten, das von seiner eigentlichen Funktion her nicht in den Zusammenhang passt. Man könnte Spiel also als Verhalten definieren, das dem „Überlebenskampf" ganz offensichtlich nicht direkt dient, wenn man es denn schon so verbissen martialisch sehen will. Bereits wenige Wochen alte Hundewelpen jagen und beißen einander oder reiten aufeinander auf. Sie zeigen Verhaltensweisen aus den Funktionsbereichen der Jagd, des Kampfes und der Sexualität, lange bevor sie diese Verhaltensweisen im „ernsten Zusammenhang" benötigen. Darum liegt der Verdacht nahe, Spiel würde dem Training für den Ernstfall dienen, es sei „Körperertüchtigung". Letztlich ist das eine historische Idee aus dem Fundus des deutschen Idealismus. Wenn man Hundewelpen beim sozialen Spiel zusieht, fällt auf, dass einer sanfter ist als der andere, manche ausdauernder, andere wieder wilder. Und gelegentlich jault einer auf und zieht sich „beleidigt" zurück, wenn der Spielbiss des anderen allzu heftig ausfiel. Spiel dient also sicherlich dem gegenseitigen Kennenlernen und dem Aufbau der mentalen sozialen Repräsentationen über andere. Ob Spiel evolutionär wirklich als „Training für den Ernstfall" entstand, bleibe dahingestellt. Dass es dem entspannten gegenseitigen Kennenlernen dient, auch dem Abbau von Spannungen und dem gefahrlosen Testen des anderen, ist dagegen sicher.

Da das individuelle Temperament relativ stabil bleibt, kann man die Erwartungshaltung bezüglich der wahrscheinlichen Reaktionen anderer auf den im Spiel gemachten Erfahrungen aufbauen. Ein Spielgefährte, der sich als grober Heißsporn herausgestellt hat, wird am nächsten Tag kaum zum sanften Lämmchen mutieren. Spiel dient sicherlich auch zum Ausloten der Grenzen, was im sozialen Umgang geht und was nicht. Beißt man zu fest zu, verliert man den Spielkameraden, und passiert das zu oft, wird man vielleicht sogar gemieden. Versuche an jungen Kolkraben zeigten, dass sie Spielzeug anders verstecken als Nahrung. Nämlich vor den Augen anderer, sozusagen als Spielaufforderung zum Plündern des Verstecks. Die Geschwister steigen in dieses Spiel ein oder auch nicht. Es zeigte sich, dass die erwachsenen Raben ihre Futterverstecke im Beisein der anderen nach den im Spielzeugversteck-Spiel gemachten Erfahrungen gestalten (Bugnyar 2007; Kotrschal et al. 2007).

Tatsächlich lernen Kleinkinder vieler Tierarten nicht so sehr von den Erwachsenen, wie man sich mit anderen verhält, sondern vom Umgang mit gleichaltrigen Spielgefährten. So etwa entdeckten Robert Hinde und seine Frau, Stevenson Hinde, beide von der Universität Cambridge, dass Rhesusäffchen, die zwar mit Mutter, aber ohne Gleichaltrige aufwuchsen, lebenslang Probleme hatten, sich angemessen in der Gruppe zu verhalten (Hinde 1998). Sie gebärdeten sich im Verfolgen ihrer Ziele entweder zu schüchtern oder zu aggressiv. Es fehlte ihnen eindeutig an angemessener sozialer Kompetenz. Ganz anders dagegen ihre Artgenossen, die zwar ohne Mutter, aber mit Spielgefährten aufwuchsen. Sie entwickelten sich zu weitgehend „normalen", also sozial kompetenten, wenig aggressiven Jungaffen. Dies bedeutet nicht, dass die Mutter entbehrlich wäre. Sie bietet durch ihr Fürsorgeverhalten Schutz und Nahrung und prägt das Selbstbewusstsein bzw. die soziale Vorsicht ihrer Nachkommen lebenslang durch ihr Betreuungsverhalten. Selbstbewusste Mütter, die ihren Nachkommen Freiräume geben, ziehen selbstbewusste Kinder groß. Der Nachwuchs klammernder Mütter entwickelt sich eher ängstlich-unsicher. Was die Mutterlosigkeit der nur mit Spielgefährten aufgewachsenen Äffchen bezüglich der Grundeinstellungen ihrer Stress- und Oxytocinsysteme bewirkte, kann man nur vermuten. Ganz ohne Wirkung im Sinne der Bowlby'schen Bindungstheorie wird es wohl nicht geblieben sein.

Vorsichtige Querverweise auf Menschen und Hunde sind hier durchaus angebracht. So scheint es besonders für Einzelkinder wichtig, schon frühzeitig regelmäßige Erfahrungen mit Gleichaltrigen zu machen, gleich ob Hundewelpe oder Mensch. Welpenspielgruppen sorgen für soziale Kompetenz im Erwachsenenalter. Dass man deswegen schon Unterzweijährige für acht Stunden täglich bei wechselnder Betreuung in Kinderkrippen stecken sollte, würde ich davon aber nicht ableiten. Und klar ist, dass ängstliche Eltern, die ihren Kindern wenig zutrauen, unsichere und ängstliche Kinder produzieren. Das Kind vor dem Computer im Zimmer in Sicherheit zu wissen, mag beruhigen, bringt aber für Menschenkinder, deren vorgesehenes Entwicklungsbiotop die „freie Wildbahn", also Straße, Wald, Wiese und Bach, ist, vorhersagbar Probleme in ihrer körperlichen, emotionalen und sozialen Entwicklung. Mit dem Älterwerden verlieren Menschen viel an Unbekümmertheit, werden „neurotizistischer", also überlegter, ängstlicher und auch emotional instabiler. Erstelternschaft über 40 liegt im Trend. Solche Eltern mögen überlegter erziehen als 20-Jährige, sie tendieren aber auch zum Überbehüten ihrer meist wenigen Kinder, was ängstliche Kinder ergibt. Unsere Gesellschaft wird dadurch vorhersagbar angstorientierter und noch regelversessener werden, als sie ohnehin schon ist.

Spiel kann vor allem im „entspannten Feld" stattfinden, heißt es. Im Sinne der Lorenz'schen „Hierarchie der Instinkte" wäre es auch unwahrscheinlich, dass angsterfüllte Individuen spielen. Tatsächlich lösen wir am Wolfsforschungszentrum gelegentlich spontanes Spiel zwischen erwachsenen Wölfen aus, wenn wir sie in einer Gruppe von mehreren Menschen, die sie aufgezogen haben, in ihrem Rudelgehege besuchen. Offenbar entspannt die Gegenwart der „Zieheltern", von denen sie niemals Negatives erfuhren, unsere ehemaligen Welpen in einem Ausmaß, dass sie spontan relativ kindlich spielen. Aber man muss schon genau hinsehen. Denn es kann jener niederrangige Wolf das Spiel anzetteln, der gelegentlich im Rudel als „Blitzableiter" dient. Offensichtlich geht es dabei um das Entspannen der sozialen Situation, um eine Verbesserung der Beziehungen zu den Höherrangigen. Oder das Spiel bricht zwischen relativ Gleichrangigen aus, die selbst noch nicht wissen, wie sie in der Hierarchie zueinander stehen. Vorhersagbar wird in einer solchen Spielsituation sanft eskaliert, das Spiel wird rauer und endet in einer wilden Verfolgungsjagd – immer noch Spiel, aber mit deutlich ernsthaften Komponenten. Dieses Spiel dient offenbar dem gegenseitigen Testen vor allem der mentalen Einstellungen. Man stellt so fest, wer der beiden eher beharrt, wer eher nachzugeben bereit ist. Sicherlich finden solche Spiele immer noch im entspannten Feld statt, aber nicht ganz. Spannungsabbau oder aber soziales Testen ist beim Spiel fast immer Thema und können ineinander übergehen.

Es ist durchaus in Ordnung, mit Welpen und erwachsenen Hunden Zerr-, Lauf- und Beißspielchen zu veranstalten, solange man als menschlicher Partner immer sehr klar entscheidet, wann und wie lange diese Spiele andauern, und sofern es sich nicht um Hunde handelt, die rassebedingt eine Überbetonung dieses Spiels mitbringen, etwa Staffordshire Terrier. Deren Neigungen sollte man durch wildes Spiel nicht auch noch fördern. Wenn man auf die Spielaufforderung des Hundes eingeht, sollte man zumindest in der Lage sein, das Spiel jederzeit und klar zu beenden. Kein raues Spiel mit einem Kumpantier ohne Exit-Strategie! Denn solche Spiele können auch zwischen Hunden und Menschen in eine Testsituation und manchmal sogar in Übergriffigkeit und Fouls durch den Hund ausarten (wir konnten das aber auch schon bei den menschlichen Partnern von Hunden beobachten). Das kann rasse- oder charakterbedingt sein oder daran liegen, dass der Rüde – Hündinnen sind meist weniger rau beim Spielen – gerade in den „Flegelmonaten" (etwa zwischen dem 7. und 18. Monat) steckt. Mein erster Eurasierrüde eskalierte bis ins Alter in den rauen Spielen; ich musste immer abbrechen, weil er zu grob wurde. Das wäre ihm mit unseren Kindern nie eingefallen. Manche Terrier verhalten sich ähnlich. Solange der Partnermensch sie wieder „nach unten" bringen kann, stellt das kein Problem dar. In seltenen Fällen passieren aber Bissattacken gerade auf Kinder aus eskalierendem Spiel heraus oder die Spielmotivation leitet plötzlich in Jagd über und aus menschlichen Spielgefährten wird der Beutesimulator. Gottlob passiert das sehr selten, kommt aber vor.

Wenn nicht gerade grob eskaliert wurde, wird Spielen als angenehm empfunden, mündet in ein entspanntes Gefühl. Spiel scheint sehr eng mit anderen Emotionssystemen verschaltet, etwa Interesse, Aggression, Lust, Angst oder Fürsorge, vor allem aber mit den hirninternen Belohnungssystemen, die gewöhnlich während des Spiels oder nachher anspringen. Im Wesentlichen spielen Menschen und Tiere gerne, wenn ihre Grundbedürfnisse befriedigt sind. Wenn noch Zweifel bestehen, wieviel wir mit anderen Tieren gemeinsam haben, dann sollte man das Erleben im Spiel mit gut sozialisierten Tieren wirken lassen. Wir tollen mit Hund oder Katze (mit Pferden gestaltet sich das schwieriger, geht aber auch, wenn man nur will, es sensibel angeht und das Pferd sich seiner Kraft und seines Gewichts bewusst ist). Mal ist das Spiel sanfter, mal rauer, geht in Streicheln über, wir fühlen uns großartig oder brechen auch mal mehr oder weniger empört das Spiel ab, weil der andere nicht ganz „fair" war, also nicht so entspannt, wie es einer Spielsituation eigentlich zukäme. Im Spiel können wir einander sehr nahe kommen, einander in unserer Ähnlichkeit buchstäblich spüren. Im Spiel lernt man einander kennen und schätzen, Spiel führt zusammen, auch Menschen mit Tieren.

Emotionen zeigen: „Erbkoordinationen"

Der Ausdruck der Emotionen durch Körpersprache, Mimik, die Art, wie wir uns bewegen und wie andere darauf reagieren, ist besonders deutlich an spielenden Menschen oder Tieren zu beobachten; im Spiel wird meist „übertrieben". Zudem entspinnt sich Sozialverhalten um die tragende Säule des Ausdrucks der Emotionen, was Charles Darwin (1872) sein zweitwichtigstes Buch wert war. Die von ihm so benannten *expressions of emotion* sind zudem ein typisches Beispiel für Reiz-Reaktions-Verhalten. Im Sinne von Konrad Lorenz wäre das Lachen meines Gegenübers jener Schlüsselreiz, der bewirkt, dass meine eigenen Mundwinkel nach oben gehen und ich mich fröhlich fühle. Dieser Ausdruck der Emotion durch den anderen bewirkte also bei mir einen ganz ähnlichen Zustand, ohne dass ich viel darüber nachdenken musste, ob mir das nun passt oder nicht. Ein Schlüsselreiz bewirkte meine recht unmittelbare Reaktion.

Gerade am Beispiel von Attachment und Fürsorge wird deutlich, dass wir nicht nur rasche und zuverlässige Wahrnehmungsmechanismen benötigen, sondern auch rasch die relevante Antwort parat haben müssen. Wenn den Kleinen Gefahr droht, dann wäre das Anwerfen einer komplexen Logik lebensgefährlicher Luxus. Dafür verfügen wir über evolutionär und in der Individualentwicklung angelegte motorische Verhaltensmuster, um auf bestimmte Reize und Situationen rasch und angemessen reagieren zu können. Dies gilt besonders auch für das soziale Zusammenleben. Man kommt authentisch rüber, wenn man bei einer Begegnung spontan lächelt; nicht aber, wenn man vorher darüber nachdenkt, ob Lächeln nun angemessen sei oder nicht. Generell besteht Authentizität darin, dass der emotionale Zustand und der Ausdruck der Emotionen einander einigermaßen entsprechen. Das ist übrigens auch eine wichtige Regel im Umgang mit Kumpantieren; wenn wir etwa unserem Hund gegenüber immer verbergen, dass wir uns kräftig über ihn freuen und gelegentlich auch ärgern etc., wird das seine Sicherheit uns gegenüber nicht gerade fördern. Wer lebt schon gerne mit einem sozialen Zombie?

Unterschiedliche Tierarten zeichnen sich nicht nur durch Unterschiede in den körperlichen Merkmalen und psychischen Dispositionen aus, sondern auch durch unterschiedliche Verhaltensmuster, die ähnlich wie körperliche Merkmale hochgradig genetisch erblich sind (Lorenz 1978; Tinbergen 1951). So sieht die Mimik eines Menschen erheblich anders aus als die eines Hundes, aber das Prinzip des Ausdrucks der Emotionen durch vorgefertigte motorische Muster ist zwischenartlich identisch. Alle Tierarten zeigen ein artspezifisches Repertoire von relativ stereotypen Verhaltensweisen. Diese vorgefertigten Verhaltensweisen, die elementaren Einheiten von Verhalten, bezeichnete Konrad Lorenz sehr treffend als „Erbkoordinationen". Der Name deutet darauf hin, dass diese artspezifischen Verhaltensweisen hochgradig erblich sind, „angeboren", sozusagen. Dies wäre aber ein unglücklicher Ausdruck, weil sich selbst Erbkoordinationen nicht allein auf Basis des genetischen Fahrplans, ohne Zutun von Umwelteinflüssen ausbilden.

Zu den Merkmalen von Erbkoordinationen zählt, dass sie bereits früh in der Individualentwicklung vorhanden sind, bereit für Situationen, in denen sie gebraucht werden (Eibl-Eibesfeldt 1999). Ich staunte 1991 nicht schlecht, als ich bei einem von mir handaufgezogenen dreiwöchigen Graugansgössel die typischen Nestbaubewegungen sah, zwei Jahre, bevor das Tier diese Verhaltensweise tatsächlich benötigte. Die anpassende Natur der Erbkoordinationen – indem sie parat sind, wenn man sie braucht – bedeutet aber nicht, dass ihre Ausübung immer und überall sinnvoll oder adaptiv wäre. Beim Jagen oder auch in komplexen sozialen Situationen wäre es natürlich gar nicht gut, wenn jeder entsprechende Reizimpuls sofort reflexiv mit der entsprechenden Erbkoordination beantwortet würde. Oft ist Zurückhaltung angesagt, Kontrolle durch einen kognitiv gesteuerten Hemmmechanismus. Bei den Säugetieren besorgt dies das Stirnhirn.

Der Unterschied zwischen Erbkoordinationen und den bekannten Pawlow'schen Reflexen besteht unter anderem darin, dass Erstere nicht einfach ablaufen wie ein Schuss, der, einmal ausgelöst, mit maximaler Intensität verläuft. Wie intensiv ich etwa lächle, hängt sowohl von der Reizstärke als auch von meiner Gestimmtheit ab. Bin ich gut drauf und treffe auf eine besonders nette Person, werde ich strahlen wie die Sonne. Erbkoordinationen sind also an eine bestimmte Reizkombination, den darauf abgestimmten Wahrnehmungsmechanismus (zusammen der so genannte Auslösemechanismus) und an den Motivationszustand gebunden (Tinbergen 1951; Marler und Hamilton 1966). Ihre Intensität folgt aus der inneren Gestimmtheit und aus der Intensität der Reizsituation („Prinzip der doppelten Quantifizierung"; Baerends et al. 1955). Bündel von Erbkoordinationen bilden im

Zusammenhang mit bestimmten Funktionen so genannte Verhaltenssysteme, die angemessenes individuelles Funktionieren in wichtigsten Bereichen gewährleisten, etwa Sexualität und Reproduktion, Bindung oder Fürsorge.

Diese artübergreifenden Prinzipien der Verhaltensorganisation treffen insbesondere auch auf den Ausdruck der Emotionen zu, welche Mimik und Körpersprache bestimmen (Darwin, 1872). Sie sind auch beim Menschen artspezifische „Universalien", werden also weltweit und unabhängig von der Kultur in ganz ähnlicher Weise gezeigt, mit nur wenig individueller und kultureller Variabilität (Eibl-Eibesfeldt 2004). Sie bilden bei allen Arten das Rückgrat der sozialen Kommunikation. Da aber Erbkoordinationen artspezifisch sind, stellt sich die Frage, wie sie in den Dienst der zwischenartlichen Kommunikation treten können. Einerseits ergibt sich durch diesen Verhaltensaufbau in seiner Regelhaftigkeit eine gewisse Vorhersagbarkeit und Berechenbarkeit des Verhaltens des anderen, gleich ob Wespe oder Hund. Andererseits ist beim Interpretieren der von anderen gezeigten Gefühle ein erhebliches Maß an Lernen im Spiel, insbesondere in der frühen Entwicklung.

Den größten Reichtum an Gesichtsmuskeln unter allen Tieren zeigen übrigens die Menschen. Diese Muskeln dienen nahezu ausschließlich dem Ausdruck von Gefühlen. Systematisch erforscht und beschrieben wurde dieses System beim Menschen vom US-amerikanischen Psychologen Paul Ekman (2007). Der Eindruck, dass Menschen gewissermaßen die am radikalsten sozialen Tiere seien, ergibt sich nicht nur aus diesem höchst differenzierten Gefühlsausdruck-Apparat. Geht die soziale Frühbetreuung völlig schief, etwa bei der Unterbringung von Säuglingen mit wechselndem Betreuungspersonal ohne emotionale Zuwendung, können Kinder trotz ansonsten guter Pflege sogar sterben oder sie überleben nur mit schweren physiologischen und seelischen Schäden. Und Menschen sind derart sozial besessen, dass sie letztlich am meisten an den Beziehungen anderer interessiert sind. Boulevardzeitungen, Film und TV sind von Liebe, Intrige, Mord und Totschlag beherrscht. Wir vermenschlichen sogar Computer und Autos und gliedern sie auf diese Weise sozial an uns an. Kein Wunder, dass auch unsere Beziehungen zu unseren Kumpantieren von dieser Sozialmanie beherrscht werden, vom ständigen Spiel der Nähe- und Distanzregulation, das auch das menschliche Leben beherrscht.

Empathisch durch Spiegelneurone

Emotionen anderer in allen ihren Nuancen lesen zu können, gilt als Kern des Einfühlungsvermögens und damit der emotionalen Kompetenz. Emotionserkennung kann durch gute Frühsozialisierung, durch Training, durch den Einfluss des Sozialhormons Oxytocin etc. zwischen Individuen und Situationen variieren. Die dafür nötige Hardware, um den Ausdruck der Emotionen bei Empfängern in ein ähnliches Empfinden und vielleicht in eine soziale Reaktion zu übersetzen, bekommen zumindest Säugetiere und wahrscheinlich auch Vögel bei der Geburt/beim Schlüpfen als evolutionäre Anpassung an das Sozialleben mitgeliefert. So genannte Spiegelneurone scheinen als zentrale Bausteine dieser grundlegenden Fähigkeit zum Mitfühlen mit anderen zu wirken.

Spiegelneuron-basierte Verhaltenssysteme sind Reflexsysteme, die Gesehenes in eine ähnliche Reaktion beim Empfänger umsetzen. Um etwa einen Fußball zu treten, springen beim Spieler Nervenzellen in der Großhirnrinde an, die zunächst über die Aktivierung von weiteren Nervenzellen im so genannten motorischen Kortex Nervenimpulse in Richtung Rückenmark in Gang setzen, die schließlich die dortigen motorischen Nervenzellen enthemmen, um die Beinmuskeln so zu aktivieren, dass der Fuß den Ball trifft. Dieselben Nervenzellen werden aber auch in der Großhirnrinde aktiv, wenn man nur einem Fußballspieler zusieht. Man muss deswegen nicht automatisch dieselbe Bewegung ausführen, aber die Möglichkeit dazu besteht. Dieser stammesgeschichtlich wahrscheinlich recht alte Mechanismus dient im Grunde dazu, die Mitglieder einer Gruppe in ihren Aktivitäten zu synchronisieren und zu koordinieren (Krause und Ruxton 2002).

In ähnlicher Weise werden offenbar Spiegelneurone aktiv, wenn wir sehen, wie unser Gegenüber mimisch Emotionen ausdrückt, lacht, weint etc. (Rizzolatti und Sinigalia 2007). In diesem Fall nähert sich nicht nur der Gesichtsausdruck des Beobachters dem Beobachteten an, es kommt auch zur Stimmungsübertragung oder „emotionalen Ansteckung" (Rizzolatti und Craighero 2004). Auch für Gehörtes scheint es Spiegelneurone zu geben, wie unlängst bei Vögeln herausgefunden wurde (Prather et al. 2008). Es ist erfahrungsgemäß schwierig, sich einer allgemeinen Erheiterung oder auch der Trauer bei einem Begräbnis zu entziehen, selbst dann, wenn man dem Verstorbenen nicht sehr nahestand. Da Spiegelneurone selbst bei der Beobachtung von Robotern aktiv werden (Gazzola et al. 2007), ist davon auszugehen, dass sie auch anspringen, wenn wir unsere Hunde beobachten, und auch umgekehrt. Noch unbekannt ist, ob Spiegelneurone einfach immer reflexartig anspringen oder ob sie besonders dann aktiv werden, wenn wir am beobachteten Individuum, Mensch, Tier oder Roboter zumindest Interesse oder sogar eine affektive Beziehung zu ihm haben. In anderen Worten: Es ist noch unbekannt, ob und wie weit Spiegelneurone unter der modulierenden Kontrolle des Stirnhirns stehen.

Spiegelneurone bilden also wahrscheinlich die Grundlage für die Fähigkeit, nachzuahmen, was andere tun, aber auch dafür, die Absichten anderer zu erkennen oder sich über einfache emotionale Ansteckung in andere hineinversetzen zu können, also „emotional empathisch" zu sein (De Waal 2008; Gallese et al. 2004). Das mag als emotionale Version der „theory of mind" gelten. Jegliches Sozialleben beruht auf der Kommunikation von Emotionen. Spiegelneurone sind ein wichtiges Werkzeug dafür. Eine geistig anspruchsvollere Form der Empathie stellt die Fähigkeit dar, besorgt um andere zu sein, charakterisiert durch eine Kombination von emotionalem Gleichklang mit anderen und einem zumindest teilweisen Verständnis der Situation des anderen und deren Ursachen. Das wiederum kann die Einsicht generieren und den Entschluss reifen lassen, tätig zu werden.

Beginnt etwa unser Hund beim Spaziergang zu humpeln, dann *müssen* wir das einfach bemerken. Gewöhnlich springt Mitgefühl an, wahrscheinlich auch unter Vermittlung von Spiegelneuronen, ganz unwillkürlich wird unsere „emotionale Empathie" aktiviert. Damit nicht genug, wir werden wohl auch über das Humpeln des Hundes nachdenken und entsprechend handeln. Wir werden seine Pfote untersuchen und er wird dabei sichtlich, manchmal theatralisch überhöht, leiden und so unsere emotionalen Spiegelneurone weiter aktivieren. Je nach Ergebnis der Untersuchung werden wir die Hundepfote behandeln bzw. den Tierarzt aufsuchen. Wölfe können das übrigens auch. So hinkte Geronimo, der große und starke Timberwolf-Rüde des Wolfsforschungszentrums, wegen einer verletzten Zehe in sehr ausgeprägter Weise, als seine menschlichen Partner nahe waren. Glaubte er sich unbeobachtet, lief er ganz normal. Zuwendungsheischendes soziales Theater ist bei hoch sozialen Tieren offenbar ganz normal. Es bewirkt über die Aktivierung der Spiegelneurone Zuwendung, zumindest von Bindungspartnern. Fremde oder Rivalen könnten darauf aber ganz anders reagieren, etwa auf ein Zeichen der Schwäche hin aggressiv. Geronimos Empathie-Theater lässt also, wie ähnliches Verhalten von Hunden ihren Menschen gegenüber, auf eine tiefe Vertrauensbeziehung schließen.

Diese Hierarchie der Komplexität der empathischen Zuwendung, vom reflexartigen Mitgefühl zum wohlüberlegten Handeln (De Waal 2008; Zahn-Waxler et al. 1984) steht offenbar auch in enger Verbindung mit dem Belohnungssystem im Gehirn. Andere, insbesondere Nahestehende, leiden zu sehen, tut weh, macht Angst; helfen zu können, gibt dagegen ein angenehmes Gefühl. Wir haben uns wirksam gekümmert. Selbst wenn damit etwa die Verletzung oder die materielle Armut des anderen nicht behoben wurde, bewirkte unser empathisches Verhalten, dass das Gegenüber von uns zumindest emotional unterstützt wurde, was meist ausreicht, um das subjektive Leid zu verringern. Das Stirnhirn koordiniert die Emotionen mit der Einsicht und weist das Belohnungssystem an, die entsprechenden Botenstoffe auszuschütten. Empathisches Reagieren verbessert daher das Wohlbefinden sowohl des Hilfsbedürftigen als auch des Helfers und kann daher im weiteren Sinne auch als soziale Kooperation angesehen werden. Diese positiven Effekte für den Helfenden werden in Altruismusdebatten oft übersehen.

So steht der „empathische bzw. altruistische Impuls" sicherlich an der Basis des Einfühlungsvermögens. Damit ist die ohne Nachdenken zustande kommende Spontanreaktion auf die prekäre Notlage eines anderen gemeint, die dem zu Hilfe Kommenden keinen unmittelbaren Vorteil bringt und bei einer Reihe von Tieren, einschließlich Mensch, beobachtet wurde. Gelegentlich retten Delfine Schwimmer, Schimpansen fischten in Zoos bereits Kinder von Besuchern aus dem Wassergraben, offenbar ganz ohne böse Absicht – die sonst gar nicht so harmlosen Schimpansen taten diesen Kindern nichts. Retten triggert eben Fürsorge, nicht aber Aggression oder Jagdtrieb. Aus dem Fenster fallende Kinder wurden von Passanten aufgefangen. Das alles geschieht offenbar „spontan", also ohne langes Nachdenken. Viel spricht also dafür, dass wir mit anderen Tieren nicht nur die Grundemotionen teilen, sondern auch die Fähigkeit, emotional miteinander in Verbindung zu treten, uns wechselseitig empathisch einzuklinken, und einander damit auch spontan beispringen zu können.

Offenbar funktioniert empathisch-altruistisches Handeln nach Art eines „Babuschka-Modells". Dessen Kern, die emotionale Ansteckung, mag stammesgeschichtlich viel älter und weiter verbreitet unter den Wirbeltieren sein als bisher angenommen. Dem Modell zufolge werden die äußeren, eher verstandesbestimmten und stammesgeschichtlich jüngeren Schichten/Mechanismen dann zugeschaltet, wenn sie artspezifisch vorhanden sind und dem Zusammenhang entsprechend tatsächlich gebraucht werden. Die kognitive Hülle etwa wird dann aktiviert, wenn es um die Entscheidung geht, finanzielle Hilfe für Notleidende zu leisten oder nicht. Allerdings benötigen wir noch wesentlich mehr und genauere Befunde an Reptilien, Amphibien und Fischen, um beurteilen zu können, über welche Bereiche des Stammbaums die Spiegelneuronensysteme und der „altruistische Impuls" verbreitet sind.

Es fällt Menschen schwer, über ihre wahre Emotionslage verbal und durch „Schauspielern" zu täuschen. Innerlich angespannt, wird man keinen einfühlsamen Gesprächspartner abgeben können, und im Falle einer schweren Verstimmung Fröhlichkeit zu mimen, misslingt in der Regel. Authentizität besteht vor allem in der angemessenen Kommunikation der Emotionen. Tiere können sich diesbezüglich nicht verstellen (na ja, Raben, Schimpansen und Wölfe vielleicht in Ansätzen) und Menschen sollten es nicht. Es fällt Menschen auch schwer, verbal-inhaltlich glaubwürdig zu lügen. Diese hohe Kunst sozialer Kommunikation braucht viel Training. Wenn man mich beschuldigt, das letzte Kuchenstück genommen zu haben, und ich streite das einem inneren Impuls und der Bestrebung folgend ab, sozial nicht in Ungnade zu fallen (man könnte das auch als feige bezeichnen), dann funkt mein auf moralisches Verhalten (was man anderen zumuten darf und was nicht) getrimmtes Stirnhirn dazwischen, indem es mich in einen inneren Konflikt stürzt. Einerseits will ich nicht als Egoist dastehen, andererseits flüstert mein Stirnhirn, ich hätte schändlicherweise gelogen. Dieser innere Konflikt wird sich in meiner Körpersprache, meiner Stimmtönung, meiner Mimik ausdrücken und mag von meiner Umgebung entdeckt werden.

Lügen erkennen kann man trainieren. Genauso wie Verhaltensbiologen durch die ständige Beschäftigung mit dem Verhaltensausdruck von Tieren gewöhnlich immer besser darin werden, diese zu lesen, trainieren etwa Vernehmungsbeamte und „Profiler", auch die kleinsten Gemütsregungen ihres Gegenübers zu deuten. Das wissen natürlich auch die des Einbruchs oder des Mordes Beschuldigten, deren innerer Konflikt durch das Wissen über diese Kompetenz ihrer Gegenüber verstärkt wird, was sie noch besser lesbar macht. All diese komplizierten Spielchen finden wir bei Menschen, kaum aber bei anderen Tieren und aufgrund des zwischenartlichen Authentizitätsprinzips kaum zwischen Menschen und Kumpantieren. Tiere können allenfalls Absichten verbergen. Die voll ausgeprägte Lüge dagegen bedarf der voll ausgebildeten menschlichen Sprache. Diese erst macht den Gegensatz zwischen dem Gesagten und der dabei gezeigten Körpersprache möglich, welcher für die Lüge so charakteristisch ist.

Die komplexen sozialen Spiele um das inhaltliche Lügen hängen also ursächlich mit der menschlichen Sprachfähigkeit zusammen. Sie machen einerseits unser Sozialleben interessant und geben dem sozialen Verstand Gelegenheit, sich zu bewähren. Andererseits ermüdet die Allgegenwart dieser Spielchen in der Gesellschaft, in Wirtschaftsleben, Schule, Politik und Kirche. Die milde Form der Lüge äußert sich bekanntlich im heute ubiquitären Mehr-Schein-als-Sein-Prinzip oder im Anderen-nach-dem-Munde-Reden. Die Dichte der Lügen in den modernen Scheinwelten befeuert die Sehnsucht nach einer heilen, also authentisch-einfachen Welt und damit auch nach einem Leben mit Kumpantieren.

Sozialfähig durch Impulskontrolle: das Stirnhirn

Dass uns das Stirnhirn sozial angepasstes Verhalten ermöglicht, weiß man spätestens, seit dem amerikanischen Vorarbeiter Phineas P. Gage beim Eisenbahnbau ein tragischer Unfall passierte. Der bei seinen Kollegen allseits beliebte, sozial kompetente Gage übernahm gefährliche Arbeiten gewöhnlich selbst, etwa das Verdichten von Schwarzpulver in Bohrlöchern mittels einer Eisenstange. Am 13. September 1848 geschah es: Eine Ladung explodierte und trieb dem Vorarbeiter die Eisenstange unter dem Jochbogen durch die linke Augenhöhle durch das Stirnhirn. Erstaunlicherweise verlor er dabei nicht einmal das Auge und erholte sich in wenigen Wochen weitgehend. Aber das zerstörte Stirnhirn machte sich bemerkbar. Bei unveränderter Intelligenz war der vormals beliebte Gage plötzlich ein Aufschneider und Lügner, war launisch und konnte sich kaum beherrschen, wurde ein Trinker und Spieler und verlor Arbeit und Familie. Solche Veränderungen sind leider typisch für eine Schädigung des Stirnhirns (Damasio 1999).

Wie bereits diskutiert, steuert das soziale Netzwerk in Zwischenhirn und Hirnstamm das „instinktive" sozio-sexuelle Verhalten; und zwar in ganz ähnlicher Weise über 500 Millionen Jahre Stammesgeschichte, buchstäblich von den Fischen bis zu den Menschen. Allerdings ist mit diesen Reiz-Reaktions-Mechanismen in einem komplexen Sozialsystem kein Staat zu machen. Sozialfähig werden Wölfe, Schimpansen, Kolkraben oder Menschen erst durch die Möglichkeit der Kontrolle und Feinjustierung ihrer aus dem Instinktbereich kommenden Impulse. Genau das bewerkstelligt das Stirnhirn, der „präfrontale Kortex". Dieser stammesgeschichtlich junge Hirnteil der Säugetiere spielt, wie erwähnt, auch eine Hauptrolle in der Bildung und beim Aufstandhalten aller „mentalen Repräsentationen".

Ohne mentale Repräsentationen unserer Lieben, von Automobilen, Hunden, Katzen, Weißbrot, der Klassensituation, des Fußballspielens etc. wüssten wir nicht, wie wir uns der Welt gegenüber verhalten sollen. Instinktive Anteile an diesen Repräsentationen bestimmen Bewertungen von Schlangen und Spinnen oder dass wir ein Hundebaby als „süß" empfinden. Lernbereitschaften wiederum ermöglichen es, Repräsentationen durch gemachte Erfahrungen zu verändern. Das logische Denken sagt uns, dass die angstbesetzte Repräsentation des Besteigens eines Flugzeugs irrational und daher abzulegen ist. Dies alles wird durch das Stirnhirn koordiniert bzw. ist es zumindest unentwegt darum bemüht. Aber ähnlich wie die Vereinten Nationen Vermittler, aber keine Weltregierung sind, ist auch das Stirnhirn nicht mehr als ein Vermittler. Nicht immer gelingt es ihm, Ängste wegzurationalisieren oder dem Emotionssystem einzureden, dass Urlaub in den Bergen etwas Tolles sei, wenn dieses doch ans Meer möchte.

Komplexe soziale und ökologische Umwelten verlangen Mechanismen, um angepasste Entscheidungen zu treffen (Sanfey 2007). Dazu führt das Stirnhirn Informationen aus den unterschiedlichen Domänen des Erlebens in einem „episodischen Gedächtnis" zusammen. So wird uns bewusst, was wir wann, wo und unter welchen Umständen mit wem erlebt haben (Dere 2006). Das Stirnhirn spielt auch Mastermind bei der Bildung von Konzepten über die relevanten Dinge der Umwelt (Damasio 1999; Güntürkün 2005). Dies erfolgt in einer Verzahnung von Instinkten, Emotionen und komplexem Lernen. Das Stirnhirn leitet also die Entscheidungsfindung durch Zusammenführen von Emotionen und Verstand; es spielt auf unbewusster Ebene Versuch-und-Irrtum-Simulationen durch, bevor eine endgültige Entscheidung getroffen wird, die dann vom Individuum zumeist als „frei" erlebt wird. Das ist diese Entscheidung gewissermaßen auch, aber das Stirnhirn bereitete diese Entscheidung vor. Darin eine Einschränkung der freien Entscheidung zu sehen, hieße, eine Gegnerschaft zwischen dem Stirnhirn und unserem Bewusstsein anzunehmen. Und das wäre doch recht seltsam.

Den relativ größten Stirnhirnanteil findet man beim Menschen, was als ein weiterer Hinweis auf unsere radikal soziale Orientierung gelten kann. Wenn es jedoch bei Hunden nicht vorhanden wäre, könnten sie nicht lernen, ihre Impulse zu unterdrücken, beispielsweise einen Hasen trotz Verbot zu verfolgen. Daher ist die Arbeit mit Hunden, wie jede andere Interaktion zwischen Sozialpartnern, immer auch Training des Stirnhirns. Diese Art von Training wirkt übrigens umso besser, je früher geübt wird. „Sitz" und „Platz" gegen Belohnung und Lob bereits mit dem Welpen zu üben, ist daher keine

„Kinderdressur", sondern fördert Selbstbeherrschung und soziale Aufmerksamkeit.

Das Vorderhirndach der Vögel ist nicht geschichtet wie der Kortex der Säugetiere, weswegen man über ein Jahrhundert lang dachte, es bestünde vor allem aus dem eher für Emotionen als für Denken zuständigen *Striatum* (Streifenkörper). Daher hielt man Vögel für relativ dumme, instinktbestimmte Reiz-Reaktions-Maschinen. Dies widerspricht aber den Ergebnissen der Kognitionsbiologen, wonach die Klugheit der Kolkraben an jene der Schimpansen heranreicht (Kotrschal et al. 2007). Tatsächlich leben viele säugerähnlich intelligente Vögel in komplexen Sozialsystemen (Scheiber et al. 2013). Heute weiß man, dass die Großhirne der Vögel und Säugetiere trotz unterschiedlicher Struktur aus identischen Elementen aufgebaut sind. Aufgrund seiner Verbindungen und Neurochemie gilt das *Nidopallium caudolaterale* der Vögel als funktionelles Äquivalent des Stirnhirns der Säugetiere (Divac et al. 1994).

Das Stirnhirn der Menschen und wahrscheinlich auch anderer Tiere ist zudem ein „Moralhirn", das beurteilt, was man im sozialen Kontext tun darf oder tun sollte, was man anderen zumuten kann, und was nicht (Broom 2003; De Waal und Brosnan 2006). Verstößt man dagegen, straft einen – zumindest beim Menschen – zu allererst das eigene Stirnhirn mit schlechtem Gewissen. Ob auch andere Tiere zu schlechtem Gewissen fähig sind, wissen wir noch nicht. Obwohl etwa ein Hund, der „etwas angestellt" hat, eben auch genauso dreinschaut, als hätte er etwas angestellt, konnte dies bislang in Verhaltensversuchen nicht nachgewiesen werden. Moral ist aber deswegen nicht einfach „angeboren". Vielmehr benötigt das Stirnhirn zu seiner optimalen Entwicklung entsprechende Bedingungen. Sozial geborgenes Aufwachsen, unter anderem in Kontakt mit Natur und Tieren, fördert die körperliche, geistige, emotionale und soziale Entwicklung von Kindern. Bei Hunde- oder Wolfswelpen mag das nicht radikal anders sein. Das Stirnhirn sorgt für gute „exekutive Funktionen": Impulskontrolle, genaues soziales Gedächtnis, beharrliches Verfolgen von Zielen und die Fähigkeit zu strategischem Handeln. Offenbar ist das auch bei emotional bezogen handaufgezogenen Raben, Gänsen oder Wölfen ähnlich. Genau diese exekutiven Funktionen trainieren wir durch frühzeitige freundliche Zuwendung und durch Training auch beim Hund und, im Falle unseres Forschungszentrums, beim Wolf.

Der Grad an individueller Kontrolle über Affekte und Impulse beeinflusst Dimensionen der Persönlichkeit. Ein verbreitetes Modell der Persönlichkeitspsychologie beschreibt die fünf Hauptfaktoren der Persönlichkeit mit den so genannten Big Five (Costa und McCrae 1999): Neurotizismus, Extrovertiertheit, Verlässlichkeit, Wartenkönnen, erst zu reagieren, nachdem man anderen zugesehen und zugehört hat, oder allgemein, zum richtigen Zeitpunkt zu handeln, zuerst zu denken, dann zu handeln. Die zwei anderen Dimensionen der „Big Five" – „Offenheit" für Neues und „Sozialfähigkeit" – haben eher weniger mit der Impulskontrolle zu tun. Es ist bekannt, dass gute Frühbetreuung die vor allem vom Stirnhirn gesteuerten „exekutiven Funktionen" positiv beeinflusst. Zu den Eigenschaften der Persönlichkeit zählen auch der Grad an Impulskontrolle, wie konsequent Ziele langfristig verfolgt werden können, das soziale Gedächtnis und soziale Kompetenz. Heute wissen wir, dass die Anlage guter exekutiver Funktionen in der Kindheit mit dem späteren Erfolg in Schule und Gesellschaft viel stärker zusammenhängt als etwa der Intelligenzquotient (Diamond und Lee 2011).

Selbst diese „exekutiven Funktionen" sind nicht auf Menschen begrenzt. Jene Hunde und Wölfe etwa, die am Wolfsforschungszentrum in intensiver, verlässlicher und sozial sensitiver Weise von menschlichen Zieheltern aufgezogen werden, entwickeln sich nach dem „Erwachsen-Werden", im Alter von etwa zwei Jahren, zu ruhigen, selbstbewussten und verlässlichen Kooperationspartnern in der Forschung. Hundewelpen, die ohne freundliche Grenzsetzung aufwachsen, entwickeln dagegen lebenslange Probleme mit ihrer Impulskontrolle (Freedman 1958).

Sozialisieren mit den Emotionen der anderen

Nicht alle Menschen, aber auch nicht alle Hunde, sind Oberexperten in Sachen Empathie. Der Grad an sozialem Interesse und Einfühlungsvermögen hängt von einer Kombination aus genetischem Hintergrund, dem Hormonmilieu für den Fötus in utero/im Ei, dem sozialen Umfeld während des Aufwachsens und darüber hinaus von Geschlecht, Alter und aktuellem Hormonstatus ab (Groothuis et al. 2005). Gene mögen etwa das generelle soziale Interesse beeinflussen, ganz auffällig ist das beipielsweise bei Menschen mit autistischen Zügen. Länger bekannt ist auch schon, dass Geschlechtshormone mütterlicher Herkunft (Vögel, Säugetiere) oder von benachbarten Geschwistern (Säugetiere) das soziale Interesse nach der Geburt beeinflussen. Und Frauen sind meist sozial interessierter als Männer; schon als kleine Mädchen bevorzugen sie soziale Rollenspiele. Frauen setzen sich generell auch stärker dem Sozialhormon Oxytocin aus als Männer, von dem, wie erwähnt, bekannt ist, dass es nicht nur das soziale Interesse verstärkt, sondern auch die Fähigkeit schärft, feine Nuancen des Ausdrucks der Emotionen bei anderen zu lesen.

Obwohl der motorische Ausdruck der Emotionen artspezifisch und daher hochgradig erblich ist, erfordert diese Fähigkeit, das Ausdrucksverhalten anderer zu lesen, ein gerüttelt Maß an Lernen in der frühen Entwicklungsphase. Wie der Nachwuchs vieler nestflüchtender Arten nicht mit dem „angeborenen" Wissen über das Aussehen seiner Eltern und Artgenossen zur Welt kommt und daher durch rasche Lernprozesse darauf „geprägt" werden muss (Lorenz 1978), entwickelt sich die soziale Wahrnehmung unter erheblicher Beteiligung des Lernens. Störungen in diesen frühen sozialen Lernvorgängen ziehen gewöhnlich eingeschränkte soziale Kompetenz und Empathiefähigkeit als Erwachsene nach sich. Kleinkinder wie Hundewelpen kommen mit einem starken Interesse auf die Welt, Erwachsene zu beobachten. Dies bildet die Grundlage für das Sozialisieren mit dem Ausdruck der Emotionen anderer durch implizites Lernen. Es wird also gelernt, ohne sich dessen bewusst zu sein.

Dieses instinktive Interesse am Sozialverhalten eröffnet auch die Möglichkeit für zwischenartliches Sozialisieren. Während also der motorische Ausdruck der Emotionen hochgradig erblich und artspezifisch ist, scheint die frühe Sozialisierung mit der Gestimmtheit der anderen unter Beteiligung von Lernen zumindest für Säugetiere und Vögel ein generelles Prinzip zu sein. Der Nachwuchs sozialer Arten wird gewöhnlich mit Interesse an bestimmten Situationen geboren. Das nannte Konrad Lorenz den „angeborenen Lehrmeister" und Alan Kamil, nicht weniger genial, den „Lerninstinkt" (1998). Die Aufmerksamkeit der Nachkommen fokussiert sich auf soziale Vorbilder, etwa Eltern oder Spielgefährten. Denn von diesen ist gewöhnlich Überlebenswichtiges zu lernen. Der Nachwuchs lernt „implizit", also ohne sich dessen bewusst zu sein, wie ja auch einem zwei- bis fünfjährigen Kind nicht bewusst ist, dass es täglich eine Menge an Sprache lernt. Im Gehirn der Kleinen werden dadurch die Verbindungen zwischen Instinkten, Emotionen und Denken feinjustiert. Auf diese Weise entstehen die individuellen Muster der Entscheidungsfindung.

So entwickelt sich das Urvertrauen zu Menschen durch Sozialisieren von Katzen- und Hundewelpen im Alter von wenigen Wochen (Turner 1986) auf Basis ihrer Bindungsmechanismen. Aufwachsen in Gesellschaft von Menschen bedeutet aber auch die Möglichkeit für die Welpen, sich mit dem menschlichen Ausdruck der Emotionen zu sozialisieren, unseren Ausdruck der Emotionen zu erlernen. Man weiß, dass unsere Hunde tatsächlich fähig sind, unsere

Emotionen zu lesen (Hare und Tomasello 2005). Das haben sie wahrscheinlich nicht „einfach so drauf"; um diese wichtige Fähigkeit zu entwickeln, braucht es vielmehr menschennahes Aufwachsen. Genauso wie umgekehrt die Fürsorge für Welpen oder andere Jungtiere, etwa während der Handaufzucht im wissenschaftlichen Zusammenhang, auf Seite der betreuenden Menschen für jene intensive Aufmerksamkeit sorgt, die uns lernen lässt, zu erkennen, wie diese Tiere „drauf" sind. Umgekehrt ist auch Kindern das richtige Lesen der Mimik von Hunden nicht in die Wiege gelegt, auch sie müssen das lernen.

Diesbezüglich wichtige Schlüsselworte sind „Interesse" und „Beziehung". Nach Dienstantritt als Leiter der Konrad Lorenz Forschungsstelle in Grünau/Almtal hatte ich es mir in den Kopf gesetzt, zu lernen, wie Graugänse „ticken". Also zog ich 1991 in der Einsamkeit der Alm-Auen im oberösterreichischen Salzkammergut über zehn Wochen lang sieben Tage pro Woche, 24 Stunden pro Tag, eine Handvoll Gössel vom Schlüpfen bis zum Flüggewerden auf. Ohne Ablenkung und völlig auf die Tiere konzentriert, erlebte ich, wie die Zeit in diesem sehr nasskalten Frühjahr dahinschlich. Waren mir Graugänse vorher fremd, erkenne ich seitdem, was sie vorhaben, oft schon, bevor sie es offenbar selbst wissen. Ich bin mit ihnen sozialisiert, ein Stück weit Graugans geworden, genauso wie die Gössel, die sich im Übrigen zu ganz normalen Gänsen entwickelten (Hemetsberger et al. 2010), ein ganz kleines Stück weit Mensch geworden sind. Ähnliches geschieht beim Aufziehen von Hunde- oder Katzenwelpen.

Gerade in der auch für die Bindungsentwicklung so wichtigen Frühphase sollte man dem Welpen viel Zeit und Aufmerksamkeit widmen. Nicht nur in aktiver Zuwendung, sondern vor allem in zurückhaltender Beobachtung, die es erlaubt, dann da zu sein, wenn der Welpe es braucht. Der Welpe ist nicht Spielzeug oder Kuscheltier, sondern soll zum Partner heranwachsen. Er benötigt dazu 24 Stunden pro Tag respektvolle Aufmerksamkeit, keine distanzlose Übergriffigkeit. Der Mensch gibt den Rahmen vor, aber wenn der Welpe gerade nicht spielen will, sollte man das akzeptieren. Klappt dieses wechselseitige Aufmerksamkeits- und Beziehungstraining in den ersten Wochen, dann ist die weitere Erziehung zum sozial verträglichen Hund eigentlich schon erfolgreich erledigt. Bei ersten Spaziergängen ohne Leine sieht der aufmerksame Junghundehalter, wenn er bereits wechselseitig gut mit dem Welpen sozialisiert ist, was dieser im Schilde führt, wenn er etwa mit der Nase am Boden eine Spur aufnimmt und Jagdinteresse entwickelt. Manche Hunde jagen wie die Hölle und können daher in Wald und Flur nur angeleint gehen. Meine Hunde jagen nicht (zumindest nicht in meinem Beisein), letztlich weil wir immer gut miteinander frühsozialisierten. Das bedeutet, manchmal noch, bevor er das selbst weiß, zu sehen, was der Hund vorhat. Ihn abzulenken, bevor er noch die Nase am Boden hat und in Jagdstimmung fällt. Der aufmerksame Welpe wird schließlich auch dann auf die Stimme seines Menschen reagieren, wenn er eigentlich etwas anderes vorhat.

Artspezifische Unterschiede beim Sozialisieren gibt es sicherlich in den sensitiven Perioden und den evolutionär voreingestellten Erwartungen. So etwa bleiben Kleinkinder als typische Primatenbabys lange von einer intensiven Beziehung zu einem oder mehreren Betreuern abhängig. Hunde- oder Wolfswelpen lockern ihre soziale Abhängigkeit von der Mutter bereits mit etwa vier bis fünf Wochen, um sich mit den anderen netten Individuen in ihrer Umgebung zu sozialisieren, d.h. mit Rudelmitgliedern, aber auch mit den Menschen, die sie aufziehen. Bei Hunde- und Katzenwelpen entscheidet in etwa die Periode von drei bis neun Wochen bis wenige Monate nach ihrer Geburt über eine gute inner- und zwischenartliche Sozialisierung (Scott und Fuller 1965). Welpen, die in diesem Alter keinen ausreichenden Kontakt mit Menschen hatten, bleiben oft lebenslang scheu und unsicher in ihrem Sozialverhalten mit Menschen (Turner und Bateson 2014).

Parallel zu Affenbabys entwickeln Hundewelpen, denen nicht die Möglichkeit gegeben wurde, in ihren ersten Lebensmonaten viel mit gleichaltrigen Artgenossen zusammen zu sein, als Erwachsene eine nur geringe soziale Kompetenz. Diese ohne Spielgefährten aufgewachsenen Tiere werden sehr rasch aggressiv, wenn sie ihre Interessen gegenüber Artgenossen wahren wollen (Hinde 1998); sie haben nie gelernt, dass es auch anders geht, etwa mit gegenseitigem Vertrauen, Bitten, Charme und ein wenig „Wiener Schmäh". Sozial ist dies wenig dienlich. Solchermaßen sozial wenig kompetente Individuen mögen zwar gute Krieger und Jäger (im Fall von Wölfen, Menschen und Schimpansen) werden, zu geachteten Leitfiguren innerhalb ihrer Gruppen werden sie nur selten. Gerade Hundewelpen benötigen daher regelmäßig Kontakt mit anderen Welpen.

Soziale Beziehungen können ziemlich stressig sein – aber auch beruhigen

Nichts beglückt oder beruhigt mehr, als mit einem vertrauten Menschen oder Tier zu kuscheln. Andererseits ist aber auch nichts stressiger als soziale Situationen, die unsere volle Aufmerksamkeit brauchen, uns gar ärgern oder denen wir – im schlimmsten Fall – hilflos ausgeliefert sind. Wie wichtig gute Sozialbeziehungen sind, erklärt sich schon aus ihrer Bedeutung für eine ausgewogene Emotionalität, die ihrerseits wieder Hauptfaktor für ein langes, glückliches und gesundes Leben ist (Coan 2011).

Nichts ist lebensverkürzender als unkontrollierbarer sozialer Stress, wie er etwa in beanspruchenden Sozialbeziehungen, beim Underdog-Dasein infolge von Mobbing im Betrieb oder aber beim Verlust eines langjährigen Partners und der damit verbundenen Depression eintritt. Dies gilt noch stärker für die sozial weniger gut als Frauen gepufferten Männer (Wilkinson 1996); sie „verkommen" leicht nach einer Scheidung oder überleben den Tod ihrer langjährigen Partnerin nicht, was bei Frauen weniger häufig der Fall ist.

Die Stresssysteme springen daher vor allem im sozialen Zusammenhang an. Bei Graugänsen fanden wir etwa über Langzeit-Herzschlagratenmessungen heraus, dass diese Systeme auch bei solch hochsozialen Vögeln besonders im Sozialleben anspringen; im Verbund mit anderen zu leben, ist physiologisch, energetisch und sicherlich auch psychisch beanspruchend. Dies gilt nicht nur für Graugänse, sondern für alle sozialen Tiere, die ja auch keine Alternative haben. Natürlich, und aus naheliegenden Gründen, ist für soziale Tiere nichts wichtiger als der soziale Erfolg. Dass Sozialleben seinen Preis hat, zeigt ja auch, wie wichtig es ist. Ein Leben allein und glücklich am Strand einer einsamen Insel, ist als Wunschtraum gestresster Manager verständlich, aber unrealistisch. Ein einsames Individuum (Mensch, Graugans, Wolf etc.) wird auf Dauer nicht glücklich, hat niemanden, der Freuden teilt und Ängste dämpft; vor allem vermehrt es sich ganz schlecht allein. In komplexen sozialen Systemen lebende Tiere, etwa Menschen, Wölfe oder Papageien, zeigen vielfältige körperliche, physiologische und psychisch/kognitive Anpassungen an ein soziales Leben; eine Existenz als Einzelindividuum ist bei ihnen eigentlich nicht vorgesehen.

Die Notwendigkeit, in das Sozialleben zu investieren, zeigt sich vor allem an der Beteiligung der Stresssysteme. Sie verbinden direkt zwischen sozialem Kontext und Stoffwechsel. Es sind zwei über die Stammesgeschichte konservativ erhaltene Systeme, die den Wirbeltieren erlauben, individuell mit allen möglichen Herausforderungen („Stressoren") des Lebens zurechtzukommen und in gewissen Grenzen physiologisch und psychologisch Balance zu halten. Wir teilen sie herkunfts- und funktionsgleich mit allen unseren Kumpantieren. „Stressoren" bringen uns aus dem Gleichgewicht. Dazu zählen Kälte, Krankheit, Schlafmangel, die Angst vor Löwen oder Monstern, vor dem Chef, davor, in der Prüfung zu versagen, oder auch vor einer unsicheren

Zukunft. Die zwei Systeme unterscheiden sich darin, wie rasch sie anspringen und was sie bewirken. Weil sie uns ermöglichen, Herausforderungen zu bewältigen und uns wieder ins Gleichgewicht bringen, ist es eigentlich ungerecht, sie als „Stresssysteme" zu bezeichnen. In Wirklichkeit handelt es sich dabei um „Anti-Stresssysteme" (Koolhaas et al. 2011).

Das sympathico-adrenerge System (SA) ist für die rasche Alarmreaktion verantwortlich (Selye 1951). Vermittelt über das sympathische Nervensystem, kommt es zur Ausschüttung von Adrenalin aus dem Nebennierenmark und zum Anstieg von Herzschlagrate und Blutdruck. Im Gegensatz dazu liefert das Zwischenhirn-Hypophysensystem eine langsamere, aber anhaltendere Reaktion (Sapolsky et al. 2000; von Holst 1988). Stresssysteme stehen vorwiegend unter psychischer Kontrolle: Auf einen Stressor hin schüttet der Hypothalamus einen „releasing factor" aus, das so genannte Korticotrope Hormon (CRF), das durch die Portalgefäße die Hypophyse erreicht und dort die Ausschüttung eines Peptids namens Adrenocorticotrophes Hormon (ACTH) bewirkt. Dieses wiederum erreicht über das Blut die Nebennierenrinde und löst dort bei Säugetieren die Synthese von Kortisol, bei Vögeln und Kleinsäugern von Kortikosteron aus. Als Steroidhormone diffundieren sie durch die Bio-Membranen des Körpers, sie können daher nicht in Vesikel verpackt und gespeichert werden, sondern werden je nach Bedarf synthetisiert. Daher kommt es zur zeitverzögerten Reaktion auf einen Stressor. Im Gegensatz etwa zum Peptidhormon Oxytocin oder zum biogenen Amin Adrenalin sind Steroidhormone im Blut relativ stabil, haben aber zahlreiche „Nebeneffekte" und können in chronisch hohen Konzentrationen leicht schädlich werden. Chronischer Stress kann relativ rasch schädigen und sogar töten. Deswegen werden Steroidhormone meist recht schnell durch Bindungsproteine neutralisiert oder über Leber und Nieren ausgeschieden.

Kortisol erhöht den Blutzuckerspiegel und stimuliert meist die Nahrungsaufnahme. Beim Menschen sorgt chronischer Stress vor allem für die Zunahme des ungesunden Bauchfetts. Die häufige Kurzzeitaktivierung von Kortisol ist allerdings ein gesunder Teil jeglicher Reaktion auf Stressoren; es unterstützt auch das Interesse an der Umwelt. Mäßige Kortisolspiegel, wie sie etwa für freudige Erregung typisch sind, fördern zudem die Synapsenbildung im Gehirn und stabilisieren Gelerntes. Chronisch hohe Kortisol-Spiegel sind jedoch schädlich und verursachen unter anderem Typ-II-Diabetes (Vanltallie 2002). Wie sich Stressreaktionen auf die Gesundheit auswirken, hängt von einer Reihe von Faktoren ab, etwa von der Persönlichkeit, von ihrer Vorhersagbarkeit und Kontrollierbarkeit sowie von den individuellen Möglichkeiten, rasch wieder „runterzukommen". Weil der Umgang mit Stressoren das individuelle Sozialverhalten sehr stark prägt (von Holst 1988), überrascht seine enge neuronale und funktionelle Anbindung an das „soziale Netzwerk im Gehirn" kaum. Sorgt das Stresshormon Adrenalin für die unmittelbare Alarmreaktion, so macht eine Aktivierung des Kortisol-Systems längerfristig bereit zu flüchten oder zu kämpfen.

Kortisol ist vor allem ein wichtiges Stoffwechselhormon, das unter anderem den Energiestoffwechsel und die Körpertemperatur steuert. Es vermittelt damit auch, ob die verfügbare Energie in Wachstum, Verhalten oder Reproduktion investiert oder etwa in Form von Glykogen oder Fett gespeichert wird. Sozialverhalten sorgt einerseits für eine kräftige Stimulation der beiden Stressachsen. Andererseits ist die emotionale soziale Unterstützung, etwa die Nähe zum Sozialpartner, gut Zureden und Streicheln, der wohl wirkungsvollste stressdämpfende Mechanismus bei den sozialen Wirbeltieren, so sie individuell gut sozialisiert aufwuchsen. Abhängig von der Art der sozialen Interaktionen variiert deren Effekt auf die beiden Stressachsen (Kvetnansky et al. 1995).

Das ist aber nicht nur einfach vom genetischen Hintergrund abhängig. Wie stark und worauf welche der Stressachsen individuell reagieren, wird individuell moduliert. Die Grundlage dafür bildet die Individualentwicklung der Persönlichkeit, beeinflusst durch den genetischen Hintergrund, durch die so genannte mütterlichen Effekte: Steroidhormone aus dem mütterlichen System passieren während der fötalen Entwicklung die Placenta-Barriere (bei Vögeln werden sie ins Ei abgegeben). Und nach der Geburt wird bei Ratten-, Hunde-, aber auch Menschenbabys die Reaktivität der Stresssysteme durch die soziale Erfahrung beeinflusst. Insbesondere in ihrer Frühentwicklung sorgsam und intensiv betreute Individuen entwickeln so jene robuste Stressresistenz, die sie auch später gut durch die Herausforderungen des Lebens bringt.

Als beruhigender Gegenspieler der beiden Stresssysteme kann das Oxytocin-System gelten, welches unter anderem durch emotionale soziale Unterstützung aktiviert wird. Dies dämpft Stressreaktionen generell, breit und nachhaltig. Dadurch werden etwa drei Schlüsselschritte in der Synthese von Kortisol gehemmt. Das sorgt recht nachhaltig für Beruhigung, für vermehrtes soziales Interesse und Vertrauen, für eine Verminderung von Ängsten etc. Die Dämpfung der Kortisolsynthese durch soziale Unterstützung unter Vermittlung von Oxytocin verringert mittelfristig auch die Aggressionsbereitschaft und die Wahrscheinlichkeit des Auftretens von Angstzuständen und

Depressionen. Dadurch werden Bindungen gestärkt und die physiologischen und energetischen Verhaltenskosten gesenkt. Ob allerdings Stresssysteme und Oxytocin gegeneinander wirken oder im Gleichklang, wie bei der teils furiosen Verteidigung von Nachkommen durch laktierende Weibchen, hängt von den Umständen ab.

Die beiden Stressbewältigungssysteme blieben in ihrer Funktion und Struktur – ähnlich wie das soziale Gehirn der Wirbeltiere – über die Stammesgeschichte hinweg nahezu unverändert. Etwas später in der sozialen Evolution kam wohl die Rolle des Oxytocin-Systems dazu, die beiden Stressachsen unter sozial vermittelter Kontrolle zu halten. Folglich bilden Stressgeschehen und das Oxytocin-Beruhigungssystem zwei Seiten derselben Medaille und darüber hinaus den Kern der Beziehung zwischen Menschen und ihren Kumpantieren (Julius et al. 2014). In einer guten sozialen Beziehung zu leben, bedeutet ja vor allem, dass man füreinander da ist und einander auch „trösten" kann, wenn der Partner in Probleme und außer Balance geraten ist.

Mit System unterschiedlich: Menschen, Hunde und Gänse als unverwechselbare Persönlichkeiten

Wer kennt sie nicht, die wahren „Tierpersönlichkeiten": Pferde, die wissen, was sie wollen, und dies auch durchzusetzen vermögen, absolut unbestechliche Hunde, und – na ja – Katzen sind diesbezüglich ohnehin kein Thema. Als „Persönlichkeit" bezeichnet man in der Alltagssprache ein im Profil unverwechselbares Individuum. Menschen mit Tiererfahrung wussten immer schon, dass auch Tiere Persönlichkeiten sind und Persönlichkeiten haben; die Wissenschaft war diesbezüglich lange skeptisch. Der Begriff „Persönlichkeit" wird oft synonym mit Charakterstärke verwendet. Damit meint man jenes Gemisch aus vorwiegend positiven Eigenschaften, das man Personen mit „Rückgrat" zuspricht. Beim Überwiegen negativer Eigenschaften spricht man dagegen eher von einem „schlechten Charakter" als von „Persönlichkeit". Warum das Thema im Zusammenhang mit der Mensch-Tier-Beziehung höchst aktuell ist, scheint klar: Wie auch zwischen Menschen hängt die Qualität der Beziehung zu einem Kumpantier von der wechselseitigen Passung und Anpassungsfähigkeit ab, also von Temperament und Persönlichkeit der Partner.

Dieses alltagspsychologische System übertragen Menschen gewöhnlich auch auf ihre Kumpantiere. Während ein Hund, der sofort mit jedem frem-

den Menschen freundlich mitzugehen bereit ist, zumindest in der Sprach-
welt vor unserer Zeit als „Faktotum" oder „Kalfakter" galt, wird einem Vierbeiner, der zwar freundlich seiner Familie zugetan ist, Fremde aber ignoriert,
„Charakter" zugesprochen. Mit ein wenig zusätzlichen individuellen Eigenheiten wird aus diesem Hund eine „Persönlichkeit". Ähnliches kann man übrigens schon in Xenophons Hundebuch *Kynegetikos* nachlesen. Die Alltagssprache idealisiert also den Begriff der „Persönlichkeit". Seine wissenschaftliche Bedeutung hängt natürlich vom Fachgebiet ab. Generell aber unterscheidet man wissenschaftlich objektiv – im Gegensatz zum Alltagsgebrauch
– nicht „viel" und „wenig" Persönlichkeit, sondern bezeichnet damit die Gesamtheit an Wesenszügen, Verhaltensmerkmalen und -Neigungen, die über
längere Zeiträume und unterschiedliche Situationen hinweg relativ stabil gezeigt werden und damit ein Individuum unverwechselbar machen.

Streng konventionell-biologisch gesehen sind „Individuen" alle voneinander abgrenzbar lebenden Einheiten der DNS-Welt (alle Pflanzen, Tiere und
Pilze). Natürlich sind auch einzellige Bakterien, Blaualgen oder Pantoffeltier-
chen Individuen, und zwar ganz unabhängig davon, ob sie aus sexueller Reproduktion hervorgingen und damit über eine individuell einzigartige DNS-
Sequenz verfügen, oder nicht. Genetisch gleich wären Individuen, die aus
Sprossung hervorgingen, wie die meisten Prokaryoten, eukaryotische Ein-
zeller, viele Pflanzen, oder aber aus einer einzigen befruchteten Eizelle wie
eineiige Zwillinge. Diese genetischen Klone sind biologisch und anderweitig
dennoch Individuen. Um als solches zu gelten, reicht es, nicht im Verbund
mit anderen zu existieren. Genetische Einzigartigkeit trägt aber sicherlich
zur „Individualität" bei, mit der man ja auch Unverwechselbarkeit meint.

Eine Bedingung für ein Leben als Individuum ist die genetische Einzigartigkeit also auch aus biologischer Sicht nicht, zumal mit „Individuum" gewöhnlich der Phänotyp, nicht aber der Genotyp angesprochen wird. Denn
Gene sind mit unseren unbewaffneten Sinnen nicht direkt wahrnehmbar,
sondern manifestieren sich indirekt in den phänotypischen Merkmalen. Niemals jedoch ist der Genotyp 1:1 im Phänotyp abgebildet und umgekehrt auch
der Phänotyp nicht im Genotyp. Vorbei ist die Zeit, da man sich noch den
Kopf über den Scheingegensatz „angeboren – erworben" zerbrach. Jegliches
Merkmal, wie auch der gesamte Phänotyp, entsteht durch Genexpression,
also die Umsetzung des genetischen Codes in Proteine, die in komplexer
Weise in Interaktion zwischen anderen Genen und Umwelteinflüssen regu-
liert wird. Beispiele dafür wurden im Zusammenhang etwa mit Attachment
oben diskutiert. Um als Individuen zu gelten, müssen diese also nicht einmal

ihr eigenes Temperament und eine ihnen unverwechselbar eigene, in ihren Umwelt-und Sozialbeziehungen manifeste Ausprägung der Persönlichkeit aufweisen. Menschen zeigen gewöhnlich eine solche Differenzierung; doch diese findet sich, wie wir heute wissen, auch bei anderen Säugetieren und Vögeln sowie in einfacherer Form sogar bei Fischen, Insekten und Spinnentiere. Mit der Komplexität des Nervensystems und der Umwelt- und Sozialbeziehungen sowie natürlich des Denkens wird offenbar auch die Manifestation der Persönlichkeit komplexer.

Psychologische Persönlichkeitskonzepte und Beziehung zur organismischen Biologie

L ange ignorierten die Biologen die Variabilität des Verhaltensphänotyps innerhalb Art oder Population als Gegenstand ihrer Forschung. Das geschah zum einen aus einer starken Gegenposition der frühen Ethologie/Verhaltensbiologie zur Psychologie heraus. Während die Biologen spätestens seit dem Beginn des 20. Jahrhunderts wussten, dass auch Verhaltensmerkmale zu einem erheblichen Teil genetisch fundiert sind, verweigerte sich der stark von Skinners Behaviorismus beeinflusste Mainstream der Psychologen noch lange dieser Einsicht und beharrte auf einem „Tabula-rasa"-Konzept: Individuen kämen frei von aus ihrer evolutionären Geschichte stammenden mental-psychologischen Voreinstellungen zur Welt, wohl aber mit ein paar einfachen Lernmechanismen; alles Verhalten sei also individuell erlernt.

Diese Sichtweise lehnte der ethologisch-biologische Mainstream des gesamten 20. Jahrhunderts mit Recht ab. Ab den 1970er Jahren begannen die Psychologen, sich immer mehr für die physiologischen und evolutionären Grundlagen von Verhalten und Psyche zu interessieren, während die Biologen immer intensiver daran forschten, wie etwa Tiere Entscheidungen treffen, welche emotionalen und kognitiven Ressourcen ihnen dafür zur Verfügung stehen und auch, wie sich Individuen darin unterscheiden. Zunächst war die vergleichende Biologie bis etwa zur Mitte des vergangenen Jahrhunderts mit der Erforschung von Artunterschieden in Körperbau, Physiologie, Biochemie und Verhalten beschäftigt. Innerartliche Variabilität wurde allenfalls als lästiges Problem angesehen, als zwar informativ, aber vor allem als Störvariable in der statistischen Analyse. Doch ab den 1960er Jahren erfolgte durch die englischen Biologen Edward Wilson, Richard Dawkins, Robert Hamilton etc. ein radikaler Paradigmenwechsel von der Gruppen- zur

Individualselektion (Wilson 1975). Gegen den Widerstand auch mancher Größen, etwa Konrad Lorenz, setzte sich aus guten sachlichen Gründen die Einsicht durch, dass die Einheit der Selektion weniger die Gruppe, als vielmehr das Individuum ist. Heute ist man weg vom Entweder-Oder und weiß, dass, abhängig von den Umständen, Selektion fallweise auch an der Gruppe ansetzen kann.

Das Individuum war daher als Hauptakteur in der Evolution sozusagen rehabilitiert, das Kollektiv der Art trat in den Hintergrund. Variation von Merkmalen innerhalb von Arten und Populationen wurde vielmehr wichtige Erkenntnisquelle in Zusammenhang mit der zentralen Frage der evolutionären Biologie, wie es zu den innerartlichen Unterschieden im Reproduktionserfolg kommt, welche Faktoren also den evolutionären Wandel treiben. Es ist daher nicht verwunderlich, dass ab den 1990er Jahren die Ausprägung und Variabilität von „Persönlichkeit" in der Evolutionsbiologie zu einem wichtigen Forschungsthema wurde.

Trotz der akademischen Verirrung der Psychologie des 20. Jahrhunderts im extremen Behaviorismus war es für in der Praxis tätige Seelenexperten quasi „immer schon" klar, dass sich individuelle Menschen in oft komplexer Art, aber dennoch regelhaft voneinander unterscheiden. Psychologen befassten sich schon vor einem Jahrhundert praktisch und theoretisch mit der Differenzierung der Persönlichkeit beim Menschen. In den vergangenen Jahrzehnten fanden Systeme zur Beschreibung der menschlichen Persönlichkeit weite Verbreitung, die sich nicht auf spekulative oder mechanistische Erklärungsmodelle bezogen, sondern empirisch erhoben, welche Merkmale Menschen sich und anderen zuschreiben. Beispielsweise gehören die oben erwähnten, von McCrae und Costa entwickelten „Big Five" (Costa und McCrae 1999) zu dieser Gruppe von „Merkmalstheorien". Diese fünf Dimensionen gelten weltweit unabhängig von Kultur oder Geschlecht. Daher kann man sie auch als Grundstruktur der menschlichen Persönlichkeitsdifferenzierung und „menschliche Universalie", letztlich also als evolutionär fundiertes System auffassen.

Daran wird deutlich, dass es letztlich bei der vergleichenden Persönlichkeitsforschung an Tieren nicht nur um diese selbst geht, sondern natürlich auch um die Menschen. Das wohl gravierendste Erkenntnishemmnis aller Humanwissenschaften war und ist ja die „Nabelschau", also der Versuch, Menschen aus sich selbst, ohne Bezug auf ihre evolutionäre Herkunft und ohne Vergleichsuntersuchungen mit anderen Tieren zu erklären. Dass eine regelhaft strukturierte Persönlichkeit wohl beim Menschen, sonst aber bei

keinem anderen Tier auftritt, wäre schon allein aufgrund der stammesgeschichtlichen Verwandtschaft höchst unwahrscheinlich, zumal wir ja viele
Merkmale des Körperbaus, der Physiologie, des Nervensystems und des Verhaltens mit anderen Tieren teilen; ein paar Dekaden vergleichend-biologi-
scher Forschung zeigen, dass dies offensichtlich auch für die Entwicklung
und die Muster der Ausprägung der Persönlichkeit gilt.

Persönlichkeit bei den anderen Tieren

Felicity Huntingford von der Universität Glasgow fand bereits Mitte des
20. Jahrhunderts heraus, dass es Stichlinge gibt, die sowohl gegenüber
ihresgleichen aggressiver sind als andere als auch gegenüber Raub-
feinden unerschrockener. Ähnliche Beobachtungen machte David Sloan
Wilson von der Universität Binghamton, New York, bei nordamerikanischen
Sonnenbarschen. Er betrieb eine Anzahl von großen Freilandbecken, um
Räuber-Beute-Versuche durchzuführen. Dabei fiel ihm auf, dass manche
Barsche immer wieder in seine Reusenfallen gingen und dass dieselben Individuen auch unbeeindruckt von möglichen Räubern ihre Nahrung in Frei-
wasser suchten. Sie wurden öfter erbeutet, wiesen aber dennoch einen höheren Fortpflanzungserfolg auf als jene, die kaum in die Reusen gingen und sich
zur Nahrungssuche nicht aus dem Wasserpflanzendickicht herauswagten.
Wilson beschrieb bei seinen Fischen ein Verhaltenskontinuum von „scheu"
nach „robust" (bold – shy; Wilson et al. 1998).

An der Universität Groningen beobachtete die Gruppe um Piet Drent,
dass es Kohlmeisen gab, die viel rascher als andere darin waren, sich unbekannten Objekten zu nähern oder unbekannte Räume zu erforschen. Sie begannen, die jeweils „langsamen" und die „schnellen" Meisen über einige Generationen in Linie zu züchten und wiesen eine starke Selektionierbarkeit
und damit die genetische Basis für diese zeitlich stabilen Verhaltensneigungen der Meisen nach (Drent und Marchetti 1999). Ebenfalls in Groningen
zeigte die Gruppe um den Experimentalpsychologen Jaap Koolhaas und
seine Mitarbeiter (z.B. 1999), dass die Latenzzeit, bis eine männliche Ratte
eine andere angreift (als Maß für Aggressionsbereitschaft) mit der Zeit zusammenhängt, die diese Ratte benötigt, um ein ihr unangenehmes Problem
zu lösen: Die aggressiven Ratten vergruben ein unbekanntes Metallobjekt,
von dem sie einen leichten elektrischen Schlag bekamen, relativ rasch unter
der Einstreu. Die friedlicheren Ratten dagegen verfielen nach dieser schlech-

143

ten Erfahrung eher in Passivität, verbunden mit lange hoch bleibenden Spiegeln des Stresshormons Kortikosteron. Die Ratten zeigten also abhängig von ihrer Aggressionsbereitschaft unterschiedliches Problemlösungsverhalten. Wegen ihres offensichtlich unterschiedlichen Stil des *stress coping* bezeichnete Koohlhaas den der aggressiveren Ratten als proaktiv, den der sanfteren Ratten als reaktiv.

Verhaltensphänotypen und Verhaltenssyndrome

Mehr als 20 Jahre vergleichender und experimenteller Forschung an dutzenden Tierarten, vom Wasserläufer bis zum Schimpansen, lassen auf eine nicht-zufällige und meist zwischenartlich parallele Variation individueller „Verhaltensphänotypen" (Sih et al. 2004; Stamps und Groothuis 2010) schließen. Als Hauptdimension bei den meisten Arten kann das oben erwähnte synonyme Kontinuum „reaktiv" bis „proaktiv" gelten (Koolhaas et al. 1999). Andere Forscher fanden andere Bezeichnungen für ähnliche Befunde an anderen Tieren: mehr oder weniger „aggressiv", „shy – bold", „slow – fast". Rasche Annäherung an neue Objekte und Aggressionsbereitschaft sind dabei meist regelhaft mit anderen Verhaltensneigungen verknüpft, es handelt sich also um „Verhaltenssyndrome", die auch als Ausprägungen der Persönlichkeit im Umgang mit den Herausforderungen der sozialen, ökologischen und physikalischen Umwelt interpretiert werden können. Im Vergleich zu den eher „reaktiven" stellen sich die „proaktiven" Individuen den Herausforderungen des Lebens gewöhnlich rascher und aktiver. Sie neigen dazu, sich dominant zu verhalten, explorieren schnell, aber oberflächlich, und bilden bereitwillig Verhaltensroutinen aus, ändern diese aber ungern. Proaktive lösen schwierige Aufgaben weniger gern selbst, sondern profitieren eher vom Geschick der Gruppenmitglieder (Giraldeau und Caraco 2000).

Persönlichkeit kann bei Menschen und anderen Tieren entweder über standardisierte Verhaltenstests oder über Zuweisung von Eigenschaften entlang bestimmter Skalen wie den „Big Five" getestet bzw. festgestellt werden. Eine Einschätzung durch Beobachter (Gosling und John 1999) erscheint zwar „subjektiv", ergibt aber unter bestimmten Voraussetzungen reproduzierbare und standardisierte Ergebnisse, vor allem, weil Menschen sehr gut darin sind, die Persönlichkeit anderer aufgrund des beobachtbaren Sozialverhaltens einzuschätzen. Dies gilt wegen der weitgehenden zwischenartlichen Parallelen der biologischen Grundlagen der sozialen Organisation

(Kotrschal et al. 2009; Zentralteil dieses Buches) auch für andere Arten. Wir können lernen, Hunde, Schimpansen oder Wölfe zu „lesen", was umgekehrt natürlich genauso gilt. Tatsächlich beruht eine Anzahl von Instrumenten zur Ermittlung der Persönlichkeitsdimensionen auf Fremd- oder Selbsteinschätzung, darunter die „Big Five".

Zur Erforschung der Persönlichkeit von Tieren unterzieht man diese aber meist individuell kontrollierten experimentellen Verhaltenstests. Dies gilt als objektiver als die Beurteilung durch menschliche Beobachter. Dafür steht eine Reihe experimenteller Ansätze zur Verfügung. In der Regel misst man Latenzzeiten (Reaktionszeit des Individuums auf einen Reiz), die motorische Aktivität, Zahl und Intensität der Lautäußerungen und, wenn möglich, die Reaktion der Stresssysteme (etwa die Sekretion der Stresshormone aus der Nebennierenrinde sowie den Herzschlag) etc. Im „open field test" etwa bringt man das Individuum in eine ihm unbekannte Arena, um zu untersuchen, wie lange es dauert, bis es den neuen Raum zu explorieren beginnt und wie intensiv es das tut. Im „novel object test" wird es in bekannter Umgebung mit einem neuen Gegenstand konfrontiert, um ähnlich wie im „open field" zu untersuchen, wie lange es bis zum Beginn der Exploration dauert und wie lange der Gegenstand für das Individuum interessant bleibt. In „detour tests" wird unter anderem gemessen, wie lange und intensiv ein fokales Individuum versucht, eine angestrebte Ressource (Nahrung oder Sozialkontakt) über einen Umweg zu erreichen. Eine Übersicht dieser in der Persönlichkeitsforschung an Tieren eingesetzten Testinstrumente findet sich in Daisley et al. (2005).

Wie Persönlichkeit entsteht

Dass Persönlichkeitsmerkmale in einem erheblichen Ausmaß genetisch erblich sind, zeigten nicht nur die oben erwähnten Selektionsexperimente an Meisen und an einer Reihe von anderen Tieren, sondern auch die Forschung an menschlichen eineiigen und zweieiigen Zwillingen, die in denselben bzw. in getrennten Haushalten aufwuchsen (z.B. Bouchard und Loehlin 2001). Eltern geben einen Teil ihrer Persönlichkeitsstruktur also nicht nur über die Erziehung, sondern in erheblichem Ausmaß auch genetisch an die Nachkommen weiter, direkt oder über epigenetische Effekte, also die Beeinflussung der Genexpression in den Nachkommen durch den Lebensstil der Eltern. Dieser wirkt sich auf die Methylierung und damit die Exprimierbarkeit der Gene in den nachfolgenden Generationen aus. In noch stärkerem Ausmaß beeinflussen allerdings die Mütter vor allem durch das Milieu an Steroidhormonen, welches sie für den sich entwickelnden Fötus bereitstellen, den Verhaltensphänotyp ihrer Nachkommen.

Der Endokrinologe Hubert Schwabl von der Washington State University fand 1990 heraus, dass sich die Eier bei Kanarienvögeln in Legereihenfolge systematisch im Gehalt an männlichem Geschlechtshormon ihres Dotters unterschieden: Im letztgelegten und kleinsten Ei konnte in der Regel die höchste Konzentration an männlichem Geschlechtshormon gemessen werden. Es zeigte sich, dass die geschlüpften Nestlinge umso energischer um Nahrung bettelten, je mehr Geschlechtshormon ihre Dotter enthalten hatten. Es schien also, als ob die Vogelmütter durch diese selektive Hormonausstattung der Eier ihres Geleges den Nachteil der Küken aus den letztgelegten Eiern auszugleichen suchen, was Körpergröße und Schlupfzeitpunkt betrifft. Dabei handelt es sich natürlich allenfalls um eine evolutionär angelegte Strategie, sicherlich nicht um eine vom Kanarienvogelweibchen bewusst angewandte Taktik.

Mittlerweile wurde das Prinzip der „mütterlichen Manipulation" über Hormone im Eidotter bei vielen Vogelarten nachgewiesen; so etwa konnten Jonathan Daisley und Kollegen (2005) an der Konrad Lorenz Forschungsstelle in Grünau experimentell zeigen, dass auch bei den nestflüchtenden Wachteln eine Erhöhung des Androgengehalts im Eidotter unabhängig vom Geschlecht zu einer Verschiebung des Verhaltensphänotyps der Nachkommen in Richtung „proaktiv" führt. Ähnliche Effekte gibt es auch bei Säugetieren, wie die Arbeitsgruppe um Norbert Sachser und Silvia Kaiser von der Universität Münster an Meerschweinchen nachweisen konnte. Sozialer Stress während der Trächtigkeit führt etwa zu einer Vermännlichung der weiblichen und zu einer Infantilisierung der männlichen Nachkommen. Auch bei den Säugetieren sind Steroidhormone mütterlichen Ursprungs im Spiel. Schließlich tragen – wie oben beschrieben – auch Qualität und Verlässlichkeit der Frühbetreuung, in der Regel durch die Mutter, sowie allgemein die Art der frühen Sozialisierung mit Artgenossen zur Differenzierung des Verhaltensphänotyps bei.

Es gilt der Einwand, dass dieses Wissen über die Persönlichkeit bei Tieren gut und schön sei, aber dass es doch noch ein weiter Schritt sei vom Verhaltensphänotyp zu dem, was man zumindest beim Menschen unter „Persönlichkeit" versteht. Denn dazu gehören auch die Einbettung in ein bestimmtes soziales Milieu, Bildung, Selbstreflexion, Weltanschauung, gegebenenfalls

Glaube etc. Man sollte aber diesbezüglich die Latte nicht allzu hoch legen, denn es stellte sich heraus, dass auch Tiere Traditionen und allenfalls unterschiedliche Kulturen ausbilden können. So etwa leben sowohl Schwertwale als auch nordamerikanische Wölfe jeweils in zwei unterschiedlichen „Kulturen", in ortsfesten Gruppen und als nomadische Migranten. Die Angehörigen dieser Kulturen pflegen unterschiedliche Lebensstile und Jagdtaktiken, kommunizieren unterschiedlich und tauschen untereinander kaum Gene aus (Kotrschal 2012b). Territoriale Wölfe verteidigen relativ aggressiv Reviere gegen andere Wölfe und jagen sehr große Beutetiere, etwa Bisons. Migrantische Wölfe dagegen ziehen den Rentierherden nach und sind relativ wenig aggressiv. Der spezifische soziale Kontext des Rudels wird wiederum den Verhaltensphänotyp der in diesen Rudeln aufwachsenden Welpen prägen. Natürlich verfügen Schwertwale, Wölfe und Schimpansen trotzdem nicht über ein ähnliches reflektierendes Gehirn wie wir. Dem Einwand, dass die Ausbildung der menschlichen Persönlichkeit ganz besonders komplex sei, kann ich daher nicht widersprechen; die Grundstrukturen und Entwicklungsregeln sind allerdings bei Menschen und anderen Tieren recht ähnlich.

Wozu Persönlichkeit gut sein könnte

Zu wissen, wie es kommt, dass wir alle unterschiedlich sind, und zwar nicht irgendwie, sondern nach bestimmten Regeln und Mustern, beantwortet noch nicht die Frage, wozu dieses evolutionär-individualgeschichtliches Differenzieren gut sein soll. Ziemlich plausibel ist, dass Partnerwahl erst sinnvoll ist, wenn es unterschiedliche Optionen gibt. So fährt der eine seinem Typ entsprechend Volkswagen, während sich ein anderer im Mercedes wohlfühlt. Wenn man ins Gelände fährt, wird man keinen Ferrari wählen, für die Rennstrecke keinen Geländewagen. Ähnlich verhält es sich wohl auch im sozialen Bereich, etwa wenn es gilt, bestimmte Aufgaben zu erfüllen, oder natürlich bei der Frage, wer mit wem Nachwuchs zeugt und aufzieht. Diese Wahl von funktionellen Partnern und Freunden, also sozialen Unterstützern, hat nur Sinn, wenn dafür unterschiedliche Phänotypen zur Verfügung stehen. Wenn alle gleich sind, ist Wählen nicht sinnvoll. Voraussetzung ist natürlich auch, dass die Eigenschaften der anderen über die Zeit stabil bleiben. Zur Vorhersagbarkeit und zur Sinnhaftigkeit der Wahl von Partnern und Freunden trägt sicherlich auch bei, dass Persönlichkeit nicht beliebig ist, sondern entlang bestimmter Dimensionen variiert.

Ob es besser für den individuellen Erfolg, Überleben und Fortpflanzungserfolg ist, eher „reaktiv" oder „proaktiv" zu sein, hängt vor allem von der ökologisch-physikalischen Umwelt ab und von den Eigenschaften der anderen Individuen in sozialen Gruppen (Dingemanse et al. 2009). Generell scheinen Proaktive besser in stabilen Umwelten zu überleben und zu reproduzieren, während Instabilität eher die Reaktiven begünstigt. Proaktive scheinen etwa auch bei reichem Nahrungsangebot im Vorteil zu sein, während Reaktive besser mit knappen Ressourcen zurechtkommen. Wie Giraldeau und Caraco (2000) zeigten, kann die Mischung von Verhaltensphänotypen innerhalb einer Gruppe zu einer Verringerung der gruppeninternen Konkurrenz und zur Erhöhung der ökologischen Tragekapazität auf Gruppenniveau beitragen.

Es irritierte seit geraumer Zeit, dass die Verhaltensphänotypen in natürlichen Populationen meist als Kontinuum in Form einer breiten Glockenkurve auftreten (wenige extreme Typen, die meisten liegen irgendwo dazwischen) und kaum als klar voneinander abgegrenzte Gruppen (zum Beispiel proaktiv oder reaktiv, aber nichts dazwischen). Man ging zunächst davon aus, es sei gut, entweder proaktiv oder reaktiv zu sein. Diese Vorstellung war stark von der „Anisogamie" geprägt: durch rasche, „disruptive" Selektion entstandene Eier und Spermien mit hoher funktionaler Differenzierung. Eier haben alle für den Start der Entwicklung des Embryos nötigen Ressourcen, Spermien haben nichts davon, sind aber hocheffiziente Rennmaschinen, die ihr Erbgut zu den unbeweglichen Eiern transportieren. Intermediäre Typen von Geschlechtszellen hätten weder die nötigen Ressourcen noch wären sie beweglich.

Also dachte man zunächst, dass es bei den Verhaltensphänotypen ähnlich sein müsse. Das scheint aber nicht der Fall zu sein, zumal ein Verhaltensphänotyp abseits der Extreme im Vergleich zu diesen eine höhere Anpassungsfähigkeit in Verhalten und Physiologie gewährleisten kann. Mittelmaß macht sozusagen flexibel. Zudem variiert, wie Nils Dingemanse von der Universität Groningen zeigen konnte, die ökologische Umwelt, etwa die Nahrungsverfügbarkeit, von Jahr zu Jahr. Damit ändert sich auch der Selektionsdruck auf Verhaltensphänotyp, was einer Herausbildung von Extremtypen entgegenwirkt.

4. Welches Kumpantier und warum?

Auf jeden Topf passt ein ...?

Kumpantiere befriedigen bei vielen Menschen das Bedürfnis nach einem Partner, der gute Betreuung mit bedingungsloser Zuwendung erwidert (Otterstedt und Rosenberger 2009; Serpell 1986), und das mit vergleichsweise geringem sozialem Aufwand. So argumentieren unsere Katzen und Hunde nicht ständig mit uns (obwohl sie akustisch recht mitteilsam und anspruchsvoll sein können) und sind in vieler Beziehung weniger anspruchsvoll, als ein menschlicher Partner es wäre. Tiere akzeptieren uns gewöhnlich so, wie wir eben gerade sind.

Kumpantiere können als „soziale Schmiermittel" wirken. Mit einem Hund an der Leine wird man nicht selten angesprochen und kommt recht einfach mit anderen ins Gespräch. Besonders alleinstehende Personen profitieren davon, dass sie des Hundes wegen das Haus verlassen und mit anderen Menschen in Kontakt kommen. Zumeist intensiviert ein Tier im Haus, insbesondere ein Hund, auch die zwischenmenschliche Kommunikation in Partnerschaften und Familien. Im Grunde sind Beziehungen zu Kumpantieren „essentialisierte" Beziehungen, mit einem starken Fokus auf der emotionalen Ebene, nahezu ohne jene kulturellen Komponenten, die zwischenmenschliche Beziehungen so kompliziert machen können. Kumpantiere sind fähig und willens, sich wesentlich kompromissloser und asymmetrischer an die Besonderheiten und Bedürfnisse „ihrer" Menschen anzupassen (Kotrschal et al. 2009; 2014), als das die meisten menschliche Partner könnten oder wollten. Und Kumpantiere sind authentisch, sie geben sich zumeist so, wie sie eben sind.

Kumpantiere können, durchaus auch ihren eigenen Bedürfnissen entsprechend, Schmusepartner sein und durch emotionale soziale Unterstützung zur Stressbewältigung ihrer Menschenpartner beitragen, also Kortisol, Herzschlagrate und Blutdruck senken. Zur stressreduzierenden und gesundheitsfördernden Wirkung von Kumpantieren ist für die menschliche Seite schon einiges bekannt, aber überraschenderweise wissen wir viel weniger über die möglichen Vorteile oder auch Belastungen aus einer solchen Beziehung für das Kumpantier. Die Dämpfung von exzessivem akutem und chronischem Stress ist wichtig, um längerfristig gesund zu bleiben, und häufige akute Kortisolpeaks erhöhen zeitverzögert die Wahrscheinlichkeit des Auftretens aggressiven Verhaltens (Creel 2005; Kruk et al. 2004).

Dies ist auch im Zusammenleben mit Tieren relevant. So etwa wird die Sicherheit und soziale Verträglichkeit insbesondere von Hunderüden nach außen maßgeblich davon abhängen, ob eine partnerschaftliche Beziehung zu den Bezugsmenschen gelebt wird oder ob und wie stark der Hund dominiert und unter Druck gesetzt wird. Das kann zur Folge haben, dass er dies in einer Art „Radfahrerreaktion" nach außen weitergibt. Mit einem Kumpantier zu leben, bringt aber nur dann emotionale und physiologische Vorteile, wenn eine soziale Beziehung bzw. eine Bindung besteht (Podberscek et al. 2000) und es sich um eine wechselseitige Beziehung, keine einseitige Ausbeutung handelt. Davon hängt unter anderem auch die Qualität der wechselseitigen emotionalen sozialen Unterstützung ab.

Domestikation: Selektion auf Zahmheit

Nicht alle Tiere eignen sich gleich gut als Kumpantiere oder Sozialpartner für Menschen. Natürlich bietet sich ein Säugetier oder ein Vogel eher an als etwa eine Spinne. In der Regel werden Tiere und Menschen einander sozial umso besser verstehen, je größer die stammesgeschichtliche Nähe ist. Vor allem aber sind domestizierte Tiere immer besser als Kumpantiere geeignet als die Wildform. Aus guten Gründen leben Menschen meist mit Hunden und nur wenige mit zahmen Wölfen. Tun sie es doch, dann unter erheblichen Schwierigkeiten und Zumutungen für das für ein Leben in menschlicher Kulturumgebung in der Regel ungeeignete zahme Wildtier. Domestizierte Tiere wurden über viele Generationen intensiv auf Zahmheit ausgelesen (Hare et al. 2012) und sind gewöhnlich für ein Zusammenleben mit Menschen sehr viel besser geeignet als ihre wilden Stammformen.

Bereits Jäger und Sammler wussten, dass die Handaufzucht (einschließlich Brustfüttern parallel zu menschlichen Babys im Fall von Säugetieren; Zimen 1988) menschenbezogene Tiere ergibt. Korrekt müsste die klassische Form der Handaufzucht eigentlich „Brustaufzucht" heißen. Dennoch machen sich diese Individuen, abhängig von Art und Umständen, gelegentlich selbstständig oder werden gegen ihre menschlichen Partner mit Erreichen der Geschlechtsreife sogar aggressiv. Durch frühe Sozialisierung von Tieren im Zuge von Handaufziehen werden Menschen Teil ihres Sozialsystems, mit allen Vorteilen der Zahmheit, aber auch mit allen Gefahren, die aus diesem Distanzverlust erwachsen mögen. Solchermaßen zahme Wildtiere sind nicht „domestiziert". Von Domestikation spricht man nur dann, wenn sich die Genetik aufgrund eines Selektionsdrucks auf Umgänglichkeit von jener ihrer wildlebenden Vorfahren entfernte. Das schließt eine Selektion auf jene Genvarianten mit ein, die bereits bei Wildtieren vorhanden sind und eine Eignung für den Hausstand unterstützen. Dazu kommen Mutationen, welche die domestizierten Tiere grundlegend von ihren wilden Vorfahren unterscheiden. So verläuft etwa bei Hunden die Gehirnbildung anders als bei Wölfen und sie sind besser als ihre Vorfahren im Verdauen von Stärke (Freedman et al. 2014).

Domestizierte Tiere sind tatsächlich ruhiger als die Wildform und reduzieren damit auch energieaufwändige körperliche Strukturen (einschließlich Gehirn) und Verhaltensweisen. Sie verdauen effizient, geben mehr Wolle, Fleisch oder Milch als die Wildform und sie zeigen oft verstärkte sexuelle Aktivität und eine höhere Vermehrunsgsrate (Herre und Röhrs 1973). Der Nutzaspekt mag aber zu Beginn der Domestikation sekundär gewesen sein; die Anfangsphasen der Domestikation der meisten Arten waren in die Spiritualität der animistischen Kultur der Jäger- und Sammler-Gesellschaften eingebettet. In der Erstannäherung zwischen Menschen und bestimmten Tieren waren spirituelle Motive sicherlich von zentraler Bedeutung.

Ganz unabhängig davon, warum stein- und bronzezeitliche Menschen die Nahebeziehung zu verschiedenen Arten von Tieren suchten, erhöhte wahrscheinlich die sozusagen „nebenbei" erfolgte Selektion auf Zahmheit (Hare et al. 2012) in Menschennähe die morphologische und Verhaltensvariabilität, was wiederum als Basis für selektives Züchten genutzt werden konnte. Dmitri Konstantinowitsch Beljajew, Genetiker der Russischen Akademie der Wissenschaften (1972), selektierte beispielsweise Silberfüchse über mehr als 30 Generationen auf Zahmheit und erzielte damit eine Variabilität in Größe, Farbmuster und Körperbau, die in der Wildform nicht vorkommt. Damit ist Selektion auf Zahmheit das nächstliegende Szenario für die zuerst in Europa vor etwa 30 000 Jahren erfolgte Hundwerdung. Die verschiedenen Hundetypen entstanden schließlich vorwiegend in Südost-Asien vor etwa 15 000 Jahren (Pang et al. 2009; Thalmann et al. 2013).

Selektion auf Zahmheit war offenbar der zentrale Mechanismus des Domestikationsprozesses bei allen Tieren, weil Menschen Tiere benötigen, die sicher im Umgang und kooperativ sind sowie mit der menschlichen Kulturumgebung sozialisierbar (Miklosi 2007). Kein Wunder also, dass sich diese Selektion auch auf das Gehirn auswirkte (Lindberg et al. 2005). Beispielsweise ist das Vorderhirn praktisch aller domestizierten Tiere relativ zur Körpergröße um etwa 30 % kleiner als das der wildlebenden Stammform (Herre und Röhrs 1973). Selektion auf Zahmheit in der frühen

Domestikationsgeschichte von Arten ergab auch Tiere, die ruhiger als die Wildform auf Umweltreize reagierten. Damit führt eine Selektion auf Zahmheit auch zu einer Veränderung der Persönlichkeitsmuster und einer erhöhten Nahrungseffizienz.

Auch wenn etwa im Falle der asiatischen Arbeitselefanten die Nutzung von zahmen Wildtieren in einer langen Kulturtradition steht, bedeutet dies nicht, dass solche Praktiken heute den Standards des Tier- und Artenschutzes entsprechen. Tatsächlich sollten nur gut sozialisierte, domestizierte Tiere in tiergestützten Aktivitäten eingesetzt werden, denn sie sind dafür am besten geeignet. Kapuzineraffen als Helfer für Menschen mit besonderen Bedürfnissen etwa sind ethisch und von ihrer Haltung her problematisch, zumal dafür geeignete Hunde zur Verfügung stehen. Dies gilt auch für die so genannte Delfintherapie, die jenen, die sie um viel Geld in Anspruch nehmen, in der Regel keine nachhaltigen Verbesserungen bringt (Marino und Lilienfeldt 2007), sehr wohl aber den weltweit etwa 50 Betreiberinstitutionen ein gutes Geschäft beschert. Im Gegensatz dazu können Hunde, Pferde und andere domestizierte Tiere etwa im Bereich der tiergestützten Therapie, das nötige Fachwissen vorausgesetzt, ohne wesentliche Tier- oder Artenschutzbedenken eingesetzt werden, und das zu moderaten Kosten (Podberscek et al. 2000; Wilson 1998).

Mindestens etwa 40 % der österreichischen Bevölkerung leben mit einem domestizieren Tier als Gefährten. In anderen Ländern, etwa Skandinavien oder den USA, sind es noch wesentlich mehr. Über tausende Jahre Zusammenleben mit Menschen (beim Hund sind es bereits etwa 30 000 Jahre, bei Katze und Pferd 4000–6000 Jahre; Turner und Bateson 2014) veränderten sich Genetik und Eigenschaften im Vergleich zur Wildform. Während man früher vor allem die körperlichen und physiologischen Veränderungen vom Wildtier zur domestizierten Form betonte, ist uns heute bewusst, dass der primäre Prozess der Domestikation meist die Selektion auf Zahmheit war. Das Beispiel der Hauskatze zeigt, dass dies auch innerartlich wirkt. Die afrikanische Falbkatze scheint weniger sozial veranlagt als ihre domestizierten Nachkommen, die als verwilderte Hauskatzen in faktisch allen größeren Städten der Welt verwilderte halb-soziale Verbände bilden. Die Basis auch dafür bildet wahrscheinlich die Selektion auf Zahmheit im Zuge der Domestikation.

Generell scheint diese Selektion auf Zahmheit auch die Sozialisierbarkeit von Jungtieren mit Menschen verbessert und die Abhängigkeit des Sozialverhaltens von artspezifischen Merkmalen verringert zu haben. Um das Vertrauen und die Kooperationsbereitschaft von Wölfen zu erlangen, ist es nötig, sie spätestens ab ihrem zehnten Lebenstag, also noch vor dem Öffnen von Augen und Ohren, in Menschenobhut handaufzuziehen. Doch selbst dann können Fehler passieren, die dazu führen, dass handaufgezogene Wölfe sich scheu und distanziert zu Menschen verhalten. Ganz anders dagegen verhält es sich bei den „domestizierten Wölfen", den Hunden. Um gut menschensozialisierte Hunde zu erhalten, können die Welpen bis zur achten bis zehnten Woche von der Mutter aufgezogen werden, wenn auch unter Anwesenheit freundlicher Menschen. Es scheint, dass Hunde wie auch die Beljajew'schen Silberfüchse durch Selektion auf Zahmheit und damit durch Selektion auf bestimmte Persönlichkeitsmerkmale im Vergleich zur Stammform viel von ihrer artspezifischen Voreinstellung abschwächten, wie Sozialpartner auszusehen und zu agieren hätten.

Wie jedoch das Beispiel Hund zeigt, bedeutet Selektion auf Zahmheit nicht automatisch eine Selektion auf Sanftheit und gegen Aggressionsbereitschaft. Hunde wurden und werden zur Verteidigung von Haus und Hof und in Kriegen gegen andere Menschen eingesetzt und wurden spezifisch zum Kämpfen gegen Hunde und andere Tiere gezüchtet. Bislang nahm man an, dass Hunde im Vergleich zu Wölfen im Verlauf ihres langen Zusammenlebens mit den Menschen uns gegenüber weniger aggressiv und sozial kompetenter geworden seien. Alle am Wolfsforschungszentrum an Wölfen und gleichartig aufgezogenen Hunden erhobenen Daten zeigen eher das Gegenteil: Wölfe sind, angemessen sozialisiert, Menschen und Artgenossen gegenüber aufmerksamer und sozial feiner justiert als Hunde. Aber Hunde sind motivierter, mit uns zusammenzuarbeiten, und vertragen auch mehr Fehler im Umgang. Hunde kann man etwa unter Druck setzen, Wölfe nicht. Hunde akzeptieren gerne unsere Entscheidungen, Wölfe hinterfragen sie aus Prinzip. All das erklärt, warum Wölfe wohl doch nicht die geeigneteren Hunde sind und warum es keine gute Idee ist, auf die positiven Effekte von 30 000 Jahre Domestikation zu verzichten und mit Wolfshybriden oder zahmen Wölfen leben zu wollen.

Menschen mit Kumpantierwunsch steht eine erhebliche Auswahl an geeigneten Tieren zur Verfügung, von Laborratten, Hund, Katze, Pferd bis zu Schwein, Rind oder Koi-Karpfen. Es ist eine Frage der Vorliebe und der Lebensumstände, für welches Tier man sich entscheidet. Innerartlich ist die Auswahl an unterschiedlichen Zuchtlinien und Temperamenten meist hinreichend groß, um den unterschiedlichsten menschlichen Temperamenten zu genügen. Dennoch scheint die Wahl des Kumpantieres immer noch eher von dessen Aussehen als von der informierten Einsicht in dessen Eigenschaften bestimmt zu sein. Sie scheint, wie die menschliche Partnerwahl auch, sehr „intuitiv" vonstatten zu gehen, um bestenfalls sekundär rationalisiert zu werden. So fällt die Entscheidung oft zugunsten eines Border Collies, weil er soo „lieb" aussieht und angeblich soo klug ist. Dabei wird das Arbeits- und Bewegungsbedürfnis dieser Hunde verkannt, was regelmäßig zu einer problematischen Beziehung führt, wenn etwa der Mensch erkennt, dass ihm die Zeit zur regelmäßigen Bespaßung des Hundes fehlt. Kumpantierwahl und -haltung wird wohl auch in Zukunft in hohem Ausmaß „irrational" bleiben.

Die Wahl einer bestimmten Art und eines bestimmten Individuums wird vor allem von der Qualität des Gegenübers als Projektionsfläche für Wünsche, Sehnsüchte und Vorurteile, also von den individuellen Repräsentationen, abhängen. Plakativ ausgedrückt, suchen viele das ideale Tier für ihre vermenschlichenden Vorstellungen und Projektionen. Zudem werden Menschen in Begleitung von Hunden oder auch Pferden und anderen Tieren von ihren Mitmenschen anders wahrgenommen. Begleitende Tiere werden offenbar als eine Art „extended phenotyp" des Kumpantierhalters gelesen (Mae et al. 2004).

So werden etwa Menschen in Begleitung von Rottweilern ganz anders wahrgenommen als Menschen in Begleitung eines Pudels. Manche Personen bevorzugen ein verwegenes, wildes Aussehen bei ihren Tieren, welche damit, wie etwa „Kampfhunde", Greifvögel oder Krokodile, aber auch Katzen, eine „Aura des Wilden, Ungezähmten, Gefährlichen, Anarchischen" ausstrahlen. Andere bevorzugen Tiere mit „nobel-elegantem", „distinguiertem" Aussehen, etwa Windhunde, Araberpferde oder Renn-Kamele (Serpell 1986; 1995). Wieder andere legen Wert auf bezogene, ja unterwürfige Tierpartner, wie entsprechend erzogene Hunde es sein können, oder suchen im Gegenteil eigenwillige, unabhängige Partnertiere mit starkem Willen, etwa Katzen. All das unabhängig davon, ob diese Tiere „wirklich so sind" oder ob es sich dabei um Zuschreibungen handelt.

Am besten passen meist Hunde, Katzen, Pferde

Hunde schlagen alle anderen Kumpantiere in ihrer sozialen Nähe zu ihren Menschenpartnern und in der Fülle von Möglichkeiten, miteinander zu kooperieren. Menschen und Hunde arbeiten zusammen und verbringen ihre Freizeit zusammen. Der grundlegende Unterschied der Beziehungen zu Hunden und Katzen besteht darin, dass Menschen und Hunde sozusagen Kooperationstiere sind, die unentwegt zusammen aktiv sein wollen, während Katzen eher durch ihre Unabhängigkeit beeindrucken.

Die enge Beziehung zu Hunden ist vor allem deswegen kein Wunder, weil sie aus Wölfen hervorgingen und Wölfe die dem Menschen wahrscheinlich ähnlichsten Tiere sind, was ihre ökologische Einmischung und soziale Grundausrichtung betrifft (Kotrschal 2012a). Ursprüngliche Menschen und Wölfe arbeiten innerhalb ihrer Gruppen nett und freundlich auf der Jagd und beim Aufziehen des Nachwuchses zusammen, verteidigen aber oft grausam ihr Territorium gegen „die anderen". Am Wolfsforschungszentrum in Ernstbrunn arbeiten wir auch deswegen mit Wölfen, weil sie das wahrscheinlich beste – unsere Wolf- und Hundepartner am Forschungszentrum mögen uns den schnoddrigen Ausdruck verzeihen – „Tiermodell" sind, um die biologische Basis der Kooperationsbereitschaft beim Menschen zu erforschen.

Hunde sind auch die mit Abstand am längsten domestizierten Tiere. Im Vergleich zu allen anderen Tieren hatten wir etwa dreimal so viel Zeit, uns aneinander anzupassen. Genetische Ergebnisse legen nahe, dass sich das Genom von Wölfen und Hunden vor etwa 30 000 Jahren erstmals in Europa trennte (Thalmann et al 2013). Dies bedeutet, dass die Beziehung der damaligen Jäger und Sammler zu Wölfen bereits viel länger angedauert haben muss. Und dass es eine Beziehung auf Augenhöhe gewesen sein muss, denn da sie nicht über Metall verfügten, hatten diese Menschen keine Möglichkeit, die Wölfe mit Gewalt an sich zu binden.

Was Wölfe und Menschen bewog, sich aneinander anzunähern und zusammenzubleiben, wissen wir nicht. Die Menschen mögen die Wölfe als Mittler zur Welt der Geister angesehen haben. Für die Wölfe waren Menschen vielleicht einfach interessante Nahrungslieferanten in Form von Jagdabfällen und Menschenkot; diese unangenehme Vorliebe mancher Hunde ist direktes Wolfserbe. Man mag begonnen haben, bei der Jagd zu kooperieren und einander bei Konflikten mit Nachbarklans beizustehen. Vielleicht, wir waren ja nicht dabei. Wir wissen aber, dass Menschen und Wölfe einander sehr ähnlich in ihrer Kooperationsbereitschaft innerhalb der Gruppe sind, bei der gemeinsamen Jagd, beim Aufziehen des Nachwuchses und bei der Verteidigung des Territoriums. Zwischen den Gruppen/Rudeln geht es eher weniger nett zu. Beide Arten sind spezialisierte Laufjäger, sie sind aufgrund ihres großen Gehirns fähig, die unterschiedlichsten Lebensräume zu besiedeln und in kurzer Zeit über große Distanzen zu wandern (Kotrschal 2012a).

Mit dem Sesshaftwerden stiegen offenbar die Ansprüche der Menschen an ihre noch recht wolfsähnlichen Hundebegleiter, was Zahmheit und Respekt vor ihren Gütern betrifft. Durch diese Selektion auf Zahmheit kam es wahrscheinlich vor etwa 15 000 Jahren in Ostasien erstmals zur Entstehung unterschiedlicher Hundetypen (Jun Feng-Pang et al. 2009) und zu einer Spezialisierung der Kooperation. Zu diesen ältesten Hundetypen zählen etwa hetzjagende Windhunde, aber auch Molosser, frühe Kampfgefährten der Menschen in ihren ersten organisierten Kriegen. Früh gab es auch Hirtenhunde, die den Menschen halfen, die Herden zu führen und gegen ihre wildlebenden Verwandten, die Wölfe, schützten (Parker et al. 2004). Gerade wegen seiner Allianz mit den Menschen wird der Hund in manchen Kulturen als Verräter verachtet und als Schimpfwort gebraucht, weil er die Fronten wechselte und sich gegen die eigene Art stellte. Schafe und Rinder wurden übrigens erst vor mehr als 10 000 Jahren domestiziert, viel, viel später also als der Wolf. Mit dieser Differenzierung der Hunde in wenige frühe „Verwendungsgruppen" war es nicht getan. In den letzten Jahrhunderten wurden mit den Arbeitsrassen standardisierte Spezialisten für die Jagd, das Hüten, die Schädlingsbekämpfung, aber auch für Tierkämpfe sowie reine Schautiere gezüchtet.

Verglichen mit Hunden sind Katzen kulturgeschichtliche „Newcomer". Unsere Hauskatzen gingen vorwiegend aus der nordafrikanischen Falbkatze hervor (Turner und Bateson 2014), die sich, ähnlich wie viel früher der Wolf, selbst an den Menschen annäherte, als dieser die ersten Getreidespeicher einrichtete. Das mag vor 6 000 Jahren gewesen sein, vielleicht später. Diese Katzen waren an den kleinen Nagern interessiert, die am gelagerten Getreide mitnaschten. Wahrscheinlich schätzten die Menschen die guten Dienste der Katzen sehr bald und merkten zudem, welch anschmiegsame Hausgenossen Katzen werden können, wenn man sich um sie bereits im Welpenalter kümmert. Der Rest ist bekannt. Katzen verteilten sich über die ganze Welt, besonders intensiv etwa mit Schiffen, die meist mit Katzen unterwegs waren, um die Ratten und Mäuse an Bord kurzzuhalten. Heute sind Katzen neben Hunden die beliebtesten und häufigsten Kumpantiere, besonders auch in islamischen Ländern, wo es oft aus Glaubensgründen verpönt ist, mit Hunden zu leben. In Österreich stehen etwa 700 000 Hunde 2 Millionen Katzen gegenüber. Man schätzt, dass weltweit etwa 1 Milliarde Hunde lebt, viele davon menschenfern. Wahrscheinlich gibt es noch deutlich mehr Hauskatzen, von denen ein Gutteil verwildert in praktisch allen Großstädten der Welt lebt.

Im Wesentlichen sind Katzen ursprünglicher geblieben als etwa die modernen Hunde, mit relativ geringer genetischer Distanz zur Stammform. Katzenschläge, etwa die Differenzierung zwischen den europäischen und ostasiatischen Katzen, können schon recht lange parallel nebeneinander existieren. Die Zucht von Rassekatzen allerdings ist wie jene der Rassehunde eine Erscheinung der letzten 200 Jahre. Offenbar sorgte auch bei den Katzen die Domestikation für mehr Zahmheit und eine im Vergleich zur eher einzeln lebenden Wildform stärkere soziale Orientierung, allerdings ohne die für Wölfe und Hunde charakteristische Kooperationsbereitschaft beim Jagen und bei der Jungenaufzucht. Katzen sind daher individuelle Sozialpartner geblieben, die einem zu Hause Gesellschaft leisten und in der näheren Umgebung Kleinsäuger und Vögel dezimieren. Aber sie sind nie jene Partner bei Arbeit und Freizeitgestaltung geworden wie Hunde. Dazu fehlt es ihnen an der Kooperationsbereitschaft, welche die Hunde von den Wölfen mitbekamen. Das bedeutet nicht, dass Katzen nicht auch sehr an ihre Menschen gebunden sein könnten (Bradshaw 2013, Turner und Bateson 2014). Schließlich verfügen sie mit ihrem typischen Säugetiergehirn über dieselben sozialen Instrumente, setzen aber ihr soziales Hirn offenbar etwas anders ein als Hunde oder Menschen.

Insbesondere für die Freigänger unter den Katzen sind Menschen offenbar mehr oder weniger verlässliche Futterspender, die man auch wechseln kann, wenn die Atmosphäre nicht mehr passt, wenn etwa ein Kind oder ein Hund ins Haus kommt. Für viele Wohnungskatzen dagegen, besonders wenn sie als Welpen gut sozialisiert wurden, können ihren Menschen durchaus enge Bindungspartner werden, die die Katze vermisst, wenn sie gehen, begrüßt, wenn sie wiederkommen, und sogar auf Spaziergängen begleitet. Fraglich ist allerdings, ob sich die Katze-Mensch-Bindung ähnlich individualisiert ausbildet wie bei Hunden. Andererseits zeigten Untersuchungen unserer Arbeitsgruppe an der Universität Wien, dass die sozialen Beziehungsmuster zwischen Katzen und Menschen zwar im Grunde ähnlich wie jene zwischen Hunden und Menschen strukturiert sind, aber doch um einiges vielfältiger (Kotrschal et al. 2014). Im Gegensatz zu Hunden und Menschen können Katzen sozial gebunden sein, müssen aber nicht. Dass Hunde Besitzer, Katzen dagegen Servicepersonal haben, ist eine alte, im Wesentlichen zutreffende Weisheit.

Wahrscheinlich noch später als jene zu Katzen begann die Beziehung der Menschen zu Pferden, wahrscheinlich zwischen Nahem Osten und Zentralasien. Wildpferde waren immer schon Jagdwild, wie unter anderem die bis zu 40 000 Jahre alten Höhlenmalereien in Südfrankreich belegen. Wie bei vielen kulturellen Innovationen war der Krieg auch der Vater der Domestikation der Pferde. Lange nach dem ersten Sesshaftwerden, vor vielleicht 4000 bis 6000 Jahren, entwickelte man die Technik, Wildpferde zu zähmen bzw. unter Gewaltanwendung zu „brechen", wie man sie seit Jahrtausenden bis heute auch bei den Arbeitselefanten anwendet. Insbesondere die alten Ägypter waren große „Zähmer", ritten offenbar auf Zebras und stellten Elefanten in den Dienst. Der Einsatz von Pferden bot die Möglichkeit, sehr rasch anzugreifen und sich wieder zurückzuziehen, somit große Gebiete zu erobern und auch zu verwalten. Bis in die Neuzeit waren Pferde unentbehrlich im Krieg und zum raschen Überbringen von Botschaften.

Entsprechend der Art der Kriegsführung entwickelten sich auch die Pferde. Mit kleinen, zähen, wolfsausgelesenen Pferden (Jiang Rong 2010) überrannten die Mongolen im frühen Mittelalter Europa. Und je gerüsteter und schwerer die Reiter, desto größer wurden auch die Pferde. Um Ritterheere zu tragen, benötigte man große Kaltblutpferde. Erst viel später wurden sie vor den Pflug gespannt. Pferde zu besitzen, war lange Zeit ein Privileg der höheren Stände. Nicht nur Leibeigene pflügten traditionell mit menschen- oder rindergezogenen Pflügen. Wie erwähnt, stiegen erst die freien und reicheren Bauern zum Pflügen und zum Ziehen schwerer Gerätschaft auf die schweren ehemaligen Ritterpferde um.

Wohl immer schon waren Pferderennen mit Reitern oder mit Wagen als militärische Sportart beliebt; man züchtete Pferde sowohl für den Krieg als auch für die Arena auf Schnelligkeit und Ausdauer. In der Neuzeit betrieb vor allem der englische Adel die Zucht jener hochspezialisierten Rennpferde, die bis heute die Rennstrecken der Welt dominieren. Immer schon waren Pferde auch starke Identifikationsobjekte ihrer vorwiegend männlichen Besitzer, waren verehrte Geschöpfe und kostbare Geschenke unter den Herrschenden. Pferde waren die Kampfgefährten und „Sportautos" der Menschen über tausende von Jahren, erst vor kaum 100 Jahren wurden sie von den benzinfressenden Rädertieren abgelöst.

Pferde sind heute vorwiegend Freizeitpartner in den verschiedensten Funktionen. Zunehmend werden Pferde auch in unterschiedlichen Therapien eingesetzt. Reiten fördert etwa Körperbewusstsein und Koordinationsfähigkeit. Ein großer Unterschied zur Kumpantierhaltung besteht allerdings darin, dass Pferde oft genug immer noch weniger als Partner denn als Sportgerät gesehen werden, das man an den Schlachter abschiebt, wenn man es nicht mehr benötigt oder wenn es aufgrund des nicht stattgefundenen oder unsachgemäßen Trainings schon in jungen Jahren Bewegungsprobleme entwickelt. Und weltweit werden jede Menge Pferde gezüchtet, um verzehrt zu werden. Viele Schiffsladungen mit Pferden aus Südamerika beliefern die Schlachthöfe der Welt. Doch in der schwindenden Akzeptanz von Pferdefleisch kommt die Einstellungsänderung zum Pferd zum Ausdruck: In einzelnen US-Bundesstaaten ist der Verzehr von Pferdefleisch bereits verboten und in Europa geht sein Konsum, insbesondere unter jungen Leuten, zurück.

Wenn die Beziehung scheitert – bis zur Gewalt

Nicht alle Beziehungen zu Kumpantieren verlaufen harmonisch. Sie sind, wie alle Beziehungen, immer Herausforderungen mit dem Potenzial, glücklich zu werden oder auch grandios zu scheitern. Wie es auch zwischen Menschen vorkommt, mag es sein, dass Mensch und Tier schlicht nicht zusammenpassen, etwa in ihrem Temperament. Für Couchpotatoes mögen höchst bewegungsbedürftige Hunde zwar theoretisch gesund sein, sie werden durch solche Kumpantiere aber auch überfordert. Oder es dominieren unrealistische Erwartungen bei der Entscheidung für ein Kumpantier, was zu Frust führen kann, weil sich der Welpe etwa nicht ganz von selbst zum hochintelligenten Kommissar Rex entwickelt. Schwierig wird es auch, wenn die Halter nicht bereit oder fähig sind, Körpersprache und Mimik des Hundes richtig zu deuten (Racca 2012). Mit einiger Wahrscheinlichkeit läuft dies auf Frust auf beiden Seiten hinaus, wahrscheinlich auf eine Trennung. Wenn der Hund Glück hat, landet er im Tierheim und wird an einen besser passenden Platz vermittelt; wenn nicht, wird er eingeschläfert. Im günstigen Fall lernen beide, besonders aber der Mensch, in solchen Beziehungen und die Beziehung kratzt die Kurve.

Die Gründe für das Scheitern von Mensch-Tier-Beziehungen sind so vielfältig wie auch die Gründe des Scheiterns der Beziehung zwischen Menschen. Missverständnisse und soziale Inkompetenz zählen dazu. Wenn etwa ein ohnehin schon schwieriges Pferd in die Hände einer unerfahrenen Reiterin gerät, die versucht, Druck mit Gegendruck zu ahnden, dann wird diese Beziehung scheitern. Wahrhafte Meister im Ertragen und Wegstecken von Zumutungen in der Beziehung sind Hunde. Die Domestikation hat sie vor allem darauf spezialisiert, sich an Menschen anzupassen. Wenn solche Beziehungen scheitern, dann oft, weil die Zumutungen die Anpassungsfähigkeit der Hunde bei Weitem übersteigen. Die reagieren dann durch Bellen, Zerstören der Wohnung, aggressives Verhalten etc. Sehr oft kommt es so weit, weil ihre Menschenpartner sich zu wenig bewusst waren, dass auch Hunde als Sozialpartner Zeit, Zuwendung und sensibel-verlässliches Eingehen auf ihre Bedürfnisse benötigen, vergleichbar mit Kindern. Kumpantiere sind Partner, die immer eine gewisse Anpassung des Lebensstils ihrer Menschen erfordern.

Nicht immer wird im Fall belasteter Beziehungen Hilfe in Anspruch genommen oder eine Trennung vollzogen. Gerade bei Hundebeziehungen spielen sich vielfältige Konfliktmuster ein, auch weil Hunde in einem unglaublichen Ausmaß Wesen und Verhalten ihrer Menschenpartner spiegeln. Daher ist das „Fehlverhalten" eines Hundes oder jedes anderen Kumpantieres nahezu immer im Kern ein Beziehungsproblem. Zu den am häufigsten genannten Konfliktzonen zwischen Hunden und Menschen zählt, dass der Hund aggressiv gegenüber der eigenen Familie wird, aufsässig, seine Halter ignoriert oder nach ihnen schnappt. Menschen beklagen sich auch darüber, dass der Hund nicht leinenführig ist, einen unkontrollierbaren Jagd-, Hüte- oder Schutztrieb zeigt, zu Zwangshandlungen, Stereotypien, „Ticks" und manisch-stereotypem Verhalten neigt, nicht stubenrein oder inkontinent ist. Darüber hinaus zeigen viele Hunde die unterschiedlichsten Ängste und Phobien; nichts Menschliches ist ihnen fremd, auch nicht, wenn es um Störungen geht. Sie sind unsicher, verkraften die Trennung vom Halter nicht, zerstören die Wohnung. Oft „nervt" der Hund einfach, ist nervös, hyperaktiv, hypersexuell, mürrisch, ein Raufbold, bettelt, klaut, bellt zu viel etc.

Wenn kein Gesundheitsproblem vorliegt, etwa eine Fehlentwicklung oder ein Tumor im Gehirn oder chronische Schmerzen, wurzeln buchstäblich all diese Probleme in der Beziehung zum Menschenpartner. In manchen Bereichen mag das Problem nur für den Menschen bestehen, etwa wenn der Hund zu viel bellt, sich gerne in Dreck wälzt oder diesen frisst. Meistens aber besteht das Problem für beide Partner. So könnte man meinen, dass ein Hund, der wie verrückt jagt oder nicht leinenführig ist, vor allem seinem Halter Probleme bereitet. Sein Verhalten kann jedoch dazu führen, dass der Hund abgeschossen wird, dass er nur noch an der Leine raus kann oder dass er abgegeben wird. Somit besteht auch für den Hund ein Problem. Klar ist dies im Fall von Ticks, Stereotypien, Zwangshandlungen oder Phobien, unter denen auch der Hund ganz offensichtlich leidet. Dabei handelt es sich um mental bedingte Befindlichkeits- bzw. Gesundheitsstörungen des Hundes, welche oft genetische Wurzeln haben können, sich aber immer erst in einer konkreten sozialen Umgebung ausprägen. Solche Probleme können die Kontaktfähigkeit des Hundes, aber auch des Halters zu seiner sozialen Umwelt schwer beeinträchtigen. Der Hund bleibt folglich zu Hause, die Störung verstärkt sich weiter, die Partnerschaft zerfällt. Will man den Hund nicht verlieren, sollte man dringend Hilfe suchen, nicht wenige seriöse Verhaltenscoaches bieten in solchen Fällen Unterstützung an.

Von Bachblüten oder Homöopathie ist übrigens abzuraten, wenn es um mehr als die Steigerung des Wohlbefindens geht. Ebenso von so genannten „Tierkommunikatoren", die einem am Telefon mitteilen, wie das Kumpantier drauf ist und was es sagen würde, könnte es sprechen. Flucht in Hokuspokus lenkt nur von der Lösung des tatsächlichen Problems ab. Denn die braucht Mut. Es reicht nicht, den Hund therapeutisch „auf die Couch" zu legen. Ein Beziehungsproblem – meist handelt es sich ja wie gesagt um ein solches – können nur beide Partner gemeinsam angehen. Da Hunde meist das Wesen ihrer Halter spiegeln, ist es genauso wichtig, mit den Menschen zu arbeiten, die sich in einer entsprechenden Beratung auch öffnen müssen, wie mit den Hunden.

Abzuklären ist immer, ob die Wurzel des Problems in der Beziehung und der Sozialisierung liegt (meistens ist das der Fall), in nicht erfüllten Bedürfnissen (der Hund macht Unsinn, weil er zu wenig zu tun hat) oder auch in Schmerzen und medizinischen Problemen. So ist es nicht normal, dass ältere Hunde „grantig" werden. Meistens weisen solche Wesensänderungen auf chronische Schmerzen hin. Zahnprobleme sind etwa bei älteren Hunden und Katzen häufig, werden aber von Haltern und Tierärzten immer noch zu wenig erkannt. Nicht selten entwickelt sich schleichend auch eine Schilddrüsenunterfunktion, was unter anderem dazu führt, dass das Tier mürrisch, ängstlich und faul wird. Verhaltensänderungen sind immer zu beachten. Bevor man sich zu einem Seelencoach begibt, ist jedenfalls eine Abklärung durch einen oder zwei gute Tierärzte anzuraten.

Wie in menschlichen Beziehungen auch, gibt es zwischen Mensch und Tier nicht nur Licht und Schatten, sondern auch grauenhafte Auswüchse von Sadismus. Pferde werden mit Eisenstangen oder Lanzen schwer verletzt, Katzen werden die Pfoten abgeschnitten oder sie werden in der Mikrowelle gegrillt. Tiere werden verbrannt und ertränkt, mit Gift oder Drillingshaken versehene Hundeköder werden ausgelegt etc. Die Liste der nahezu täglichen, unsäglichen Grausamkeiten gegen Tiere ließe sich lang fortsetzen. Die Polizei nimmt die Vorfälle zumeist ernst und die Aufklärungsrate solcher Verbrechen in Österreich lag 2011 bei immerhin 49 %. Angesichts von lediglich 11 % Aufklärung bei Einbruchsdiebstahl ist das keine schlechte Quote.

Aufklärung von Tierquälerei ist ganz besonders wichtig, da ein hoher Prozentsatz vor allem jugendlicher Tierquäler seine Karriere später an Menschen fortsetzt. Fast immer geht Gewalt gegen Tiere Gewalt gegen Menschen voraus oder läuft parallel dazu, etwa im Falle der häuslichen Gewalt (Arluke 1997). Eine Mehrheit der einsitzenden notorischen Sadisten begann mit dem

Quälen und Töten von Tieren. Prototypisch dafür ist der römische Kaiser Nero, der schon als Kind Hunde bei lebendigem Leibe zerschnitt und sich später am Abfackeln von Menschen belustigte. Fast alle Serien-Frauenmörder „übten" ihre grausigen Rituale an Tieren. Jeder nicht gefasste Täter ist daher eine tickende Zeitbombe. So stachen drei Vierzehnjährige im deutschen Metten zuerst Tieren mit Messern die Augen aus und trennten ihnen den Kopf ab, bevor sie zwei Lehrerinnen ermordeten. Und der 16-jährige Luke Woodham erschoss zwei Klassenkameraden und verletzte sieben weitere, nachdem er seine Mutter erstochen hatte. Sein Tagebuch brachte zutage, dass er zuerst seinen Hund geschlagen, verbrannt und gequält hatte, bis er starb. Mit Fällen wie diesen könnte man dicke Bücher füllen.

Wenn Kinder oder Erwachsene sadistische Gewalt gegen Tiere ausüben, dann ist dies ein untrügliches Zeichen für ein Nicht-Funktionieren ihrer für Empathie zuständigen Gehirnzentren. Soziopathie ist die Folge, unter der etwa 2 % vor allem der männlichen Bevölkerung leiden. Doch – gottlob – werden beileibe nicht alle zu quälenden Sadisten. Viele Kinder sind irgendwann einmal grausam gegen Tiere, meist mit schlechtem Gewissen danach. Man kann ihnen die Folgen von Quälerei klarmachen und sie davon wegbringen, solange ihr Stirnhirn noch formbar ist; nur muss dazu diese Neigung rechtzeitig erkannt werden. Frühe Einsicht kann heilen. Wenn Quälen und Töten bereits mit sadistischer Lust verbunden sind, dann ist dies kaum mehr therapierbar. Es gibt bereits Sicherheitsverwahrung für sadistische Tierquäler, weil man weiß, dass mit einer gewissen Wahrscheinlichkeit die nächsten Opfer Menschen sein können.

Aber auch „leichte" Fälle des Quälens und Misshandelns von Tieren sind nicht zu verharmlosen. Wer etwa seinen Hund schlägt, wird das mit hoher Wahrscheinlichkeit auch mit Frau und Kindern tun. Darum ist es sinnvoll, unter dem Dach der „One Health"-Bewegung Kooperationsnetze zwischen Tierärzten, Humanmedizinern und Behörden zu bilden. „One Health" umfasst mehr als nur artübergreifende Krisenintervention. Es geht um eine breite Kooperation zwischen Human- und Veterinärmedizin, was gesunderhaltende Umstände im Zusammenleben zwischen Menschen und Tieren und die Aufklärung von Bevölkerung und Entscheidungsträgern betrifft. Wenn etwa Hunde oder Katzen mit eindeutigen Verletzungen zum Tierarzt gebracht werden, sehen es in den USA viele als ihre Pflicht an, mit Behörden zu kooperieren, etwa im Bundesstaat Colorado. Geht es den Tieren gut, dann geht es auch den Menschen gut. Das Verhalten Tieren gegenüber kann als sensibler Gradmesser für den Zustand einer Gesellschaft gelten.

5. Vielfältige Beziehungen zwischen wesensähnlichen Blutsverwandten, Menschen und anderen Tieren

Sie teilen unser Leben, wir achten und wir lieben sie; und wir bekämpfen sie. Haben wir einmal zu oft vom Baum der Erkenntnis genascht? Ist es in Ordnung, unser Alter Ego zu töten? Ist das Verzehren von Tieren eine Art „kleiner Kannibalismus"?

Was bedeutet es für uns, dass die Nähe von Menschen zu anderen Tieren mehr ist als nur sentimentales Gefühl oder über-empathische Duselei von Tierschutzwuzzis, mehr als nur ein metaphysisches Konstrukt von Leuten, die spirituell immer noch nicht sesshaft geworden sind? Was bedeutet die Botschaft dieser Nähe etwa angesichts der Tatsache, dass die Mehrheit der Menschen immer noch oder sogar immer mehr Fleisch isst?

Der Fleischkonsum der Menschen ist eines von sehr vielen möglichen Beispielen ihrer seltsamen, konflikträchtigen Beziehung zu den Tieren. Andere Menschen zu essen, wäre Kannibalismus. Das passiert nur unter höchst außergewöhnlichen Umständen, etwa bei Flugzeug- und Schiffsunglücken vor dem Verhungern. Die „Menschenfresserei der Wilden", wie sie die Älteren von uns noch aus Daniel Defoes *Robinson Crusoe* kennen, hatte mit Ernährung nie etwas zu tun, sie geschah immer im animistischen Glauben an die Übertragung von Eigenschaften oder Macht. Animistischer Kannibalismus scheint heute noch gelegentlich in Neuguinea und Westafrika vorzukommen. In der Regel aber ist es den Menschen weltweit ein noch weitaus größeres Tabu, andere Menschen zu verzehren, als sie etwa „bloß" zu töten.

Die Schwelle, andere zu töten, sinkt eindeutig, wenn diese Individuen einer anderen Art angehören. Bei Menschen sinkt sie, wenn man einander weismacht, die anderen Menschen seien – eben keine Menschen. Die Entmenschlichung des Gegners ist in Kriegen die Regel, sie lässt die Tötungshemmung abnehmen. Essen will man die toten Feinde im Krieg in der Regel dennoch nicht. Zumindest in unserer Kultur will man ja auch – zumindest im Moment – keine Hunde, Katzen, Schimpansen, Delfine oder Elefanten essen, und auch immer weniger Pferde. Schweine, Hühner, Rinder und Schafe hingegen schon. Die werden für den Verzehr „produziert" und sind in der Regel nicht unsere sozial nahen Kumpantiere. Sie „ticken" jedoch sozial sehr ähnlich wie wir Menschen, wie wir heute wissen; sie stehen uns in ihren Emotionen, ihren grundlegenden geistigen Leistungen sehr nahe. Zudem teilen Menschen den Gutteil ihre Gene mit ihren Verzehrtieren.

Wollen wir das überhaupt wissen? Unterminiert dieses Wissen den sichtbaren Artunterschied, der im Lichte der neuen Erkenntnisse nicht mehr so bedeutend erscheint? Ist der Verzehr von diesen Tieren daher eine Art „kleiner Kannibalismus"? Vermitteln uns diese Erkenntnisse wieder ein ähnlich schlechtes Gewissen, wie es zumindest manche unserer Jäger- und Sammler-Vorfahren gehabt haben müssen, wenn sie ein – ihrer Überzeugung nach – beseeltes Tier töteten? Welche Konsequenzen ziehen diese Einsichten nach sich? Werden noch mehr Menschen ihren Fleischkonsum einschränken oder ganz einstellen? In den schon lange entwickelten Ländern sieht es ganz danach aus, die Fleischproduzenten werden sicherlich nicht erfreut sein; bezüglich Gesundheit, Lebenserwartung und einer nachhaltigen Ökologie hätte es hingegen keine schlechten Effekte. Allerdings wird diese Entwicklung weltweit durch den rasant wachsenden Fleischkonsum in den Schwellen- und neuen entwickelten Ländern mehr als wettgemacht.

Pragmatiker werden wohl meinen, Menschen seien immer schon Gemischtesser gewesen. Und selbst wenn man vom evolutionären Sein zwar kein „Sollen" ableiten kann, weil man als mit einem großen, reflektierenden Gehirn ausgestatteter Mensch schließlich zur Verantwortung fähig ist, kann man sich immer noch bequem darauf ausreden, dass Fleisch ein kaum verzichtbarer Teil unserer Ernährung sei, weil die menschliche Physiologie eben darauf eingestellt sei. Allerdings ist bekannt, dass viele Menschen weitgehend oder gänzlich vegetarisch leben, beispielsweise hunderte Millionen Hindus in Indien, ohne an durch ihre vegetarische Ernährung bedingten Mangelerscheinungen zu leiden.

Man könnte auch pragmatisch meinen, dass die Intensivtierhaltung eben ein Wirtschaftszweig sei, von dem viele Menschen leben, dass Haltung und Tod dieser Tiere hierzulande nach strengen Vorschriften geschehen und es den Tieren in diesen Haltungen daher nicht allzu schlecht gehen wird. Das Tierschutzgesetz gilt auch für Intensivtierhaltungen. Und schließlich leben wir in einer demokratischen Gesellschaft: Die Mehrheit isst Fleisch und die Mehrheit hat bekanntlich immer Recht. Geborgenheit in der Masse, Konformismus, gibt Sicherheit, lässt schlechtes Gewissen gar nicht aufkommen. Natürlich geht dieser verständliche Pragmatismus am Argument der Wesensnähe zwischen den Menschen und ihren Schlachttieren völlig vorbei. Wie auch an der ökologischen Seite des Fleischkonsums, am umweltbelastenden Anbau von Futterpflanzen, der Vernichtung von Regenwald für Soja und Ölpalmen, am Luxusaspekt des Fleischessens, das sich ein Gutteil der Menschheit gar nicht leisten kann. All das verdrängen wir gerne, egal, wie nahe uns die anderen Tiere sind.

Die Bedeutung der anderen Tiere für die Menschen diversifizierte sich wohl auch mit der Zunahme der Komplexität der Gesellschaft. Heute sind Tiere für uns Schutztiere, Haus- und Heimtiere, Kulttiere, Spieltiere, Zootiere, Kumpantiere, Versuchstiere, Sozial- und Freizeitpartner, Nutztiere, Schlachttiere – und wahrscheinlich noch viel mehr. Dieses vielfältige Beziehungs- und Bedeutungsnetz zwischen Menschen und den anderen Tieren in ihren Kulturen muss zwangsläufig zu Konflikten führen. Auf gesellschaftlicher Ebene, weil es immer mehr Menschen gibt, die es nicht mehr für gerechtfertigt halten, andere Tiere zu essen, ja sogar deren Haltung in Haushalten und Zoos als Machtanmaßung der Menschen über die Tiere abschaffen wollen. Ihre Argumente mögen noch so logisch und konsequent sein, sie sind keine Mehrheitsposition. Es ist nun mal die liberale Grundsäule unserer Gesellschaft, dass man den anderen nichts aufzwingen kann, insbesondere, solange Positionen keine Mehrheit haben. Die Entflechtung der vielfältigen Beziehungsnetze zwischen Menschen und anderen Tieren ist eine Minderheitenposition und wird es auch noch länger bleiben. Eine Mehrheit dagegen vertritt eine pragmatische Position: ja zur Tierhaltung und auch zum Töten, aber unter Wahrung der Prinzipien des Tierschutzes.

Auf individueller Ebene kann man natürlich in einen tiefen Konflikt geraten, wenn man es etwa aufgrund der großen Wesensnähe zwischen uns und den anderen Tieren für sich ethisch nicht rechtfertigen kann, Tiere zu essen, und es dennoch tut, wie beispielsweise der Autor dieses Buches. Zu Hilfe nehme ich dabei ein ethisches Ersatzkonstrukt: dass es durchaus in Ordnung sei, gelegentlich Fleisch von Tieren zu essen, von denen man weiß, dass sie ein gutes Leben hatten, das rasch und „human" beendet wurde. Dazu zählt sicher nicht das Schnitzel im durchschnittlichen Gasthaus oder das Billigfleisch aus dem Supermarkt, das von Tieren stammt, die weiß Gott wie gehalten wurden und in grausigen Massenschlachtungen ums Leben kamen. Dazu zählen aber etwa die Weiderinder unseres lokalen Bauern im Salzkammergut oder der Hirsch aus heimischen Wäldern, der den präzisen, todbringenden Schuss nicht mal mehr gehört hat. Oder ein Fisch, der ein akzeptables Leben hatte und einen ebensolchen Tod. Ich weiß: Das sind nicht ganz logische, inkonsequente Hilfskonstrukte, aber sie erleichtern das Leben. Das Gros der Städter ist freilich mit solchen romantischen Konstrukten der Nachhaltigkeit (noch) nicht versorgbar, es sei denn, es kommt zu einem ökologisch ohnehin längst nötigen nachhaltigen Wechsel des Lebensstils bei der Mehrheit der Bevölkerung. Bereitwillig gehe ich in jene Mehrheits- und Konformitätsfalle, die ich gerade noch kritisch diskutiert habe. Geborgenheit in der Mehrheit suchen, sozusagen.

Manch Kollege bestätigt mir, dass ich mich mit dieser Inkonsistenz in meiner Haltung Tieren gegenüber in guter Gesellschaft befinde. So etwa der US-amerikanische Psychologe und Mensch-Tier-Forscher Hal Herzog von der Western Carolina University. Die Essenz seines 2012 auf Deutsch erschienenen Buches *Wir streicheln und wir essen sie: Unser paradoxes Verhältnis zu Tieren* lautet, dass das einzig Konsistente im Umgang mit Tieren unsere Inkonsequenz sei. Ein großartiges Buch, das auch zum Widerspruch reizt, mit einer Fülle von Ideen und Daten zur Mensch-Tier-Beziehung, das aber trotzdem unbefriedigend bleiben muss. Denn die Feststellung, dass Menschen eben letztlich in ihren Tierbeziehungen „inkonsequent" bleiben, mag eine Art sympathisches Open End darstellen, ein tröstliches Schlupfloch. Aber sie erklärt nicht, weswegen dies so ist.

Warum trifft es also zu, dass „Tierfreunde", beispielsweise Menschen, die mit Hunden, Katzen oder Pferden leben, diese lieben und enge Beziehungen unterhalten, trotzdem Fleisch essen und damit billigend in Kauf nehmen, dass Hühner, Schweine und Rinder in Massen und sicherlich nicht artgemäß gehalten und getötet werden? Wenn es umso akzeptabler wäre, ein Tier zu töten und zu essen, je „glücklicher" dieses Tier gelebt hat, dann müssten wir konsequenterweise unsere Hunde, Katzen oder Pferde essen. Wenn Menschen mit ihren Kumpantieren nett, sensibel und informiert umgehen, dann sind diese nach menschlichem Ermessen und nach objektivierbaren Kriterien sicherlich „glücklicher" als Hühner, Schweine und Rinder aus den Intensivtierhaltungen. Und dennoch essen wir unsere Kumpantiere nicht. Warum eigentlich?

Der Schlüssel unserer Einstellungen zu Tieren und unseres Umganges mit anderen Menschen liegt in der individuellen Sozialisierung. Als der deutsche Fotograf Norbert Rosing zu Beginn der 1980er Jahre am Ufer der Hudson Bay auf jene Eisbären wartete, die sich dort im Herbst sammeln, um sich nach Zufrieren des Packeises endlich wieder über die fetten Robben der Bay hermachen zu können, dokumentierte er bemerkenswerte Spielszenen zwischen einem dieser Eisbären und einem angeketteten Schlittenhund. Als Rosing sah, dass sich der Bär dem Hund näherte, machte er seine Kamera bereit und rechnete mit einer kurzen, blutigen Szene; der hungrige Bär würde im Vorbeigehen einen kleinen Snack nehmen ... Aber weit gefehlt: Der Hund forderte den Bären zum Spielen auf und dieser ging darauf ein. Nach einer halben Stunde sanftem Gebalge zog der Bär wieder ab, um eine ganze Woche lang zum Spielen wiederzukommen. Der Hund überlebte unverletzt. Nicht nur in diesem Beispiel scheint die Faustregel zu sein, dass man Sozialpartner

– zu denen auch Spielpartner zählen – nicht isst. Freilich wird auch diese
Regel nicht konsequent beachtet. So etwa spielen junge Schimpansen gerne
mit jungen Colobusaffen, was sie später aber keinesfalls daran hindert, diese
Affen grausam zu jagen und teils noch bei lebendigem Leib zu verzehren. Und
auch so manches Kaninchen, das den Kindern auf einem Bauernhof als
Spiel- und Streichelpartner dient, landet letztlich auf dem Teller.

Die Welt zerfällt eben nicht in „uns Menschen" und „all die anderen Tiere".
Sondern traditionellerweise in jene Menschen und Tiere, zu denen wir Beziehungen unterhalten, und die anderen. So wird verständlich, warum Menschen bedenkenlos Schnitzel essen, obwohl sie ihre Katzen und Hunde lieben, und weswegen viele auch noch ihr Schnitzel mit ebendiesem Hund teilen. Dies bedeutet aber noch lange nicht, dass etwa alle Hundehalter alle
Hunde lieben. In der Regel ist der eigene Flocki der schönste und klügste,
während Nachbars Köter eher nervt. Erschütternde Beispiele dieses Abgren-
zungsmechanismus gegen die anderen finden sich auch innerhalb der Menschen. So ist von KZ-Schergen bekannt, dass sie im Dienst sadistische Mörder
waren, in ihrer Freizeit aber liebend-fürsorgliche Familienväter. Gegen solche Monstrositäten mutet die menschliche Inkonsequenz im Umgang mit
Tieren letztlich harmlos an. Wobei sie eigentlich gar nicht so inkonsequent
ist – denn Kumpantiere essen wir in der Regel nicht.

Starke Teams in Arbeit und Freizeit mit anderen Tieren

D ie bekannte US-amerikanische Tierpsychologin Temple Grandin von
der Universität Colorado meinte, dass sie Tiere deswegen so gut verstehen könne, weil ihr eigenes autistisches Gehirn in gewisser Beziehung
ähnlich funktioniere wie das der anderen Säugetiere (Grandin und Johnson
2005). Während die „normalen" Menschen zwangsläufig meist das große
Ganze sehen und gar nicht anders können als (oft viel zu rasch) Konzepte zu
bilden und Ideen zu entwickeln, wie eines mit dem anderen zusammenhängt,
sind andere Tiere eher auf die Details konzentriert. Das ist sicherlich ein interessantes Denkmodell; doch allein schon aufgrund der hohen sozialen
Kompetenz der meisten unserer Kumpantiere ist Skepsis angebracht, wie valide das Autismus-Modell bezüglich des Geisteslebens der anderen Tiere
wirklich ist.

Darüber hinaus verfügen manche Tiere über Sinnesleistungen, von denen
wir Menschen nur träumen können. Das erklärt, warum Mensch-Hund-

Teams derart erfolgreich sein können. Die Tierpartner bringen ihre speziellen Leistungen ein, der Menschenpartner trainiert diese Begabungen und nutzt sie im größeren Zusammenhang. Ohne Training geht meist gar nichts und ohne menschliches Konzepthirn gibt es kein Training. Die Beziehung der Partner im Mensch-Tier-Team sollte zwar auf Augenhöhe stattfinden und die zu lösenden Aufgaben müssen den Begabungen beider Partner entsprechen. Aber die Ziele und Bedingungen der gemeinsamen Arbeit gibt gewöhnlich der Mensch vor.

Spürhunde etwa erschnüffeln Drogen, Sprengstoff, Geld und vieles andere mehr. Neuerdings wird auch versucht, Hunde zum Krebs-Screening einzusetzen, sie diagnostizieren Blasenkrebs aus Urin oder Lungenkrebs aus der Atemluft. Dass sie das können, ist auf einen Geruchssinn zurückzuführen, der um vieles empfindlicher ist als jener der Menschen. Hunde haben zwar „bloß" etwa 20-mal mehr Geruchs-Sinneszellen in der Nasenschleimhaut als Menschen, aber das ist nicht die ganze Geschichte. Auch die mit der Verarbeitung der Geruchswahrnehmung befassten Teile des Gehirns sind relativ größer als beim Menschen. Dennoch findet man kaum genaue Daten zur Genauigkeit der Geruchswahrnehmung der Hunde im Vergleich zu jener der Menschen. Ein Versuch mit vier Beagles und Menschen unter kontrollierten Laborbedingungen zeigte eine 1000-mal niedrigerere Geruchsschwelle für Amylacetat bei Hunden als bei menschlichen Probanden (Krestel et al. 1984). Nun ist Amylacetat kein wirklich relevanter Duftstoff. Unter natürlicheren Bedingungen fanden Walker et al. (2006), dass die Geruchsschwelle von Hunden etwa 10 000- bis 100 000-mal niedriger liegt als bei Menschen.

Die Ungenauigkeit dieser Schätzung sollte nicht verwundern, denn erstens variiert die individuelle Geruchsfähigkeit stark, Frauen etwa verfügen über einen viel empfindlicheren Geruchssinn als Männer und junge Menschen und Nichtraucher sind empfindlicher als ältere Personen oder Raucher. Diese Variation gilt natürlich auch für Hunde – es gibt unterschiedlich geruchssensible Rassen, Hunde altern wie wir Menschen und auch sie stehen unter dem Einfluss ihrer Hormone. Langschnäuzige Hunde, beispielsweise die auf Schnüffeln gezüchteten Bloodhounds, verfügen nicht nur über eine größere Geruchsschleimhaut als etwa Möpse, sie haben wahrscheinlich auch einen empfindlicheren Geruchssinn. Getestet hat das noch niemand, vor allem auch deswegen, weil das technisch sehr schwierig wäre. Von praktischen Versuchen weiß man, dass Hunde sogar die Fahrtrichtung eines vor einer Weile vorbeigefahrenen Fahrrads über Geruch erkennen können. Basierend auf den wenigen Geruchspartikeln, die ein Fahrrad auf seinem Pfad hinterlässt, können Hunde also einen Gradienten erkennen, denn die Konzentration des Geruchs sollte in Fahrtrichtung ansteigen. Andere Hunde wiederum können darauf trainiert werden, vom Bug eines Bootes aus in zehn Meter Tiefe im See liegende Wasserleichen zu lokalisieren. Solche Geruchsleistungen lassen darauf schließen, dass bereits wenige Moleküle reichen, um das Geruchssystem von Hunden anspringen zu lassen. Ähnlich bewundernswert wie die geringe Geruchsschwelle der Hunde ist ihre Unterscheidungsleistung. Wenn ein Hund im reichen Geruchscocktail eines Flughafens Koffer erschnüffelt, in denen sich in Kunststoff und Folie verpackte Drogen oder Sprengstoff befinden, dann ist das schon erstaunlich.

An dieser Stelle sei einem weit verbreiteten Vorurteil widersprochen, dass nämlich Hunde vorwiegend „Nasentiere" seien und es mit ihrem Sehsinn dagegen nicht weit her sei. Das ist eine arrogante Unterschätzung durch das angebliche „Augentier" Mensch, dessen Gesichtssinn verglichen etwa mit dem der Vögel so großartig auch wieder nicht ist. Im Gegenteil, Hunde und ihre Stammform, die Wölfe, sind sogar hervorragend visuell orientiert. Sie verfügen zwar um einen Farbrezeptortyp weniger in der Retina als Menschen, sie sind so genannte Dichromaten, haben also nur zwei Farbrezeptortypen, im Gegensatz zu dreien beim Menschen, und sehen vor allem im Blau-Grün-Bereich. Dafür aber verfügen sie über mehr und über eine größere Dichte an jenen Sinneszellen in der Retina, die Dämmerungs-, Nacht- und Bewegungssehen ermöglichen. Hunde sehen zwar bei Tag ein etwas gröberes, weniger buntes Bild als Menschen, aber wenn sich etwas bewegt, oder in der Nacht sind sie uns haushoch überlegen. So setzen Wölfe und unspezialisierte Hunde ihre Nase erst ein, wenn es sein muss, und verlassen sich auch beim Jagen und in ihren sozialen Beziehungen zuallererst auf das, was sie sehen.

Ähnlich etwa einem untrainierten Pferd ist ein Hund nicht schon einfach deswegen ein Riechvirtuose, weil er ein Hund ist. Das Pferd bringt zwar eine Menge Potenzial und Begabung mit, ist aber von Haus aus weder ein gutes Reit-, Renn-, Sprung-, Dressur- noch Therapiepferd, wenn nicht ein ebenfalls begabter und interessierter Mensch die Zügel in die Hand nimmt und es trainiert. Auch ein begabter junger Mensch ist nicht schon automatisch ein guter Handwerker, Wissenschafter, Arzt etc. ist. In allen Fällen, egal, ob Hund, Pferd oder Mensch, braucht es Motivation, mitgebrachte Begabung und entsprechende Ausbildung, um aus Potenzial Kompetenz zu entwickeln. Ein „Kommissar Rex" kommt nicht als solcher auf die Welt, sondern wird zu einem solchen ausgebildet. Für alle, die von der TV-Serie begeistert einen Deutschen

Schäferhundwelpen ins Haus nahmen und erkennen mussten, dass Hunde doch nicht als Genies zur Welt kommen, ist das eine schmerzliche Einsicht.

Gutes Tiertraining bedeutet Förderung und Ausbau der vorhandenen Begabungen und Potenziale, auch zur Freude und Förderung der Lebensqualität des beteiligten Tieres und zum Nutzen der Menschen. Dies bedeutet, dass man nicht (mehr) mit Zwang, Druck und Angst arbeitet, was nicht nur zu Missbrauch und Versklavung des Tieres führen würde, sondern auch dessen Lern- und Denkfähigkeit stark einschränkt. Ohne in Details gehen zu wollen: Gutes Tiertraining läuft heute partnerschaftlich. Basis jeden Trainings ist die Verstärkung des erwünschten Verhaltens. In der Regel wird erwünschtes Verhalten belohnt, oft durch ein Leckerli, durch Spielzeug und Spielen oder einfach durch soziale Zuwendung. Unerwünschtes Verhalten wird ignoriert und nur ausnahmsweise und in begründeten Fällen so bestraft, dass darunter die Beziehung zwischen Tier und Mensch nicht leidet.

Vielfach erwies sich der Einsatz des so genannten Klickers als nützlich, der ein akustisches Signal erzeugt, den Klick. Dieser wird zunächst selbst mit Belohnung gepaart, dann wird geklickt und anschließend belohnt, wenn sich das trainierte Tier in die gewünschte Richtung bewegte. Das wird so lange wiederholt, bis das Ziel erreicht ist, der Hund auf dem Podest sitzt, das Zimmer verlässt oder eben macht, was immer gewünscht war. Der Klick teilt dabei dem Tier zeitlich exakt mit, wenn es richtig agierte, es ist eine Art Interaktion wie bei „Heiß-kalt"-Suchspielen von Kindern. Vorteile des Klickers, zumindest zu Beginn des Trainings, sind, dass das Tier lernt, mitzudenken und sich zu fragen, was der Mensch gerade von ihm will. Ein weiterer Vorteil liegt darin, dass allzu nahe soziale Interaktionen während des Trainings unterbunden werden. Es ist sicherlich nichts falsch daran, zu loben, wenn etwas geklappt hat. Doch ausschließlich über positive Zuwendung zu belohnen, bedeutet, diese nicht zu geben, wenn es nicht geklappt hat. Das kann letztlich auf Erpressung durch Liebesentzug hinauslaufen und den Tierpartner verunsichern oder sogar verängstigen. Für die Beziehung und das Erreichen des Zieles wäre das sehr kontraproduktiv.

Schnüffelhunde werden darauf trainiert, durch ihr Verhalten anzuzeigen, wenn sie fündig geworden sind, wenn sie den Verschütteten unter der Lawine, das Haschisch im Koffer lokalisiert haben. Als Belohnung gibt es dafür oft Spielzeug. In manchen Situationen wirkt der Erfolg auch stark selbstbelohnend, etwa wenn ein Hund erfolgreich einen noch lebenden Verschütteten ausgräbt. Unklar ist noch, ob das Training der Spürhunde lediglich bewirkt, dass sie uns über Verhalten das Ergebnis ihrer Leistungen mitteilen, oder ob die ständige Konzentration auf die Geruchsarbeit auch das Geruchsvermögen selbst schärft, etwa die Geruchsschwellen senkt und die Unterscheidungsfähigkeit verbessert. Das ist sehr wahrscheinlich, da sich durch ständige Beschäftigung vor allem auch die entsprechenden Gehirnzentren verändern und es vermehrt zu Synapsenbildung und einer Vergrößerung der entsprechenden Areale kommt. Gerade für das Gehirn gilt bekanntlich „use it or loose it". Diese Verbesserung der Unterscheidungsfähigkeit tritt auch bei professionellen menschlichen „Schnüfflern" ein. Verkosten beruht ja weniger auf dem Geschmack als auf einer Feinanalyse der Aromen, also letztlich der Geruchskomponenten des Produkts. Weinverkoster etwa erreichen wahre Wunderleistungen im Differenzieren und Wiedererkennen, indem sie Aromen und deren Kombinationen verbal frei assoziieren, sie also benennen. Verbales Assoziieren steht Hunden nicht zur Verfügung, doch es kann davon ausgegangen werden, dass sie ihre Unterscheidungsfähigkeit ähnlich wie Weinverkoster verbessern könnten, indem sie lernen, Gerüche mit Kontext zu assoziieren. Das ist freilich reine Spekulation, Untersuchungen dazu gibt es nicht.

Es wäre übrigens irreführend, die hoch trainierten Profis wesentlich höher zu schätzen als jene Hunde, die nichts anderes können, als mit Menschen auf der Couch zu kuscheln. Diese Hunde bekommen höchst unterschiedliche Dosen formalen Trainings. Gut, dass zunehmend vor allem die jüngeren Hundehalter merken, wie viel Spaß das Training mit einem Hund bereitet, egal um welche Ausbildung oder Aktivität es sich handelt. Denn schließlich stärken gemeinsame Aktivitäten und Erfolge auch das soziale Band zwischen Mensch und Tier. Kuscheln ist gut und wichtig, aber belastbare Beziehung entsteht vor allem über gemeinsame Aktivitäten. Aber auch jenseits jeden formalen Trainings erbringen reine Begleit- und Sozialhunde, aber auch Katze, Pferd etc., eine beachtliche Anpassungsleistung in Form eines „impliziten" Sozialtrainings. Unsere Kumpantiere lernen rasch, sich an uns anzupassen. Das äußert sich etwa darin, dass man sich mit einem älteren Hund gewöhnlich ohne Worte versteht, dass man wechselseitig einfach weiß, was der andere gerade will oder vorhat, und was nicht.

Kumpantiere sind natürlich auch hervorragend darin, unsere Schwächen ausfindig zu machen und konsequent zu nutzen. So etwa springen nicht wenige Hundehalter gehorsam, wenn der Rex fiepsend sein Bedürfnis kundtut, sei es Gassi gehen oder spielen. Der Hund kann leicht zum Chef im Hause werden. An sich wäre das egal, wenn seine Menschen damit glücklich sind. Allerdings zeigt die Biss-Statistik, dass diese Hunde offenbar glauben, ihre Chefrolle auch außerhalb des Hauses spielen zu müssen. Man muss einen

Hund weder „dominieren" noch im klassischen Sinne „unterordnen". Es tut einer Beziehung auf Augenhöhe keinen Abbruch, wenn man als Mensch gelegentlich willensstärker ist als der eigene Vierbeiner und im Sinne des Partnerschaftskonzepts von Temple Grandin als Mensch die Entscheidungen trifft, etwa wann es rausgeht, wann man Gassi geht, wann trainiert wird, man nicht mehr spielen will, wann es Futter gibt und dass es in Ordnung ist, dass der Postbote den Garten betritt.

All dies gilt in geringerem Ausmaß auch für Katzenhalter, die aber ebenfalls auf der Hut sein sollten. So lernen Katzen sehr rasch, dass man um Futter verhandeln kann. Man gewinnt als Katze, wenn man mauzend um das Dargebotene herumstreicht und nicht sofort gierig zu fressen beginnt. Damit kann man manche Menschenpartner in schiere Verzweiflung stürzen, die diese dann durch hektisches Anbieten besseren Futters zu lindern versuchen. Oft genug scheinen Katzen mit ihren Haltern Konflikte um das Futter auszutragen (Kotrschal et al. 2013). Aber auch für Katzen gilt: Schmusen und mit Futter Verwöhnen ist in Ordnung, aber es kann für den Beziehungsaufbau nicht schaden, ein wenig mit der Katze zu arbeiten, beispielsweise verstecken, Dummies jagen oder Tricks beibringen, mit oder ohne Klicker.

Allein mit Fokus auf den Profi-Bereich ist es nahezu unmöglich, einen vollständigen Überblick über die vielen „Berufe" und Rollen von Hunden zu geben. Hunde bewachen und schützen Personen, Gebäude und Fahrzeuge, sie unterstützen das Militär als Melder, beim Erschnüffeln von Minen oder auch im Krieg, bis heute und bereits seit mehr als 10 000 Jahren. Im Polizeidienst stellen sie Verdächtige, schnüffeln nach Sprengstoff und Suchtgiften und auf Spur. Sie verschaffen ihrem Hundeführer Respekt und geben ihm emotionale soziale Unterstützung – solche Polizisten sind übrigens wesentlich weniger burnoutgefährdet als ihre Kollegen ohne Vierbeiner. Hunde retten Menschen aus Lawinen und eingestürzten Häusern, sie finden verlorene Gegenstände und vermisste Personen. Blindenhunde begleiten ihre Menschen durch den Hindernislauf des Alltags und Partnerhunde für Behinderte erbringen die mannigfaltigsten Serviceleistungen, meist für Menschen im Rollstuhl. Sie öffnen Laden und bringen Gegenstände, heben runtergefallene Gegenstände auf, holen das Telefon, öffnen die Türe oder räumen die Waschmaschine ein und aus. Sie sind wichtige Partner für ein selbstbestimmtes Leben. Vor allem aber re-sozialisieren Blinden- und Servicehunde ihre Menschen bzw. bringen sie intensiv in Kontakt mit anderen Menschen. Behinderung, insbesondere wenn sie durch einen Unfall verursacht wurde, führt zunächst oft zu Rückzug, Depression und sozialer Isolation. Der Assistenzhund hebt das Selbstwertgefühl und lässt die Betroffenen wieder die Gesellschaft anderer Menschen suchen.

Besonders bemerkenswert erscheint auch die Leistung von Anfallerkennungs-Hunden. Es begann damit, dass Epileptiker beruhigter waren, wenn sie wussten, dass ihr Hund zumindest bei ihnen ausharren würde, wenn sie einen Anfall erleiden. Ohne formales Training begann ein Teil dieser Hunde, ihre Menschen bereits vor einem Anfall zu warnen, indem sie ihr Verhalten änderten. Diese Warnung kann einen Anfall zwar nicht unbedingt verhindern, aber der Betroffene kann sich darauf vorbereiten. Es scheint, dass Anfälle auch dem Hund recht unangenehm sind und ihn unter erheblichen Stress setzen, da Hunde mit ihren Menschen emotional stark verbunden sind. Möglicherweise resultiert das Warnverhalten solcher Hunde aus dem Bemühen, einen für sie unangenehmen Zustand zu vermeiden. Heute gibt es auch bereits Hunde, die Diabetiker vor Unterzuckerung warnen. Je geringer die „Reizschwelle" von Hunden, desto besser scheinen sie übrigens als Warner zu sein. Das Potenzial in dieser Richtung ist noch lange nicht ausgeschöpft, auch nicht in Richtung Ausbeutung und Überforderung des Kumpantieres. Wenn etwa dem Hund eines diabetischen Kindes zugemutet wird, die ganze Nacht durchzuwachen, dann kann dies durchaus in diese Richtung gehen. Überforderung ist nicht nur ein tierschutzrelevantes Problem, sie kann auch dazu führen, dass der spezialisierte Hund bald seinen Dienst verweigert oder außer Dienst genommen werden muss.

Menschen kooperieren mit Hunden auf der Jagd, wahrscheinlich seit Letztere noch Wölfe waren. Und auch heute hat jeder richtige Jäger einen Hund. Jagdhunde stellen Wildschweine, suchen verletztes, nicht getötetes Wild, hetzen als Meute, dringen in die Baue von Dachsen und Füchsen ein, zeigen durch Vorstehen Kleintiere an, stöbern diese auf und bringen sie dem Jäger nach dem Abschuss, auch aus dem Wasser. Viele dieser Leistungen verkürzen das Leid von angeschossenem Wild. Letztlich hebt die Begleitung durch einen „ordentlichen Hund" das Selbstwertgefühl des Jägers und hat das wahrscheinlich immer schon getan, wie man aufgrund der „Jagdassistenz" von Basenjis bei afrikanischen Pygmäen oder von Dingos bei australischen Aborigines vermuten kann. In beiden Fällen vermögen westliche Beobachter oft nicht zu erkennen, worin der Vorteil der Begleitung durch solche das Wild vertreibende Urhunde liegen mag, die Jäger sind trotzdem stolz auf sie. Es hat einfach was, im Team zu arbeiten.

Neben Krieg und Jagd liegt der dritte klassische Kooperationsbereich zwischen Mensch und Hund im Hüten anderer Haustiere. Hunde bewachen

Herden, schützen sie vor menschlichen Viehdieben, vor den eigenen Vettern, Wölfen und sonstigem Getier. Dass Hunde das Vieh ihrer Menschen zwar hüten, aber nicht jagen und töten, gehört zu den großen Leistungen der Domestikation. Das Treiben wurde wahrscheinlich aus der Selektionsphase der Jagd der Wölfe herausgezüchtet, sorgsam entkoppelt vom Töten. Das Rudel pirscht sich an, bringt die Gruppe von z.B. Hirschen in Bewegung und selektioniert dann die für sie einfachste Beute. Diese Fähigkeiten wurden durch gezielte Zucht bei vielen Hütehunden verstärkt.

Bei allem Arbeitseifer müssen Hunde wie auch Menschen vor Überforderung geschützt werden. Dauerbelastung und -stress führt bei Hunden und Menschen zu ganz ähnlichen Folgen. „Burnout" gibt es auch bei Arbeitshunden. Die Regel ist klar: Solange es dem Hund ganz offenbar Spaß macht, ist es in Ordnung. Wenn der Mensch über die übliche Motivationsarbeit hinaus antreiben muss und der Hund gar versucht, die jeweilige Situation zu vermeiden, ist der Bogen überspannt, oft für immer. Doch auch diese Regel hat ihre Ausnahmen: Manch manische Hunde arbeiten buchstäblich, bis sie umfallen. Solche Hunde muss der Hundeführer wohl vor sich selbst schützen. Ruhepausen müssen auch Abwechslung bieten. Wenn etwa ein Schulpräsenzhund mehrmals pro Woche auf ein paar Stunden in die Schule geht, dann hat er ein Recht auf „Ausgleichssport", etwa ausgedehnte Spaziergänge mit seinem Menschen, der davon ja auch profitiert. Ohne Ruhe ist keine gute Arbeit möglich, so ein uraltes evolutionäres Prinzip, das ja bereits in der alttestamentarischen Schöpfungsgeschichte festgeschrieben wurde.

Nahezu alle Hunde, die professionelle Arbeitspartner ihrer Menschen sind, spielen auch privat als Sozial- und Freizeitpartner eine große Rolle. Sogar Polizeihunde gehen heute in der Regel nach Dienstschluss mit ihrem Hundeführer nach Hause und leben nach ihrer Pensionierung weiter mit ihm zusammen. Das sorgt nicht nur für eine gute, vertraute Partnerschaft, sondern fördert auch die von der Gesellschaft zu Recht eingeforderte soziale Verträglichkeit des Diensthundes. Die Grenzen zwischen Arbeit und Freizeit sind daher fließend.

Auch jenseits der letztlich extrem engen professionellen Nützlichkeitsperspektive muss man Hunden und anderen Kumpantieren wichtige Funktionen zubilligen. Sie sind soziale Katalysatoren, die Kontakt und Kommunikation auch zwischen den Menschen verbessern; sie leisten eine Menge emotionale Unterstützung und fördern daher Wohlbefinden und Gesundheit ihrer Menschen. Sie bringen Freude ins Leben, sie heitern uns auf und bringen Struktur und Sinn in die Freizeit. Viele Menschen können dem zweckfreien Spazierengehen nichts abgewinnen, gehen aber regelmäßig und gerne mit dem Hund raus. Ich selbst habe mit Unterbrechungen mein Leben lang gejoggt, motiviert und regelmäßig aber nur mit Hund. Einmal daran gewöhnt, empfindet man es als ziemlich unnötig, allein und sozusagen sinnlos durch die Gegend zu laufen. Und welches Gefühl toppt das wohlige gemeinsame Ausgepowert-Sein nach einem Lauf, einer Frisbee-Tollerei oder wilden Agility-Übungen. Mit Pferden mag das ähnlich sein.

Forschung mit Tieren als Verbrauchsmaterial? Tiere und Produktsicherheit

Nur der Vollständigkeit halber sei hier erwähnt, dass die Labors der Welt pro Jahr wesentlich mehr als 100 Millionen Versuchstiere „verbrauchen" (Taylor et al. 2008), großteils Mäuse, Ratten und Kaninchen, in viel geringerem Ausmaß auch Hunde, Affen etc. Das mag wenig erscheinen, verglichen mit den über 6 Milliarden Hühnern, die weltweit pro Jahr für den menschlichen Verzehr aufgezogen und geschlachtet werden. Aber letztlich ist Tierleid auch keine Frage der Zahlen. Deshalb ist auch das Aufrechnen von Versuchsmäusen gegen Verzehrhühner irrelevant. Es handelt sich in beiden Fällen nicht um Kumpantiere, darum werden sie hier, ebenso wie Tiere, die in Intensivhaltung zur Produktion von Fleisch, Milch und Eiern gehalten werden, nur am Rande erwähnt. Doch auch sie sind sicherlich in größerem Zusammenhang mit der Mensch-Tier-Beziehung zu sehen. Egal, ob Kopfschmerztablette oder Brot vom lokalen Bäcker: Tiere haben im Dienste der Produktsicherheit des Medikaments oder der Spritzmittel, die zur Produktion des Getreides nötig waren, ihr Leben verloren. Fast alle käuflichen Produkte der modernen Konsumgesellschaft haben mit Tierversuchen zu tun.

Die allermeisten Versuchstiere kommen nicht in der Grundlagenforschung zum Einsatz, sondern in Toxizitätstests, vorwiegend für Produkte der Medizin, der Landwirtschaft und der Industrie; nur ganz wenig entfällt auf Produkte für den Haushalt, Lebensmittelzusatzstoffe und Kosmetika. Diese Verwendung von Tieren ist mit Recht gesellschaftlich stark umstritten, stehen alle diese Toxizitätstests doch vorwiegend im Dienste der Sicherheit von Produkten des täglichen Gebrauchs. Die Menschen scheinen zu fühlen, dass es sich dabei um eine reine Instrumentalisierung der Tiere zum menschlichen Nutzen handelt, die sie offenbar noch stärker ablehnen als die Intensivhaltung von Tieren zur Nahrungsmittelproduktion. Allerdings vermeiden sensible

Menschen wesentlich konsequenter Fleisch und andere Tierprodukte aus Intensivtierhaltung als medizinische, landwirtschaftliche und industrielle Produkte, bei deren Herstellung Toxizitätstests an Tieren eine Rolle spielen.

Die Laborindustrie und die Behörden stehen entsprechend unter Druck, was zur Entwicklung von Ersatzmethoden und zur Verringerung des Tiereinsatzes führt. Der Einsatz von Versuchstieren verursacht hohe Kosten. Daher sind die so genannten drei R (replace, reduce und refine) nicht nur aus ethischen und Tierschutzgründen, sondern auch aus wirtschaftlicher Vernunft im Interesse aller. So ist allgemein anerkannt, dass es darum geht, Tierversuche durch Alternativmethoden, etwa Zellkulturen, zu ersetzen (replace) und sie auf jenes nötige Mindestmaß zu verringern (reduce), das gerade noch ausreicht, die angestrebte Irrtumswahrscheinlichkeit in der statistischen Auswertung zu erreichen. Zudem gilt es, durch Verfeinern (refine) der Verfahren eine höhere Treffsicherheit zu erreichen. All das sind natürlich pragmatische Kompromisse. Anzustreben wäre ein völliger Stopp des Einsatzes von Tieren in Toxizitätstests. Doch das ist noch unrealistisch. Wissenschaft und Industrie reagieren relativ rasch, nicht aber jene Behörden, die diese Tests, etwa als Voraussetzung für die Marktzulassung eines Produktes, verlangen. Wieder einmal liegt es an den Konsumenten, über demokratische Kanäle und auch beim Einkaufen mehr politischen Druck zu machen, aber auch mit dem Wegfallen von Tests an Tieren mehr Produktrisiko selbst zu tragen.

Forschung auch um der Tiere willen: Tiere in der Verhaltens- und Kognitionsforschung

Es gibt auch andere Forschung: jene, die Tiere vorwiegend um ihrer selbst willen untersucht, also nicht, weil Menschen daraus einen unmittelbaren Vorteil ziehen würden. Selbstverständlich werden auch Tiere eingesetzt, allein um menschlichen Wissensdurst zu befriedigen. Somit werden sie letztlich ebenfalls instrumentalisiert. Allerdings verbessert diese Forschung das rationale Verständnis der Tiere und auch der Menschen; sie liefert die Argumente für eine größere Achtung vor Tieren und letztlich für die Entwicklung einer wahrhaft integrativen, partnerschaftlichen Gesellschaft von Menschen mit den anderen Tieren. Das ist sozusagen die „subversive" Seite der Wissenschaft. Dazu zählt eine ganze Menge Grundlagenforschung in der „organismischen Biologie", die über den vergleichenden Ansatz im Rahmen der vier „Tinbergen'schen Ebenen" untersucht, wie Evolution funktioniert.

Heute wird nur noch in Ausnahmefällen „invasiv" gearbeitet, weil der gesetzliche Rahmen für solche Versuche recht streng geworden ist und weil die Forscher selbst daran interessiert sind, invasive Tierversuche möglichst zu vermeiden. Zwei aufstrebende Bereiche der psycho-biologischen Wissenschaften kommen nahezu ganz ohne invasive Ansätze aus: die Kognitionsbiologie und die Forschung zu Mensch-Tier-Beziehungen.

Aufgabe der Kognitionsbiologie ist es, einerseits die geistige Leistungsfähigkeit der Tiere zu erforschen, zunächst um ihrer selbst willen. Welchen Anteil hat das Denken etwa an den Entscheidungen, die Tiere zu treffen haben. Um welches Denken handelt es sich dabei überhaupt? Wurde das Denken genauso an die ökologische und soziale Umwelt einer Art angepasst wie alle anderen Merkmale? Vieles spricht dafür. Oder aber ist Denken eine „emergente Eigenschaft" großer Gehirne, die aufgrund ihrer generellen Leistungsfähigkeit eine „allgemeine Intelligenz" entwickeln, die es ihnen gestattet, mit der gesamten Breite an Herausforderungen des Lebens zurechtzukommen? Oder geht das eine in das andere über?

In der Kognitionsbiologie wird der Mensch als Art immer mitgedacht. Es geht neben der geistigen Leistungsfähigkeit der Tiere immer auch um die Frage, wo unser Denken herkommt. Denken Menschen anders als andere Tiere? Stimmen sie in ihren grundlegenden geistigen Fähigkeiten mit anderen Tieren überein? Sind diese daher valide „Modelle", um die evolutionäre und individuelle Entwicklung des Denkens von Menschen zu erforschen? Und wenn es artspezifische und innerartlich-individuelle Unterschiede im Denken gibt – worin bestehen sie und wodurch werden sie verursacht? Respektlos, wie Biologen nun mal sind, nehmen wir auch für den Geist an, dass der nicht einfach vom Himmel fiel, sondern gemeinsam mit der Trägerstruktur Gehirn evolvierte.

In der Kognitionsbiologie steckt also bereits recht viel Mensch-Tier-Forschung. Im Kern kümmert sich Letztere um die Beziehung zwischen Menschen und ihren Kumpantieren. Und oft verschmelzen diese beiden Forschungsbereiche, etwa wenn es, wie in diesem Buch, darum geht, die bio-psychologischen Grundlagen dieser Beziehung zu verstehen. Tatsächlich arbeiten immer mehr Biologen mit Kumpanhunden, seitdem Adam Miklosi von der Budapester Eötvös Loránd Universität und einige andere zeigten, dass die Arbeit mit privat gehaltenen Hunden und ihren Menschenpartnern trotz mangelnder Standardisierung nicht „unwissenschaftlich" ist, sondern, ganz im Gegenteil, spannende neue Ergebnisse zu Wesen und Leistungsfähigkeit der Hunde und zur Beziehung zwischen Menschen und Hunden bringt (Miklosi 2007; Bradshaw 2011).

Diese Ergebnisse beeinflussen stark, wie wir miteinander umgehen; sie begünstigten auch die Entwicklung der Beziehung zu den Kumpantieren vom Druckmachen und Kommandieren zur Partnerschaft auf Augenhöhe.

Die kognitionsbiologische Forschung beruht geradezu auf dieser Partnerschaft. Egal ob Graugans, Wolf, Rabe oder Graupapagei: Um diesen Tieren zu ermöglichen, als Partner in der Erforschung ihrer geistigen Leistungen mitzuwirken und ihnen gleichzeitig angemessene geistige Beschäftigung durch regelmäßiges „Hirnjogging" bieten zu können, ist es erforderlich, Individuen in artgerechter Weise mit Menschen zu sozialisieren. Wie auch bereits im Zusammenhang mit der Sozialisierung mit den Emotionen der anderen und der Domestikation diskutiert, braucht es dazu emotional beteiligte Handaufzucht. In dieser Art der Forschung gibt es keine „Versuchstiere" mehr, sie akzeptiert Tiere als Partner. Mit ihren Ergebnissen liefert diese Forschung auch einen Gutteil der Argumente für ein besseres, integrativeres Zusammenleben zwischen Menschen und anderen Tieren.

Dass es Forschungsbedarf gibt, liegt aus mancherlei Gründen auf der Hand: So etwa fällt in den Bereichen der Mensch-Tier-Beziehungspsychologie und -soziologie vor allem auf, dass sich Ideen und Hypothesen aufdrängen, denen nur wenig an gesicherten wissenschaftlichen Erkenntnissen entgegensteht. Der Inhalt der folgenden Seiten entspringt daher noch viel mehr der Erfahrung und dem subjektiven Eindruck als „gesicherten" wissenschaftlichen Ergebnissen. Das muss nicht schlecht sein. Die besseren Argumente zu den Mechanismen der Kumpantierwahl liefern aber Forschungsergebnisse, die es bislang viel zu wenig gibt, wenn auch die Tendenz stark steigend ist. Das gilt im Grunde für das gesamte Feld der Mensch-Tier-Beziehungen, insbesondere für dessen evolutionär-biopsychologische Basis, die Anthrozoologie. Immer noch dominieren große weiße Flecke und ausgedehnte Grauzonen unsere Mensch-Tier-Wissenslandschaft. Dazwischen liegen Inseln des Wissens, insbesondere dazu, welche günstigen Wirkungen Menschen aus der Beziehung zu Tieren erfahren können.

Tiere bringen Freude ins Leben und sind gesund, nicht nur für Kinder, auch für Erwachsene

Der Nutzen eines Kumpantieres liegt in der Beziehung selbst. Als soziale Wesen haben Menschen, wie ihre Kumpantiere auch, soziale Bedürfnisse. Glück in der Beziehung entsteht durch eine befriedigende wechselseitige Ergänzung. Der Grund dafür, dass das mit Tieren ebenfalls funktioniert, ist die Biophilie der Menschen. Biophilie ist keine schöngeistige Feststellung, sondern eine Diagnose mit Folgen. Die Tatsache, dass Kinder umso mehr an Tieren und Natur interessiert sind, je jünger sie sind, gibt ja auch einen starken Hinweis drauf, welche Bedingungen Kinder für ihre optimale Entwicklung benötigen. Zweifellos steht in der Liste dieser Bedingungen die sensible und zuverlässige Frühbetreuung des Kindes in den ersten Lebensjahren an erster Stelle, denn sie entscheidet das ganze Leben lang, wie im Kapitel über Attachment geschildert, über die so wichtige Beziehungsfähigkeit. Doch Kinder leben ihre Elternbeziehungen nicht im luftleeren Raum, sie sind eingebettet in eine konkrete Umwelt, die schon früh ihr Interesse erweckt. Diese Umwelt und was sie im Kind anregt, bestimmt maßgeblich die Entwicklung von Interessen und Kreativität und trägt wesentlich zu einer glücklichen und geglückten Kindheit bei.

Es war unter anderem Richard Louv, ein US-amerikanischer Journalist und Schriftsteller, der in einer Serie von Büchern (etwa *Das Prinzip Natur* 2011) viele Argumente dafür zusammentrug, dass Kinder zu ihrem geglückten und gesunden Aufwachsen den direkten Naturkontakt benötigen. Er sei ein wichtiger Schutzfaktor für die körperliche und emotionale Gesundheit der Kinder und später der Erwachsenen. Das Wissen um die menschliche Biophilie liefert dazu ein weiteres Argument. Denn offenbar ist nicht nur das soziale Interesse, sondern auch dieses frühe, forschende Interesse im Inventar der menschlichen Lernbereitschaften angelegt.

Ein naturfernes Aufwachsen in einer von menschlichen Artefakten dominierten Umgebung, in der schon sehr früh elektronische Medien und Bildschirme die Aufmerksamkeit der Kinder beanspruchen und sie davon abhalten, sich mit der Vielfalt der sie umgebenden Welt zu beschäftigen, führt zu einem so genannten „Naturdefizit-Syndrom". Dessen Symptome decken sich in etwa mit jenen Erscheinungen, die für einen Mangel an „exekutiven Funktionen" typisch sind: Die Kinder bleiben relativ unbeherrscht, entwickeln eine nur unzureichende soziale Kompetenz, zeigen Defizite bezüglich ihrer Verlässlichkeit, sind selbstzentriert und nicht besonders gut im Verfolgen langfristiger Ziele und können sich zudem nur schlecht auf Veränderungen einstellen. Daraus kann man schließen, dass ein Aufwachsen in Kontakt mit Tieren und Natur vor allem die optimale Ausprägung des Stirnhirns fördert.

Dabei geht es nicht nur einfach darum, womit sich ein Kind *geistig* beschäftigt. Es geht auch sehr stark um körperliche Bewegung. Denn die wurde als ein Schlüsselfaktor einer optimalen Entwicklung des Stirnhirns und der exekutiven Funktionen identifiziert, besonders wenn sie in einem guten sozialen Kontext stattfindet, etwa Judo-Training oder mit dem Hund im Freien herumtollen oder in Kindergruppen, deren Programm es ist, die überheizten Schuhschachteln der Kinderzimmer mit ihren standardisierten Bauklötzen zu verlassen und gegen einen weichen Waldboden, mäandernde Bachläufe und Kreativität fördernden Schlamm einzutauschen (Diamond und Lee 2011). Dass sich Kleinstkinder für nichts mehr interessieren als für Tiere (de Loache et al. 2011), sollte uns zu denken geben, dass Dreijährige von Tümpeln und Pfützen magisch angezogen werden, auch.

Immer mehr Lehrende nehmen ihre Hunde mit in die Schule. Solange dies für den Hund nicht zur Überforderung wird, ist nichts dagegen einzuwenden, ganz im Gegenteil. So genannte Schulpräsenzhunde sind einfach in der Klasse anwesend. Im wechselseitigen Umgang zwischen Kindern und Hund gibt es klare Regeln. Meist bewirkt dies ein besseres soziales Klima in der Klasse, eine verbesserte Unterrichtssituation (Kotrschal und Ortbauer 2003) und offenbar auch ein besseres Unterrichtsergebnis (Gee et al. 2010). Einen besonderen Aufschwung nehmen die Schulhunde im deutschsprachigen Raum (Beetz 2013). Als erstes und einziges derartiges Ministerium weltweit hat bislang das österreichische Unterrichtsministerium eine Empfehlung herausgegeben, welche Standards einzuhalten sind, wenn eine Lehrperson ihren Hund in der Schule einsetzen will. Neben den Präsenzhunden werden Schulbesuchshunde eingesetzt, um den Schülern den sicheren Umgang mit Hunden nahezubringen, Hunde assistieren Kinder beim Lesen- und Rechnenlernen etc.

Dass Tiere „wirken", erlebten und nutzten bereits die großen Pioniere der Psychoanalyse, Sigmund Freud und Carl G. Jung, in ihren Therapiepraxen. Sie bemerkten, dass sie mit Klienten, denen es offenbar schwer fiel, sich zu öffnen, dann Fortschritte machten, wenn ihr Hund anwesend war. In beiden Fällen waren es übrigens Chow-Chows und beide Seelendoktoren äußerten sich nie ausführlich darüber. Dies wohl auch, weil zu Beginn des 20. Jahrhunderts die Psychotherapie ohnehin noch eine junge Wissenschaft war, deren Anerkennung man nicht gefährden wollte, indem man zugab, mit einem vierbeinigen Ko-Therapeuten zu arbeiten. Sigmund Freud etwa fiel auf, dass besonders jugendliche Patienten zu sprechen begannen, wenn seine Hündin „Jofi" anwesend war, auch weil sie darauf vertrauten, dass es den Hund nicht stören würde, was er da hörte (Coren 2010).

Dem US-amerikanische Kinderpsychologen Boris Levinson fiel nicht nur auf, dass der anwesende Hund „wirkt", er schrieb darüber ausführlich und berührend (z.B. Levinson 1969). Er hatte ein Schlüsselerlebnis: Eines Tages ließ er seinen Hund mit einem „schwierigen", bislang unkommunikativen Kind allein. Als er wieder zurückkam, sprach das Kind zum Hund. Neben vielen anderen hatte auch Henri Julius, Psychologe und Sonderpädagoge an der Universität Rostock, ein solches Erweckungserlebnis. Er beschäftigte sich schon länger mit einem schwer traumatisierten, verstummten und offenbar gefühlstoten Knaben, der hatte mit ansehen müssen, wie seine beiden Eltern an einer Überdosis Heroin starben. Eines Tages nahm Julius seinen Hund „Toto" mit, zunächst ohne Hintergedanken. Der leckte dem Knaben die Wange, worauf dieser in Tränen ausbrach und erstmals seine Geschichte erzählte. Warum und wie das funktioniert, ist in unserem Buch *Bindung zu Tieren* (Julius et al. 2014) nachzulesen.

Bei Kindern fördert die Beschäftigung mit Tieren die geistige, emotionale, soziale und motorische Entwicklung sowie Konzentrations- und Koordinationsfähigkeiten; bei Kindern mit entsprechenden Bedürfnissen, etwa Autismus, auch die Sozialisierung. Tiere können sehr wirksam körperlich aktivieren, so etwa Menschen mit Trisomie. Aber auch ältere Personen werden durch Tiere aktiviert, ihre Leben gewinnt Sinn und Regelmäßigkeit durch Tiere, die sie sozial vernetzt halten und solchermaßen eine der besten Gegenmittel gegen die zerstörerische Altersdepression darstellen. Unbestritten ist, dass Tiere insbesondere für Menschen mit speziellen Bedürfnissen von großer Bedeutung sind. Tiere assistieren und unterstützen in allen denkbaren Therapien. Das verbessert die Koordination bei Spastikern, erhöht die Reaktionsbereitschaft bei Wachkomapatienten, verbessert die Konzentrationsfähigkeit bei überaktiven Kindern und die Kommunikationsfähigkeit von Autisten, steigert Selbstwertgefühl und Lebenszufriedenheit.

Über nahezu ein Jahrhundert wurde über solche „Wunderwirkungen" von Hunden und anderen Tieren berichtet, insbesondere in der Therapie und insbesondere für Kinder. Dazu kamen ähnliche Schilderungen über die günstigen Wirkungen von Tieren, wiederum vor allem Hunden, im Schulunterricht, wo sie offenbar das soziale Klima in Klassen günstig und nachhaltig beeinflussen können. Erst seit einigen Jahrzehnten nimmt sich die Forschung immer intensiver dieses Bereichs an und bestätigt damit im Wesentlichen die Erfahrungsberichte der Pädagogen und Psychologen. Und das nicht nur bei Kindern. Auch im Bereich der Aktivitäten und Therapien mit Erwachsenen können Tiere offenbar viel bewirken, etwa indem sie Übergewichtige zu mehr Bewegung motivieren oder es Kriegsveteranen und ihren Familien erleichtern, mit dem sozial desaströsen „posttraumatischen Belastungssyndrom" zurechtzukommen.

Solche Erfahrungsberichte über die Wirksamkeit von Tieren wurden von den Entscheidungsträgern in Politik und Behörden nur mäßig ernst genommen, weswegen sich der Bereich der tiergestützten Aktivitäten und Therapien nur langsam und gegen viele Widerstände entwickeln konnte. Ein Grund dafür war wohl auch, dass diese Entscheidungsträger oft Männer sind, die eher auf technologische als auf soziale Lösungen vertrauen. Es ist einfacher, die Verschreibung eines Medikaments zu rechtfertigen als die Finanzierung eines Therapiehundes. Das ändert sich im Moment allerdings sehr rasch, nicht zuletzt, weil zunehmend wissenschaftliche Belege für die Wirksamkeit von Tieren nachgeliefert werden. So etwa fasste Andrea Beetz, Psychologin und Sonderpädagogin an der Universität Rostock, die gesundheitsrelevanten Wirkungen tiergestützter Ansätze 2012 in einem Übersichtsartikel zusammen. Von den vielen wissenschaftlichen Beiträgen zu diesem Thema bestanden 69 den gestrengen wissenschaftlichen Kriterienfilter (Beetz 2012; denn nicht alle „wissenschaftlichen" Beiträge zum Thema Mensch-Tier-Beziehung verdienen dieses Attribut).

Diese Sichtung der Literatur erbrachte gesicherte wissenschaftliche Belege für die positive Wirkung der tiergestützten Arbeit nicht nur mit Kindern, sondern auch für Erwachsene in unterschiedlichen Bereichen: Der Einsatz und die Anwesenheit von Tieren kann die soziale Aufmerksamkeit und die Gestimmtheit verbessern, er verringert Angstzustände und intensiviert Sozialverhalten. Damit einher geht eine Verringerung der messbaren Stress-Parameter, etwa des Stresshormons Kortisol, der Herzschlagrate und des Blutdrucks (Friedmann et al. 2011). Daher ist es nicht verwunderlich, dass Tiere insgesamt nicht nur das Wohlbefinden fördern können, sondern auch die mentale und physische Gesundheit, und vor allem eine Schutzwirkung auf das Herz-Kreislauf-System entfalten.

Es konnte mehrfach gezeigt werden, dass allein die aktive Beziehung zu einem Hund das soziale Umfeld, Wohlbefinden und Gesundheit fördern kann. So etwa absolvieren weltweit Hundehalter ca. 15 % weniger Arztbesuche als Nicht-Hundehalter und sind auch tatsächlich gesünder als diese (Headey et al. 2008). Das gilt für Gesunde, für die das Zusammenleben mit einem Hund gesundheitserhaltend wirkt, aber auch für bereits Erkrankte. So etwa verlängert das Zusammenleben mit einem Hund die Überlebenszeit nach einem Herzinfarkt im Vergleich zu Infarktpatienten ohne Hund (Friedmann et al. 2011). Schlechte Nachrichten gibt es in diesem Kontext für Katzenfreunde: Das Zusammenleben mit einer Katze verlängerte in der Friedmann'schen Untersuchung das Leben ihres Besitzers nach einem Infarkt nicht.

Doch es gibt noch viele Bereiche mit wesentlich größerem Forschungsbedarf. Dies bedeutet nicht, dass Tiere in den folgenden Bereichen nichts bewirken könnten, sondern nur, dass die wissenschaftliche Evidenz dafür noch sehr dünn ist. Wenig wissenschaftliche Belege gibt es etwa zur Frage, ob Tierbezug auch für chronische Schmerzpatienten relevant sein kann, zu den Auswirkungen auf die Adrenalinausschüttung, auf das Immunsystem, auf die Aggressionsbereitschaft und die Bereitschaft, anderen zu vertrauen, auf die Empathiefähigkeit und auf den Lernerfolg. Gerade die zuletzt genannten psychologischen und pädagogischen Wirkungen entsprechen den Erfahrungen der Praxis; die Wissenschaft muss diesbezüglich aber noch nachziehen.

Warum und wie „wirken" Tiere?

Wunderbarerweise scheint selbst die reine Anwesenheit von Tieren zu wirken, ohne dass sich Mensch und Tier aufeinander beziehen müssten. Dies wird besonders augenfällig, wenn ein Hund im Raum den verschlossenen Patienten in der Therapiesitzung oder gar das durch Missbrauch traumatisierte Kind in der polizeilichen Vernehmung zum Sprechen bringt. Man vermutet, dass es sich dabei um den „Biophilie-Effekt" handelt, eine Stimmungsübertragung des ruhigen Tieres auf die anwesenden Menschen. Beruhigung, d.h. die Reduktion von Stress, führt zu einer Aufhebung von Blockaden des differenzierten sozialen Denkens, schafft Vertrauen zum Hund und damit auch zwischen Menschen und führt schließlich zu einer verbesserten Kommunikation. Man könnte meinen, dass es über die lange menschliche Vorgeschichte hinweg wichtig war, auf Tiere zu achten, etwa um zu erkennen, wann Gefahr droht, aber auch, wann man sich aufgrund der Ruhe der Tiere entspannen kann.

Es scheint über die lange Zeit der Menschwerdung überaus wichtig gewesen zu sein, Tiere sozusagen als „externe Sensoren" zu Gefahr oder Sicherheit aus der Umwelt einzusetzen; so übernahm es das menschliche Unbewusste, sich darum zu kümmern. Auch damit befinden wir uns übrigens in guter Gesellschaft mit anderen Tieren, die ebenfalls auf andere Tierarten in ihrer Umgebung achten, weil das ihr eigenes Überleben fördert. So etwa kann es vorkommen, dass auf der Wiese vor der Konrad Lorenz Forschungsstelle in Grünau Graugänse, Waldrappe, Dohlen und Stockenten in trauter Gemeinsamkeit fressen. Wenn die Gänse Alarm schlagen, weil ein Greifvogel am Himmel erscheint, reagieren alle darauf, entweder mit Aufmerksamkeit oder auch mit Flucht. Ganz ohne lange nachzufragen oder zu reflektieren, ob das nun für sie relevant war.

Während der tiergestützten Arbeit sind die Tiere allerdings meistens nicht nur passiv anwesend. Mensch und Tier nehmen Kontakt auf und werden gemeinsam aktiv. Sei es der Besucher in unseren Gehegen am Wolfsforschungszentrum, dessen unaufdringliches Verhalten einem Wolf erlaubt, Kontakt aufzunehmen und sich am Bauch streicheln zu lassen – mit entsprechender emotionalisierender Wirkung auf den Besucher –, oder aber ein Mensch auf einem Pferd. Mensch und Pferd versuchen, ihre Bewegungen zu synchronisieren und zu harmonisieren, was wiederum entsprechend positive Wirkungen auch auf das beteiligte Tier hat; sonst würde der Wolf wohl kaum zur Berührung auffordern und das Pferd würde nicht subtil kooperieren.

Beide Beispiele verdeutlichen ein Grundprinzip, das nicht nur tiergestützte Aktivitäten und Therapien betrifft, sondern jegliche Tierbeziehung. Es geht immer um *Beziehung*. Ein Kind wird vom Aufwachsen mit einem Hund vor allem dann profitieren, wenn eine enge Beziehung und Bindung zwischen den beiden besteht. Als Grundregel kann gelten: je besser die Beziehung, desto größer die positiven Effekte. Ein Hund, der im Gartenzwinger parallel zur Familie lebt, wird nicht allzu viel bringen. Als weiteres Grundprinzip für eine wirkungsvolle Tierbeziehung gilt, dass das Tier nicht einfach ein passives Mittel sein sollte, ein verordnetes Medikament sozusagen, dessen Verhalten und Bedürfnisse wenig zählen. Tiere sind unsere Partner, von denen wir vor allem dann viel zurückbekommen, wenn wir ihnen auf gleicher Augenhöhe begegnen.

Zwang und Überforderung sind immer kontraproduktiv, nicht nur im Sinne des Tierschutzes. Das hindert die Tierpartner auch daran, sich selbst als Individuen einzubringen. Wenn man etwa meint, man müsse einen angehenden Therapiehund in seiner Ausbildung derart „nieder-habituieren“, dass er buchstäblich alles von Kindern oder Erwachsenen erträgt, ohne auch nur mit der Wimper zu zucken, dann reduziert man seine Rolle auf die eines lebenden Stofftieres, eines Hundezombies. Mitdenken und soziales Feedback sind dann kaum noch zu erwarten. Es ist daher ok, wenn ein Hund ein zu stürmisches Kind oder einen übergriffigen Erwachsenen durch Rückzug und Vermeiden oder sogar Hochziehen der Lefzen warnt, sofern er dabei zuverlässig genug ist, selbst nicht durch Zuschnappen zu eskalieren. Dazu braucht es einen ruhigen, menschenfreundlichen und selbstsicheren Hund und einen ruhigen, menschenfreundlichen und selbstsicheren Hundeführer. Mit „Therapiehund“ ist weder Therapie für den Hund noch für seinen Hundeführer gemeint. Aber offenbar wissen Hunde nahezu immer, worauf es ankommt, denn obwohl allein im deutschsprachigen Raum tausende Schul- und Therapiehunde im Einsatz sind, ist bislang so gut wie nichts passiert.

Ob und wie stark Menschen von Tierkontakt und dem Leben mit einem Kumpantier profitieren, hängt also auch von den Umständen ab. Auch gesunde Kinder und Erwachsene profitieren meist durch erhöhte Lebensfreude von Tieren. Besonders gute Wirkungen zeigen sich allerdings bei Menschen mit Einschränkungen. So etwa freuen sich die meisten Kinder, wenn sie mit Hunden spielen können; eine besonders stressmindernde Wirkung aber zeigen vor allem Kinder mit einem suboptimalen Bindungsmuster (man denke an die obigen Beschreibungen zum Attachment). Wie das Beispiel der Herzinfarktpatienten zeigt, gilt Ähnliches für Erwachsene. Dies erklärt auch, warum die Effekte des Zusammenlebens mit Tieren und der tiergestützten Arbeit über größere, nur grob ausgewählte Stichproben oft kaum feststellbar sind. So etwa bringen bevölkerungsweite Vergleiche von Menschen mit Heimtieren im Vergleich zu Personen, die ohne Tiere leben, selten Hinweise auf die gesundheitsfördernde Wirkung der Heimtierhaltung. Die Sichtung der bisherigen wissenschaftlichen Untersuchungen zeigt, dass die Effektstärken der tiergestützten Therapie gewöhnlich eher moderat sind, jedoch ansteigen, wenn der Einsatz des Tieres „indiziert", also ein bestimmter Bedarf gegeben ist. Und auch wenn Tierkontakt „nur" mehr Freude und Lebensqualität bringt, ist dies viel, viel mehr als nichts.

Alle diese Anmerkung zur „Wirkung" von Tieren erklären allerdings noch nicht, *wie* die nette Beziehung zu einem Hund oder dessen bloße Anwesenheit soziales Interesse von Menschen erhöhen und Blutdruck senken kann. Die „Generalhypothese" für all diese Auswirkungen der Tiere auf Befinden und Gesundheit der Menschen dreht sich um das Oxytocin. Von diesem kleine Peptidhormon aus neun Aminosäuren war bereits im Zusammenhang mit Bindung die Rede. Tatsächlich fördert netter Sozialkontakt, auch mit einem Tier, die Ausschüttung dieses Hormons, das dann direkt oder indirekt all jene Wirkungen des Tierkontakts unterstützt, von denen gerade berichtet wurde. Daher ist das Oxytocin-System nicht nur für Bindung zuständig, sondern kann ganz allgemein als Gegenspieler der Stresssysteme gelten, weswegen es die schwedische Endokrinologin und Autorin Kerstin Uvnäs-Moberg als „Beruhigungssystem" bezeichnet. Der Schluss liegt nahe, dass die Dämpfung der Stresssysteme und die Aktivierung des Oxytocin-Beruhigungssystems die zentralen Mechanismen hinter den positiven Wirkungen des Kontakts mit Tieren darstellen (Julius et al. 2014).

Bei dieser positiven Wirkung handelt es sich daher nicht bloß um ein evolutionär vorgesehenes Placebo, das deswegen wirkt, weil Menschen ob ihrer Biophilie sich über Tierkontakt freuen. Wie auch beim sozialen Kontakt mit Menschen steht hinter der psychologischen Wirkung des Tierkontakts ein physiologischer Mechanismus. Dies so zu sehen, wäre jedoch eigentlich ein Missverständnis. Denn die Placebowirkung ist wichtiger Ko-Faktor jeder funktionierenden Therapie, egal ob Chemotherapie oder Schamanentrommel. Sie macht um die 30 % jeder Medikamentenwirkung aus. Damit liegt die Placebowirkung etwa im Bereich der Wirksamkeit tiergestützter Therapieansätze. Doch Placebo bedeutet nicht einfach „Einbildung". Es wirkt, weil man daran glaubt, weil man vertraut, was wiederum zur Beruhigung, zum Abbau von Ängsten, zu einem Gefühl der Sicherheit und Geborgenheit führen mag.

Ähnliche Erfahrungen machen übrigens gläubige Menschen in der Geborgenheit ihres Glaubens. Diese Gefühlszustände sind typisch für die Aktivierung des Beruhigungssystems. Die „reine Einbildung" gibt es daher nicht, sie geht immer einher mit einer physiologischen Reaktion. Die moderne „Denke", auch in der Medizin, muss sich erst daran gewöhnen, dass Hormone und Medikamente nicht nur auf den Körper wirken, sondern dass diese Wirkungen sowie Gesundheit und Wohlbefinden generell unter starker Kontrolle von Einstellungen und Geist stehen. Egal also, ob man als Erklärung für die positiven Auswirkungen des Kontakts mit Tieren die Medikamenten- oder Placeboanalogie wählt, egal, ob wir annehmen, dass Tiere direkt auf die Physiologie oder aber auf dem Umweg über den Geist auf die Physiologie wirken: *dass* sie wirken, ist heute nicht mehr zu bestreiten.

Epilog: Die Zukunft der Mensch-Tier-Beziehung in einer integrativen Gesellschaft?

Wir leben in einer extrem anthropozentrischen Gesellschaft. Der Mensch und seine Interessen stehen derart im Mittelpunkt, dass alle anderen lebenden Wesen ausgeblendet bzw. selbstverständlich instrumentalisiert werden. Als wären wir allein auf der Welt. Und das nicht nur als Geisteshaltung, sondern ganz konkret und physisch. Intensivtierhaltung und massenhafter Fleischkonsum etwa zeugen nicht nur von mangelndem Respekt vor Tieren, sie erzeugen ein ökologisches Desaster und verkürzen das Leben der übermäßigen Fleischesser. Und Massentötungen von Streunerhunden entlarven eine Gesellschaft nicht nur als Tieren gegenüber respektlos – Grausamkeit gegenüber Tieren geht mit Gewalt gegen Menschen, insbesondere Frauen und Kinder, einher –, sie suggeriert vor allem den Kindern in diesen Gesellschaften, dass Gewaltanwendung in Ordnung ist. Solche Gewaltereignisse stumpfen Kinder ab oder können sie sogar traumatisieren, mit all den bekannten Folgen für Individuum und Gesellschaft.

Heute spricht man viel von „One Health" und meint damit nicht nur die artenübergreifenden Prinzipien der Medizin, sondern im Grunde eine Gesellschaft, die begreift, dass Tierschutz und Menschenschutz keine Gegensätze darstellen. Sie sind, ganz im Gegenteil, sogar ursächlich verknüpft, wie das Milan Kundera schon vor Jahrzehnten sah und wie es die Tötungen der Straßenhunde in Rumänien heute drastisch verdeutlichen. Nur wo es den Tieren gut geht, geht es auch den Menschen wirklich gut. Und umgekehrt. Mensch und Tier geht es nur in Gesellschaften gut, in denen man verstanden hat, dass wir mit den Tieren und dem Rest der lebendigen Welt in einem Boot sitzen. Evolutionär gesehen geht Tier ohne Mensch ganz gut, Mensch ohne Tier aber nicht. Wenn etwa Papst Franziskus meint, junge Leute sollten sich lieber Kinder als Haustiere zulegen, dann ist das sicherlich gut gemeint. Letztlich drückt diese Einstellung aber nur wieder jenen lang gehegten Irrtum aus, der die abendländischen Menschen seit mehr als 2000 Jahren verfolgt: den Irrtum vom tiefen Graben zwischen Menschen und Tieren und den Glauben, Menschenliebe und Tierliebe seien Gegensätze.

Eine solch extrem anthropozentrische Weltsicht verletzt daher die Interessen der Menschen selbst. Tierschutz ist Selbstschutz. Wenn man sich schon nicht aus Respekt zu den anderen Tieren zu einem Umgang auf Augenhöhe entschließen kann, dann wenigstens aus schierem Egoismus. Die anthropozentrische Froschperspektive behindert die Entwicklung einer wahrhaft integrativen und damit nachhaltigen Gesellschaft. Integrativ meine ich hier nicht nur im Sinne von multi-kulturell oder multi-ethnisch, sondern vor allem auch in dem Sinne des tätigen Akzeptierens von Tieren um ihrer selbst willen und in Einsicht der Tatsache, dass Tiere und die Beziehungen zu ihnen eine wesentlich größere gesellschaftliche Rolle spielen, als ihnen immer noch zugestanden wird. In der Tierbeziehung sind aus affenartigen Vorfahren Menschen geworden, die letztlich die anderen Tiere brauchen, um sich bewusst zu werden, wer sie eigentlich sind, sowie ganz konkret als Gefährten und Partner. Dass Menschen Tiere töten und essen, ist vordergründig evolutionär grundgelegt, denn Menschen waren immer schon auch Fleisch essende Jäger und Sammler. Dieses evolutionäre Sein kann heute allerdings nicht als Ausrede dazu dienen, einfach so weiterzumachen. Immerhin verfügen wir als einzige Tiere über ein reflektierendes Gehirn, das wir auch gebrauchen sollten, um verantwortlich zu handeln.

Viele Millionen Menschen leben weltweit vegetarisch oder sogar vegan. Aus spirituellen Gründen, aus Achtung vor Tieren oder einfach aus Gesundheits- und Wohlfühlgründen. Übermäßiger Fleischkonsum bedingt Intensivtierhaltung, die niemals wirklich tiergerecht sein kann, fördert Treibhausgase und Landvernichtung. Fleischkonsum in diesem Ausmaß ist nicht nachhaltig und ökologisch, da dadurch Lebensräume für Wildtiere vernichtet werden. Fleischkonsum verkürzt das Leben der Menschen, indem er etwa Dickdarm- und hormonbezogene Krebsarten wie Prostata- und Brustkrebs fördert. Vom gesundheitlichen Standpunkt aus ist einmal Fleisch pro Woche in Ordnung. Mehr läuft auf Selbstmord mit Messer und Gabel hinaus. Mit einer wahrhaft integrativen Gesellschaft verträgt sich schwerlich, Fleisch ohne nachvollziehbare Herkunftsnachweise in Restaurants zu konsumieren oder Billigfleisch im Supermarkt zu kaufen. Letztlich kann man den intensiven Fleischkonsum auch als Hinweis auf eine männerdominierte Welt lesen, denn Frauen ernähren sich anders (Wardle et al. 2004).

Die Vision einer integrativen Gesellschaft bedeutet nicht nur, mit den in unserer Gesellschaft lebenden Tieren, vom Hund bis zur Kuh im Stall, sozusagen „auf Augenhöhe" zu leben und sie als Partner und nicht als Spielzeuge, Untergebene oder als Nahrungsmittel zu betrachten. Das klingt sehr idealistisch-utopisch, doch es steht jedem frei, dieses Ziel anzustreben. Eine wahrhaft integrative Gesellschaft achtet auch das Recht der Wildtiere auf ein von Menschen einigermaßen unabhängiges Leben in einem angemessenen Lebensraum. Ganz von Menschen unabhängig zu leben, ist auf dieser ganz und gar menschendominierten Welt ohnehin nicht mehr möglich. Zumindest die chemischen Auswirkungen menschlichen Tuns überziehen die gesamte Biosphäre.

Darum ist auch das Management von Lebensräumen und Wildtieren nicht nur möglich, sondern sicherlich nötig. Wenn sich etwa die Jagd als ökologisches Wildtiermanagement versteht, nicht aber als atavistische Feudal- und Parallelgesellschaft in der modernen Demokratie, dann gebührt ihr Platz auch in einer Gesellschaft auf dem Weg in die wahre Integration. Selbstverständlich ist es eine hehre Vision, eine Gesellschaft anzustreben, in der nicht mehr getötet wird, weder Menschen noch andere Tiere. Menschen könnten dies theoretisch erreichen, auch wenn ich viel zu sehr Realist bin, um daran glauben zu können. Doch unsere Tierpartner würden sich damit schwer tun. Es geht also nicht so sehr darum, den Tod zu vermeiden, sondern um ein Leben in gegenseitiger Achtung und Anerkennung der Bedürfnisse des anderen, die oft auch mit der eigenen Einschränkung einhergeht – wie es eben typisch ist für ein Leben in sozialen Partnerschaften mit Menschen, aber auch mit anderen Tieren.

Integration und Ablehnung jeglicher Diskrimination unter Menschen wird zu einem immer höheren Gut in den in jeder Hinsicht gemischten Gesellschaften unserer global vernetzten Welt. Aber warum wird dies bislang nur für Menschen verlangt? Angesichts der historischen und aktuellen Vernetzungen der Menschen mit den anderen Tieren und unserer weitreichenden Ähnlichkeiten erscheint es ähnlich chauvinistisch, Tieren im Rahmen ihrer Möglichkeit die Integration in die Gesellschaft zu verwehren, wie es vor nicht allzu langer Zeit üblich war, alle Nicht-Kaukasier unter den Menschen zu diskriminieren. Menschen sind gerade dabei, zu lernen, andere Menschen nicht nach „Rasse", Glauben, sexueller Orientierung, Gender-Identität etc. zu diskriminieren. Aber offenbar findet man es immer noch in Ordnung, Tiere zu diskriminieren und in Bezug auf Tiere einen artbezogenen Rassismus weiterzudenken.

Integration von Tieren ist natürlich im Rahmen der Möglichkeiten und Grenzen zu sehen. Niemand wird heute etwa im Ernst verlangen, dass Tiere genauso rechts- und straffähig werden sollen wie Menschen (im Mittelalter wurde das teilweise sehr wohl so gehandhabt). Das Faktum des menschlichen Konzeptgehirns wird wohl immer bedingen, dass wir verantwortlich bleiben, ob wir wollen oder nicht. Das bedeutet aber nicht, dass jene allmächtig-paternalistische Verantwortungsbeziehung, auf die Menschen heute noch großteils in ihrer Beziehung zu Tieren pochen, auf alle Zeiten in dieser Form aufrecht bleiben muss.

Auch „Tierrechte" sind von Menschen den Tieren zugedachte/übergestülpte Rechte. Darum ist höchste Vorsicht angebracht, auch in der Hinsicht, dass sich solche Tierrechte nicht zu Kontrollrechten über andere Menschen entwickeln sollten. Das „Wahlrecht für Hunde und Erdbeeren", wie zur Eröffnung der documenta in Kassel 2012 wohl nicht ganz ernsthaft gefordert, ist nicht wirklich in Sicht. Aber die zunehmende Perzeption der Tiere in den Kultur- und Sozialwissenschaften und in der Kunst (in vielen Ländern der Welt widmen sich Geisteswissenschaftler und Künstler zunehmend „Human-Animal Studies") zeigt, dass die Mensch-Tier-Beziehung in Fluss ist, und damit, dass sich die Gesellschaft rasch ändert. Die Frage ist, in welche Richtung. Mehr Vorschriften für Menschen und Tiere braucht niemand. Mein Traum geht in Richtung von mehr selbstverantworteter Anarchie. In diesem Sinne kann ich dem Wahlrecht für Erdbeeren einiges abgewinnen.

So etwa wird die alte Idee der Trennung zwischen „Stadt und Land" als eine zwischen rein menschengeprägter Zivilisationsumgebung und vorwiegender Naturumgebung obsolet. Menschen in der Stadt betreiben nicht nur zunehmend „subversives" oder auch hochoffizielles Gärtnern auf öffentlichen Flächen, sie entdecken auch immer interessierter und bewusster, dass Stadtleben auch Zusammenleben mit Tieren bedeutet, und zwar nicht nur mit Hunden und Tauben. „Urban Gardening" als sichtbarer Ausdruck der menschlichen Biophilie wird schon deutlich wahrgenommen, aber auch die positive Wahrnehmung der Tiere in der Stadt ist im Kommen. So wird in Architektur und Städteplanung der Ruf nach einer „tiergerechten Stadt" immer vernehmbarer. Meist geschieht dies aus einem diffusen Gefühl heraus, dass es mit der Alleinherrlichkeit des Menschen auf dieser Welt so nicht weitergehen kann, oft aber auch aus der Einsicht der menschlichen Biophilie heraus, vielleicht auch aus der gefühlsträchtigen Einsicht, dass Menschen andere Tiere neben sich brauchen, und sei es nur als Statement gegen den totalen menschlichen Herrschaftsanspruch.

Eine menschengerechte Stadt ist zumindest auch eine kindergerechte Stadt und gleichzeitig eine hundegerechte Stadt. Tiergerecht muss die menschliche Lebenswelt schon allein deswegen sein, weil nur eine tiergerechte Gesellschaft auch eine menschengerechte Gesellschaft sein kann. Das ist selbstverständlich im Städtebau zu berücksichtigen und darüber hinaus im gesamten Regelwerk einer Gesellschaft. Hunde sind da ein wichtiges Symbol der ewigen Zusammengehörigkeit von Menschen mit Tieren. Eine kinder- und hundegerechte Stadt hat Grün- und Freizonen, vor allem aber Freiräume vom einengenden Regelwerk. Hunden und Kindern muss es möglich sein, auch in der Stadt gemeinsam unterwegs zu sein, ohne ständige Einengung durch Leine, Beton, Parkordnung und Erwachsene. Es geht darum, Raum für Abenteuer, fürs Ausprobieren, fürs Denken zu schaffen, sozusagen geistige und körperliche Luft zum Atmen, für Kinder und andere Menschen, aber auch für die Tiere.

Menschen und Kumpantieren kommt angesichts der Erkenntnisse dieses Buches das Recht zu, ihre Beziehung nicht nur privat zu leben, sondern auch in der Öffentlichkeit. So ist nicht einzusehen, warum etwa Hunde in vielen Ländern keine öffentlichen Verkehrsmittel benutzen oder nicht in Restaurants mitgenommen werden dürfen und in Mietwohnungen oder Hotels nicht zugelassen werden. Das Menschenrecht auf Tierhaltung – und umgekehrt auch das „Tierrecht" auf ein Leben mit Menschen – ist zwar hierzulande stärker als anderswo ausgeprägt, doch Kirchen, Museen oder Universitäten sind etwa für Hunde immer noch tabu. Warum eigentlich? Als letzte Bastionen der menschlichen Einzigartigkeit, des fehlgeleiteten Konzepts der Emanzipation des Menschen von der Natur? Ich plädiere für Flashmobs. Letztlich sind gedeihliche Mensch-Tier-Beziehungen das beste Indiz für eine integrative, gerade auch für Menschen gedeihliche Gesellschaft. Je weniger Grenzen, Tabus und Vorschriften es gibt, desto besser. Das geht jedoch nur in einem Leben in Eigenverantwortung.

Die Mensch-Tier-Beziehung ist kein Nebenthema, wenn es darum geht, dass die Welt auch in Zukunft für Menschen und Tiere bewohnbar bleiben soll. Hand in Hand damit gehen ein partnerschaftliches Leben mit Kumpantieren, eine ökologisch verträgliche Ernährung, ein vom Ressourcenverbrauch her ökologisches Leben und jene Achtung vor Wildtieren und Natur, welche außer Streit stellt, dass etwa den Wildtieren ausreichend angemessener Raum zum Überleben in großen Populationen zur Verfügung stehen muss. Menschen sind nicht allein auf der Welt und wenn sie weiterhin daran arbeiten, es zu sein, wird es sie auch bald nicht mehr geben. Wir überleben zusammen mit den anderen Tieren – oder gar nicht. Ich bin zu gut informiert, um Optimist zu sein, aber zu alt für Pessimismus. Und ich glaube nicht nur an manche Utopien zur Mensch-Tier-Beziehung, ich weiß, dass bereits daran gearbeitet wird.

Literatur

Ainsworth, M.D S. (1985). Patterns of attachment. Clinical Psychologist, 38, 27–29.

Arluke, A., & Lockwood, R. (Hg. 1997). Society & Animals, Special Theme Issue: Animal Cruelty, 5, 183–193.

Aureli, F., & de Waal, F.B. (2000). Natural conflict resolution. Berkley: University of California Press.

Baerends, G.P., Brower, R., & Waterbolk, H.T. (1955). Ethological studies on *Lebistes reticulatus*. Analysis of the male courtship pattern. Behaviour, 8, 249–334.

Balthazart, J., & Schoffeniels, E. (1979). Pheromones are involved in the control of sexual behaviour in birds. Naturwissenschaften, 66, 55–56.

Beetz, A. (2013). Hunde im Schulalltag. Grundlagen und Praxis. München: Reinhardt.

Beetz, A., Kotrschal, K., Turner, D.,Hediger, K., Uvnäs-Moberg, K., & Julius, H. (2011). The effect of a real dog, toy dog and friendly person on insecurely attached children during a stressful task: An exploratory study. Anthrozoös, 24 (4), 349–368.

Beetz, A., Uvnäs-Moberg, K., Julius, H., & Kotrschal, K. (2012). Psychosocial and psychophysiological effects of human-animal interactions: the possible role of oxytocin. Frontiers in Psychology, Psychology for Clinical Settings July 2012, doi:10.3389/fpsyg.2012.00234.

Beetz, A., & Podberszek, A. (Hg. 2005). Bestiality and zoophilia: sexual relations with animals. Anthrozoös, Special Issue.

Bekoff, M., Allen, C., & Burghardt, G.M. (2002). The Cognitive Animal. Massacusetts: M.I.T.

Belyaev, D.K. (1972). Destabilizing selection as a factor in domestication. Heredity, 70, 301–308.

Berns, G.S., Brooks A., & Spivak, M. (2013). Replicability and Heterogeneity of Awake Unrestrained Canine fMRI Responses. PLoS ONE 8 (12): e81698. doi:10.1371/journal.pone.0081698.

Bouchard, T.J., & Loehlin, J.C. (2001). Genes, evolution, and personality. Behavioral Genetics, 31, 243–273.

Bowlby, J. (1999). Attachment and loss. New York: Basic Books (Reprint von 1974).

Bozek, K., & al. (2014). Exceptional Evolutionary Divergence of Human Muscle and Brain Metabolomes Parallels Human Cognitive and Physical Uniqueness. PLoS Biol 12 (5): e1001871. doi:10.1371/journal.pbio.1001871.

Bradshaw, J. (2011). Dog Sense. New York: Basic Books.

Bradshaw, J. (2013). Cat Sense. London: Allen Lane/Penguin.

Broom, D.M. (2003). The evolution of morality and religion. Cambridge: Cambridge University Press.

Bshary, R., Wickler, W., & Fricke, H. (2002). Fish cognition: a primate's eye view. Animal Cognition, 5, 1–13.

Bugnyar, T. (2007). An integrative approach to the study of "theory-of-mind"-like abilities in ravens. Japanese Journal of Animal Psychology 57, 15–27.

Burghardt, G. M., Ward, B., & Rosscoe, R. (1996). Problem of reptile play: Environmental enrichment and play behavior in a captive Nile soft-shelled turtle, Trionyx triunguis. Zoo Biology, 15: 223–238. doi: 10.1002/(SICI)1098-2361(1996)15:3<223::AIDZOO 3>3.0.CO;2-D.

Byrne, R.W., & Whiten, A. (1988). Machiavellian intelligence: Social expertise, and the evolution of intellect in monkeys, apes, and humans. Oxford: Clarendon Press.

Caporael, L.R., & Heyes, C. M. (1997). Why anthropomorphize? Folk psychologies and other stories. In R.W. Mitchell, N.S. Thompson & H.L. Miles (Hg.). Anthropomorphism, anecdotes and animals 59–73. Albany: State University of New York Press.

Carter, C.S. (1998). Neuroendocrine perspectives on social attachment and love. Psychoneuroendocrinology, 23, 779–818.

Carter, C.S., & Keverne, E.B. (2002). The neurobiology of social affiliation and pair bonding. In D. Pfaff (Ed.). Hormones, Brains and Behavior (299–337). Maryland Heights: Academic Press.

Coan, J.A. (2011). Social regulation of emotion. In J. Decety & J. Cacioppo (Hg.). Handbook of social neuroscience (614–623). New York: Oxford University Press.

Coppinger, R., & Schneider, R. (1995). The evolution of working dogs. In J.A. Serpell (Hg.). The domestic dog (21–50). Cambridge: Cambridge University Press.

Coren, S. (2010). "Foreword", Handbook on Animal-Assisted Therapy. New York: Academic Press

Costa, P.T., & McCrae, R.R. (1999). A Five Factor Theory of Personality. In L.A. Pervine & O.P. John (Hg.). Handbook of personality: Theory and research (139–153). New York: Guilford Press.

Creel, S. (2005). Dominance, aggression and glucocorticoid levels in social carnivores. Journal of Mammalogy, 86, 255–264.

Curley, J.P., & Keverne, E.B. (2005). Genes, brains and mammalian social bonds. Trends in Ecology and Evolution, 20, 561–567.

Daisley, J.N., Bromundt, V., Möstl, E., & Kotrschal, K. (2005). Enhanced yolk testosterone influences behavioural phenotype independent of sex in Japanese quail (Coturnix coturnix Japonica). Hormones and Behavior, 47, 185–194.

Damasio, A.R. (1999). The feeling of what happens. Body and emotion in the making of consciousness. New York: Harcourt Brace.

Darwin, C. (1872). The expression of the emotions in man and animals. London: Murray.

DeLoache, J.S., Pickard, M.B., & LoBue, V. (2011). How very young children think about animals. In S. McCune, S.J.A. Griffin & V. Maholmes (Hg.). How animals affect us: Examining the influences of human-animal interaction on child development and human health (85–99). Washington, DC: American Psychological Association.

Dere, E., Kart-Teke, E., & Huston, J.P. (2006). The case for episodic memory in animals. Neuroscience & Biobehavioral Reviews. 30, 1206–1224.

De Waal, F.B. (2000). Chimpanzee politics. Power and sex among apes. Revised Edition. Baltimore: JHU-Press.

De Waal, F.B. (2008). Putting the altruism back into altruism: The evolution of empathy. Annual Review of Psychology, 59, 279–300.

De Waal, F.B., & Brosnan, S.F. (2006). Simple and complex reciprocity in primates. In P.M. Kappeler & C.P. van Schaik (Hg.). Cooperation in primates and humans: Mechanisms and evolution (85–105). Berlin: Springer Verlag.

Diamond, J. (2005). Kollaps. Warum Gesellschaften überleben oder untergehen. Frankfurt am Main: S. Fischer Verlag.

Diamond, A., & Lee, K. (2011). Interventions shown to aid executive function development in children 4 to 12 years old. Science, 333, 959–964.

Dietler, M. (2006). Alcohol: Anthropological/Archaeological Perspectives. Annual Review of Anthropology, 35, 229–249.

Dingemanse, N., Kazem, A.J.N., Reale, D., & Wright, J. (2009). Behavioural reaction norms: animal personality meets individual plasticity. Trends in Ecology and Evolution 25, 81–89.

Divac, I., Thibault, J., Skageberg, G., Palacios, J.M., & Dietl, M.M. (1994). Dopaminergic innervation of the brain in pigeons. The presumed "prefrontal cortex". Acta Neurobiologica Experimental (Wars), 54, 227–234.

Drent, P.J., & Marchetti, C. (1999). Individuality, exploration and foraging in hand raised juvenile great tits. In N.J. Adams & R.H. Slotow (Hg.). Proceedings of the 22nd International Ornithological Conference (896–914). Johannesburg: Bird Life South Africa.

Ducrest, A.-L., Keller, L., & Roulin, A. (2008). Pleiotropy in the melanocortin system, coloration and behavioural syndromes. Trends in Ecology and Evolution, 23, 502–510.

Dunbar, R.I. (2007). Evolution of the social brain. In S.W. Gangestad & J.A. Simpson (Hg.). The evolution of mind (280–293). New York: Guilford Press.

Dunbar, R.I. (2010). The social role of touch in humans and primates: Behavioural function and neurobiological mechanisms. Neuroscience and Biobehavioral Reviews, 34, 260–268.

Eibl-Eibesfeldt, I. (1970). Liebe und Haß. Zur Naturgeschichte elementarer Verhaltensweisen. München: Piper.

Eibl-Eibesfeldt, I. (1999). Grundriß der vergleichenden Verhaltensforschung. Ethologie. München: Piper.

Eibl-Eibesfeldt, I. (2004). Die Biologie des menschlichen Verhaltens. Grundriss der Humanethologie. Vierkirchen-Pasenbach: Blank.

Ekman, P. (2007). Emotions Revealed, Second Edition: Recognizing Faces and Feelings to Improve Communication and Emotional Life. New York: Owl books.

Emery, N.J., & Clayton, N.S. (2004). The mentality of crows: convergent evolution of intelligence in corvids and apes. Science, 306, 1903–1907.

Emery, N.J., Seed, A.M., von Bayern, A.M., & Clayton, N.S. (2007). Cognitive adaptations of social bonding in birds. Philosophical Transactions of the Royal Society B, 362, 489–505.

Erikson, B. (2000). The social significance of pet-keeping among Amazonian Indians. In A.L. Podberscek, E. Paul & J.A. Serpell (Hg.). Companion animals and us: Exploring the relationships between people and pets (7–26). Cambridge: Cambridge University Press.

Eron, L.D., Rowell Huesmann, L., Lefkowitz, M.M., & Waldner, L.O. (1972). Does television violence cause aggression? American Psychologist, April 1972, 253–263.

Freud, S. (1975). Studienausgabe, Vol. III: Psychologie des Unbewussten. Frankfurt am Main: Fischer.

Freedman, A.H., & al. (2014). Genome Sequencing Highlights the Dynamic Early History of Dogs. PLoS Genet 10(1): e1004016. doi:10.1371/journal.pgen.1004016.

Freedman, D.G. (1958). Constitutional and Environmental Interactions in Rearing of Four Breeds of Dogs. Science, 127, 585–586.

Friedmann, E., Barker, S.B., & Allen, K.M. (2011). Physiological correlates of health benefits from pets. In P. McCardle, S. McCune, J. A. Griffin & V. Maholmes (Hg.). How Animals Affect Us: Examining the Influence of Human-Animal Interaction of Child Development and Human Health (163–182). Washington, DC: American Psychological Association.

Gallese, V., Keysers, C., & Rizzolatti, G. (2004). A unifying view on the basis of social cognition. Trends in Cognitive Sciences, 8, 396–403.

Gardner, R.A., & Wallach, L. (1965). Shapes and figures identified as a baby's head. Perceptual and Motor Skills, 20, 135–142.

Gazzola, V., Rizzolatti, G., Wicker, B., & Keysers, C. (2007). The anthropomorphic brain: The mirror neuron system responds to human and robotic actions. NeuroImage, 35: 1674–1684.

Gee, N.R., Crist, E.N., & Carr, D.N. (2010). Preschool children require fewer instructional prompts to perform a memory task in the presence of a dog. Anthrozoös, 23, 173–184.

Giraldeau, L.-A., & Caraco, T. (2000). Social foraging theory. Monographs in Behavior and Ecology. Princeton: Princeton University Press.

Goodson, J.L. (2005). The vertebrate social behavior network: Evolutionary themes and variations. Hormones and Behaviour, 48, 11–22.

Goodson, J.L., & Bass, A.H. (2001). Social behavior functions and related anatomical characteristics of vasotocin/vaspressin systems in vertebrates. Brain Research Reviews, 35, 246–265.

Gosling, S.D., & John, O.P. (1999). Personality dimensions in nonhuman animals: A cross species review. Current Directions in Psychological Science, 8, 69–75.

Grandin, T., & Johnson, C. (2005). Animals in Translation: Using the Mysteries of Autism to Decode Animal Behavior. New York: Scribner.

Groothuis, T.G.G., Müller, W., von Engelhardt, N., Carere, C., & Eising, C. (2005). Maternal hormones as a tool to adjust offspring phenotype in avian species. Neuroscience and Biobehavioral Reviews, 29, 329–352.

Gruen, L. (2011). Ethics and Animals: An Introduction. Cambridge: Cambridge University Press.

Guerra, N.G., Rowell Huesmann, L., & Spindler, A. (2003). Community Violence Exposure, Social Cognition, and Aggression Among Urban Elementary School Children. Child Development, 74, 1561–1576.

Güntürkün, O. (2005). The avian "prefrontal cortex". Current Opinions in Neurobiology, 15, 686–693.

Handlin, L., Hydbring-Sandberg, E., Nilsson, A., Ejdebäck, M., Jansson, A., & Uvnäs-Moberg, K. (2011). Short-term interaction between dogs and their owners – effects on oxytocin, cortisol, insulin and heart rate – an exploratory study. Anthrozoös, 24, 301–316.

Hare, B., Wobber, V., & Wrangham, R. (2012). The self-domestication hypothesis: evolution of bonobo psychology is due to selection against aggression. Animal Behaviour 83, 573–585.

Hare, M., & Tomasello, M. (2005). Human like social skills in dogs? Trends in Cognitive Sciences, 9, 440–444.

Headey, B., Na, F., & Zheng, R. (2008). Pet dogs benefit owners' health: a "natural experiment" in China. Social Indicators Research, 84, 481–493.

195

Hemetsberger, J., Scheiber, I.B.R., Weiss, B., Frigerio, D., & Kotrschal, K. (2010). Socially involved hand-raising makes Greylag geese which are cooperative partners in research, but does not affect their social behaviour. Interaction Studies, 11: 388–395.

Herre, W., & Röhrs, M. (1973). Haustiere, zoologisch gesehen. Stuttgart: Fischer.

Herzog, H. (2012). Wir streicheln und wir essen sie: Unser paradoxes Verhältnis zu Tieren. München: Hanser.

Hinde, R.A. (1998). Mother-infant separation and the nature of inter-individual relationships: Experiments with rhesus monkeys. In J. Bolhuis & J.A. Hogan (Hg.). The development of animal behaviour: A reader (283–299). Oxford: Blackwell.

Humphrey, N.K. (1976). The social function of intellect. In P. Bateson & R.A. Hinde (Hg.). Growing points in ethology (303–321). Cambridge: University Press.

Iwaniuk, A.N., & Nelson, J.E. (2003). Developmental differences re correlated with relative brain size in birds: a comparative analysis. Canadian Journal of Zoology, 81, 1913–1928.

Jiang Rong (2010). Wolf totem. London: Penguin Books.

Julius, H., Beetz, A., Kotrschal, K., Turner, D., & Uvnäs-Moberg, K. (2014). Bindung zu Tieren. Psychologische und neurobiologische Grundlagen tiergestützter Interventionen. xvi + 237 pp. Göttingen u.a.: Hogrefe.

Jung, C.G. (1995).Gesammelte Werke, Vol. 7: Zwei Schriften über die analytische Psychologie. Freiburg: Olten.

Jun-Feng Pang, & al, (2009). mt DNA Data Indicate a Single Origin for Dogs South of Yangtze River, Less Than 16,300 Years Ago, from Numerous Wolves. Molecular Biology Evolution, 26, 2849–2864.

Kamil, A.C. (1998). On the proper definition of cognitive ethology. In R.P. Balda, I.M. Pepperberg & A.C. Kamil (Hg.). Cognitive Ethology (1–28). San Diego: Academic Press.

Kellert, S.R. (1985). Attitudes Toward Animals: Age-Related Development among Children. Advances in Animal Welfare Science. New York: Springer.

Kellert, S.R., & Wilson, E.O. (1993). The biophilia hypothesis. Washington: Islands Press.

Koechlin, E., & Hyafil, A. (2007). Anterior prefrontal function and the limits of human decision making. Science, 318, 594–598.

Koolhaas, J.M., Bartolomucci, A., Buwalda, B. (2011). Stress revisited: A critical evaluation of the stress concept. Neuroscience and Biobehavioral Reviews 35, 1291–1301.

Koolhaas, J.M., & al. (1999). Coping styles in animals: current status in behavior and stress physiology. Neuroscience and Biobehavior Review, 23, 925–935.

Kotrschal, K. (2009). Die evolutionäre Theorie der Mensch-Tier-Beziehung. In C. Otterstedt & M. Rosenberger (Hg.). Gefährten – Konkurrenten – Verwandte. Die Mensch-Tier-Beziehung im wissenschaftlichen Diskurs. Göttingen: Vandenhoeck & Ruprecht.

Kotrschal, K., (2012a). Wolf – Hund – Mensch. Die Geschichte einer jahrtausendealten Beziehung. Wien: Brandstätter.

Kotrschal, K. (2012b). The Quest for Understanding Social Complexity. Foreword. In A. Wessel, R. Menzel & G. Tembrock (Hg.). Quo Vadis, Behavioural Biology – Past, Present, and Future of an Evolving Science. (Nova Acta Leopoldina N.F., 380). Stuttgart: Wissenschaftliche Verlagsgesellschaft, 7–11.

Kotrschal, K., van Staaden, M.J., & Huber, R. (1998). Fish brains: evolution and ecological relationships. Journal of Fish Biology and Fisheries, 8: 1–36.

Kotrschal, K., & Ortbauer, B. (2003). Behavioral effects of the presence of a dog in a classroom. Anthrozoös, 16, 147–159.

Kotrschal, K., Hemetsberger, J., & Weiss, B. (2006). Homosociality in greylag geese. Making the best of a bad situation. In P. Vasey & V. Sommer (Hg.). Homosexual behaviour in animals: An evolutionary perspective (45–76). Cambridge: Cambridge University Press.

Kotrschal, K., Schlögl, C., & Bugnyar, T. (2007). Dumme Vögel? Lektionen von Rabenvögeln und Gänsen. Biologie in unserer Zeit, 6, 366–374.

Kotrschal. K., Schöberl, I., Bauer, B., Thibeaut, A.-M., & Wedl, M. (2009). Dyadic relationships and operational performance of male and female owners and their male dogs. Behavioural Processes, 81, 383–391.

Kotrschal, K., Day, J., Mccune, S., Wedl, M. (2014). Human and cat personalities: building the bond from both sides. In D.C. Turner & P. Bateson (Hg.). The Domestic Cat (3rd ed.). Cambridge: Cambridge University Press.

Krause, J., & Ruxton, G.D. (2002): Living in groups. Oxford: Oxford University Press.

Krestel D., Passe, D., Smith J.C., & Jonsson L. (1984). Behavioral determination of olfactory thresholds to amyl acetate in dogs. Neuroscience and Biobehavioral Reviews, 8, 169–74.

Kruk, M.R., Halàsz, J., Meelis, W., & Haller, J. (2004). Fast positive feedback between the adrenocortical stress response and a brain mechanism involved in aggressive behaviour. Behavioral Neuroscience, 118, 1062–1070.

Kvetnansky, R., & al. (1995). Sympathoadrenal system in stress. Interaction with the hypothalamic-pituitary-adrenocortical system. Annals of the New York Academy of Sciences, 177, 131–158.

Larson, J.H., & Holman, T.B. (1994). Premarital predictors of marital quality and stability. Family Relations, 43, 228–237.

Lefebvre, L., Reader, S.M., & Sol, D. (2004). Brains, innovations and evolution in birds and primates. Brain Behaviour and Evolution, 63, 233–246.

Levinson, B.M. (1969). Pet-oriented child psychotherapy. Springfield, Illinois: Thomas.

Lindberg, J., & al. (2005). Selection for tameness has changed brain gene expression in silver foxes. Current Biology, 15, R915–R916.

Lorenz, K. (1950). The comparative method in studying innate behavior patterns. Physiological mechanisms in animal behavior. In Society for Experimental Biology (Hg.). Physiological mechanisms in animal behavior (221–268). Oxford: Academic Press.

Lorenz, K. (1965). Das sogenannte Böse. Wien: Borotha-Schoeler.

Lorenz, K. (1973). Die acht Todsünden der zivilisierten Menschheit. Wien: Borotha-Schoeler.

Lorenz, K. (1978). Vergleichende Verhaltensforschung. Grundlagen der Ethologie. Wien: Springer.

Louv, R. (2012). Das Prinzip Natur. Weinheim und Basel: Beltz.

MacLean, E., & al. (2014): Evolution of self control. Proceedings of the National Academy of Sciences, doi: 10.1073/pnas.1323533111.

Mae, L., McMorris, L.E., & Hendry, J.L. (2004). Spontaneous trait transference from dogs to owners. Anthrozoös, 17, 225–243.

Main, M., & Solomon, J. (1986). Discovery of an insecure disorganized/disoriented attachment pattern: Procedures, findings and implications for the classification of be-

197

havior. In T.B. Brazelton & M. Yogman (Hg.). Affective development in infancy (95–124). Norwood, N.J.: Ablex.

Marino, L. (2002). Convergence and complex cognitive abilities in cetaceans and primates. Brain, Behaviour and Evolution, 59, 21–32.

Marino, L., & Lilienfeld, S.O. (2007). Dolphin-Assisted Therapy: More Flawed Data and More Flawed Conclusions. Anthrozoös, 20, 239–249.

Marler, P., & Hamilton, W.J. (1966). Mechanisms of animal behavior. New York: Wiley.

Mars Heimtier-Studie (2012). Hund – Katze – Mensch. Die Deutschen und ihre Heimtiere. Praxis – Wissenschaft – Zukunft. Dörverden: Mars Petcare Deutschland.

Meaney,M.J., & al. (1991). The effects of neonatal handling on the development of the adrenocortical response to stress: implications for neuropathology and cognitive deficits later in life. Psychoneuroendocrinology, 16, 85–103.

Miklosi,A. (2007). Dog behaviour, evolution and cognition. Oxford: Oxford University Press.

Northcutt, G.R. (2002). Understanding Vertebrate Brain Evolution. Integrative Comparative Biology, 42, 743–756.

O'Connell, L.A., & Hofmann, H.A. (2012). Evolution of a Vertebrate Social DecisionMaking Network. Science 336, 1154–1157.

Odendaal, J.S., & Meintjes, R.A. (2003). Neurophysiological correlates of affiliative behavior between humans and dogs. Veterinary Journal, 165, 296–301.

C. Otterstedt & M. Rosenberger (Hg. 2009). Gefährten – Konkurrenten – Verwandte. Die Mensch-Tier-Beziehung im wissenschaftlichen Diskurs. Göttingen: Vandenhoeck & Ruprecht.

Panksepp, J. (2005). Affective consciousness: Core emotional feelings in animals and humans. Consciousness and Cognition, 14, 30–80.

Panksepp, J., Nelson, E., & Bekkedal, M. (1997). Brain systems for the mediation of social separation – distress and social-reward. Evolutionary antecedents and neuropeptide intermediaries. Annals of the New York Academy of Sciences, 807, 78–100.

Parker, H.G., & al. (2004). Genetic Structure of the Purebred Domestic Dog. Science 304, 1160–1164.

Paul, E.S. (2000). Empathy with animals and with humans: are they linked. Anthrozoös, 13, 194–202.

Pepperberg, I. (2002). The Alex Studies: Cognitive and Communicative Abilities of Grey Parrots by Irene Maxine Pepperberg. Harvard: Harvard University Press.

Podberscek,A.L., Paul, E., & Serpell J.A. (Hg. 2000). Companion animals and us: Exploring the relationships between people and pets. Cambridge: Cambridge University Press.

Popper, K. (2002). The logic of scientific discovery. London: Routledge.

Prather, J.F., Peters, S., Nowicki, S., & Mooney, R. (2008). Precise auditory-vocal mirroring in neurons for learned vocal communication. Nature, 451, 305–310.

Prescott, J.W. (1996). The Origins of Human Love and Violence. Pre- and Perinatal Psychology Journal. 10 (3), 143–188.

Raby, C.R., Alexis, C.R., Dickinson, A., & Clayton, N.S. (2007). Planning for the future by western scrub-jays. Nature 445, 919–921.

Racca, A., Guo, K., Meints, K., & Mills, D. (2012). Reading faces: differential lateral gaze bias in processing canine and human facial expressions in dogs and 4-year-old children. Plos One, 7 (4), e36076.

Rizzolatti, G., & Craighero, L. (2004). The mirror-neuron system. Annual Review of Neuroscience, 27, 169–192.

Rizzolatti, G., & Sinigalia, C. (2007). Mirrors in the brain: How our minds share actions and emotions. Oxford: Oxford University Press.

Rowlands, M. (2002). Animals Like Us. New York: Verso.

Sanfey, A.G. (2007). Social decision making: Insights from game theory and neuroscience. Science, 318, 598–602.

Sapolsky, R.M., Romero, L.M., & Munck, A.U. (2000). How do glucocorticoids influence stress responses? Integrating permissive, supressive, stimulatory and preparative actions. Endocrine Reviews, 21, 55–89.

Scheiber, I.B., Weiß, B.M., Hirschenhauser, K., Wascher, C.A., Nedelcu, I.T., & Kotrschal, K. (2007). Does "relationship intelligence" make big brains in birds? Open Behaviour Science Journal, 1, 6–8.

Scheiber, I.B.R., Schlögl, B., Hemetsberger, J., & Kotrschal, K. (2013): The Social System of Greylag Geese. Cambridge: Cambridge University Press.

Scott, J.P., & Fuller, J.L. (1965). Genetics and the social behavior of the dog. Chicago: University of Chicago Press.

Selye, H. (1951). The general-adaptation-syndrome. Annual Reviews of Medicine, 2, 327–342.

Serpell, J.A. (1986). In the company of animals. Oxford: Basil Blackwell.

Serpell, J.A. (Hg. 1995). The domestic dog. Cambridge: Cambridge University Press.

Serpell, J.A. (2000). Creatures of the unconscious: Companion animals as mediators. In A.L. Podberscek, E.S. Paul & J.A. Serpell (Hg.). Companion animals and us: exploring the relationships between people and pets (108–121). Cambridge: Cambridge University Press.

Shettleworth, S. (1998). Cognition, evolution and behavior. Oxford: Oxford University Press.

Sih, A., Bell, A.M., & Johnson, J.C. (2004). Behavioral syndromes: An ecological and evolutionary overview. Trends in Ecology and Evolution, 19, 372–378.

Spindler, P. (1961). Studien zur Vererbung von Verhaltensweisen. Verhalten gegenüber jungen Katzen. Anthropologischer Anzeiger, 25, 60–80.

Sprecher, S. (1988). Investment model, equity, and social support determinants of relationship commitment. Social Psychology Quarterly, 51, 318–328.

Stamps, J., & Groothuis, T.G.G. (2010). The development of animal personality: relevance, concepts and perspectives. Biological Reviews 85, 301–325.

Taylor, K., Langley, N.G.G., & Higgins, W. (2008). Estimates for Worldwide Laboratory Animal Use in 2005. ATLA 36, 327–342.

Thalmann, O., & al. (2013). Complete Mitochondrial Genomes of Ancient Canids Suggest a European Origin of Domestic Dogs. Science 342, 871–874.

Tinbergen, N. (1951). The study of instincts. London: Oxford University Press.

Tinbergen, N. (1963). On aims and methods of ethology. Zeitschrift für Tierpsychologie, 20, 410–433.

Topál, J., Miklósi, A., Csányi, V., & Dóka, A. (1998). Attachment behavior in dogs (Canis familiaris): A new application of Ainsworth´s (1969) Strange Situation Test. Journal of Comparative Psychology, 112, 219–229.

Turner, D.C., Feaver, J., Mendl, M., & Bateson, P. (1986). Variations in domestic cat behaviour towards humans: A paternal effect. Animal Behaviour, 34, 1890–1892.

Turner, D.C., & Bateson, P. (Hg. 2014). The Domestic Cat (3rd ed.). Cambridge: Cambridge University Press.

Uvnäs-Moberg, K. (2003). The oxytocin factor. Tapping the hormone of calm, love, and healing. Cambridge: Da Capo Press.

Vanltallie, T.B. (2002). Stress: A risk factor for serious illness. Metabolism Clinical Experimental, 51, 40–45.

Von Holst, D. (1988). The concept of stress and its relevance for animal behavior. Advances in the Study of Behavior, 27, 1–131.

Walker, D.B., & al. (2006). Naturalistic Quantification of Canine Olfactory Sensitivity. Applied Animal Behaviour Science, 97 (2–4), 241–254.

Wang, Guo-dong, & al. (2013). The genomics of selection in dogs and the parallel evolution between dogs and humans. Nature Communications 4. doi:10.1038/ncomms2814.

Wardle, J., Haase, A.M., Steptoe, A., Nillapun, M., Jonwutiwes, K., & Bellisle, F. (2004). Gender differences in food choice: the contribution of health beliefs and dieting. Annual Behavioral Medicine, 27, 107–116.

Wascher, C.A., Scheiber, I.B., & Kotrschal, K. (2008). Heart rate modulation in bystanding geese watching social and non social events. Proceedings of the Royal Society B, 275, 1653–1659.

Wedl, M., Bauer, B., Grabmayer, C., Gracey, D., Spielauer, E., Day, J., & Kotrschal, K. (2011). Temporal Patterns in cat human dyads. Behavioural Processes, 86, 58–67.

Weiss, B., Kotrschal, K., Frigerio, D., Hemetsberger, J., & Scheiber, I. (2008). Birds of a feather stay together: extended family bonds, clan structures and social support in greylag geese. In R.N. Ramirez (Hg.), Family relations. Issues and challenges (87–99). New York: Nova Science Publishers.

Welkner, W. (1976). Brain evolution in mammals: A review of concepts, problems and methods. In R.B. Masterton, M.E. Bitterman, C.B. Campbell & N. Hotton (Hg.). Evolution of brain and behavior in vertebrates (251–344). Hillsdale: Lawrence Erlbaum.

Wilkinson, R.G. (1996). Unhealthy societies. The afflictions of inequality. New York: Routledge.

Wilson, C.C. (Ed. 1998). Companion animals in human health. Thousand Oaks: Sage Publications.

Wilson, D.S. (1998). Adaptive individual differences within single populations. Philosophical Transactions of the Royal Society London B, 199–205.

Wilson, D.S., Clark, A.B., Coleman, K., & Dearstyne, T. (1994). Shyness and boldness in humans and other animals. Trends in Ecology and Evolution, 9, 442–446.

Wilson, E.O. (1975). Sociobiology: The New Synthesis. Cambridge, MA: Harvard University Press.

Wilson, E.O. (1984). Biophilia. Cambridge, MA: Harvard University Press.

Wrangham, R.W., McGrew, W.C., de Waal, F.B., & Heltne, P.G. (1994). Chimpanzee cultures. Chicago: Chicago Academy of Sciences.

Zahn-Waxler, C., Hollenbeck, B., & Radke-Yarrow, M. (1984). The origins of empathy and altruism. In M.W. Fox & L.D. Mickley (Eds.). Advances in animal welfare science (21–39). Washington, D.C.: Humane Society US.

Zheng, R. (2007). Companion animals and the psychological health of the elderly. International Association of the Human Animal Interaction Organizations Meeting, Oct. 5th–8th 2007, Tokyo, Plenary abstract.

Zimen, E. (1988). Der Hund. Abstammung, Verhalten, Mensch und Hund. München: Bertelsmann.

Ausgewählte relevante Links

Anthrozoologie:
Wikipedia: http://en.wikipedia.org/wiki/Anthrozoology
Internationale Gesellschaft: http://www.isaz.net
Universitäre Studiengänge, z.b.: www.canisius.edu/anthrozoology/curriculum
Masters-Programme in Mensch-Tier-Beziehung in Österreich, z.b.:
www.vetmeduni.ac.at/de/messerli
Internationales, englischsprachiges Journal: Anthrozoös:
www.isaz.net/anthrozoos.html

Biologische Grundlagenforschung im Kontext der Mensch-Tier-Beziehung:
Konrad Lorenz Forschungsstelle Grünau: www.klf.ac.at
Wolfsforschungszentrum (Wolf Science Center) Ernstbrunn: www.wolfscience.at
Arbeitsgruppe für Mensch-Tier-Beziehung der Universität Wien: http://mensch-tier-beziehung.univie.ac.at
University of Lincoln: http://staff.lincoln.ac.uk/dmills
MPI für Anthropologie Leipzig: www.eva.mpg.de
Clever Dog Lab: www.cleverdoglab.at
Messerli Institut der Veterinärmedizinischen Universität Wien:
www.vetmeduni.ac.at/de/messerli

Ethik (Tierethik):
Wikipedia: http://de.wikipedia.org/wiki/Tierethik;
http://en.wikipedia.org/wiki/Animal_ethics
Quellentexte: www.bpb.de/gesellschaft/umwelt/bioethik/175397/quellentexte-zur-tierethik?p=all
Internet Encyclopedia of Philosophy: www.iep.utm.edu/anim-eth
www.animal-ethics.org

Fortbildungen zu tiergestützten Aktivitäten:
www.tierealstherapie.org
www.lernen-mit-tieren.de

Human-Animal Studies (im Gegensatz zur eher naturwissenschaftlich-psychologischen Anthrozoologie zunehmend an universitären Geistes- und Sozialwissenschaften verankert):
www.animalsandsociety.org/pages/human-animal-studies
www.redlands.edu/academics/college-of-arts-sciences/undergraduate-studies/human-animal-studies.aspx#.U6kog7F4Dh8
cup.columbia.edu/book/978-0-231-15294-5/animals-and-society

Mensch-Tier-Interaktion, Übersicht der engl. Wikipedia:
http://en.wikipedia.org/wiki/Category:Human%E2%80%93animal_interaction

Mensch-Tier-Organisationen (Praxis und Forschung):
IAHAIO (Internationaler Dachverband, auch Deklarationen mit politischen Zielsetzungen): www.iahaio.org/new
Mitgliederliste: www.iahaio.org/new/index.php?display=listofmembers
Deklarationen: www.iahaio.org/new/index.php?display=declarations
Human Animal Bond Research Initiative: www.habri.org
Waltham-Mars Petcare (Forschungsinstitution Mars und Projektunterstützung): www.waltham.com/brand-support/about-mars-petcare; Wikipedia: http://en.wikipedia.org/wiki/Waltham_Centre_for_Pet_Nutrition
American humane: www.americanhumane.org
Green Chimneys: www.greenchimneys.org
Pet Partners (ehem. Delta Society) www.petpartners.org/page.aspx?pid=319
Society for Companion Animal Studies: www.scas.org.uk
Purdue University: http://en.wikipedia.org/wiki/Animal-assisted_therapy
Vereinigung amerikanischer Veterinäre:
www.avma.org/kb/resources/reference/human-animal-bond/pages/human-animal-bond-avma.aspx
Institut für die interdisziplinäre Erforschung der Mensch-Tierbeziehung: www.iemt.at
Otterstedt Stiftung: www.buendnis-mensch-und-tier.de

Tiergestützte Interventionen (Animal Assisted Interventions):
www.animalassistedintervention.org

Tiergestützte Pädagogik:
Wikipedia: http://de.wikipedia.org/wiki/Tiergest%C3%BCtzte_P%C3%A4dagogik
Richtlinien des österreichischen Bundesministeriums für Unterricht für den Einsatz von Hunden in der Schule:
www.bmukk.gv.at/medienpool/22368/hundeinderschule.pdf
Rund um den Hund, Projekt Schulhund: www.schulhund.at/cms/index.php
Berufsverband Tiergestützte Therapie, Pädagogik und Fördermaßnahmen e.V.:
www.tiergestuetzte.org

Tiergestützte Therapie (Animal Assisted Therapy):
Wikipedia: http://en.wikipedia.org/wiki/Animal-assisted_therapy

Tierschutz (Animal Welfare):
Wikipedia: http://de.wikipedia.org/wiki/Tierschutz;
http://en.wikipedia.org/wiki/Animal_welfare
Animal Welfare Association: www.awanj.org
International Fund for Animal Welfare: www.ifaw.org/european-union
Tierschutzbund: www.tierschutzbund.de
Tierschutz in Wien: www.tierschutzinwien.at
Tierschutzombudsstelle Wien: www.tieranwalt.at/?set_jsconf=true
Tierschutzrecht Wikipedia: http://de.wikipedia.org/wiki/Tierschutzrecht
Stiftung für das Tier im Recht: www.tierimrecht.org/de/lexikon-tierschutzrecht/

Organisierter_Tierschutz.html
Tierschutzgesetzgebung in Österreich: www.ris.bka.gv.at/GeltendeFassung.wxe?Abfrage=Bundesnormen&Gesetzesnummer=20003541

Tierversuche:
Gesetzeslage in Österreich: www.ris.bka.gv.at/GeltendeFassung.wxe?Abfrage=Bundesnormen&Gesetzesnummer=20008142
Animal testing (Wikipedia): http://en.wikipedia.org/wiki/Animal_testing
Informativer Artikel: www.spektrum.de/alias/pdf/sdw-07-02-s060-pdf/862573

Zertifizierungsverbände:
International Society for Animal Assisted Therapy ISAAT: www.aat-isaat.org
European Society for Animal Assisted Therapy ESAAT: www.en.esaat.org

Glossar

Animal Assisted Activities (AAA): In der Fachliteratur gebrauchter Oberbegriff für Aktivitäten mit Tieren mit einem bestimmten menschenorientierten Ziel (Spiel, Spaß, Pädagogik, Therapie etc.).

Animal Assisted Interventions (AAI): In der Fachliteratur gebrauchter Oberbegriff für Maßnahmen unter Assistenz von Tieren, um an Menschen ein bestimmtes Ziel zu erreichen. (Entwicklungsförderung, Therapien etc.), z.B.: Animal Assisted Pedagogy (AAP), Animal Assisted Therapy (AAT).

Adaptiv: Angepasst oder eine Anpassung bewirkend. Adaptiv sind evoluierte Merkmale (alles von der Körpergröße bis zur Persönlichkeit) von Menschen und anderen Tieren, die in Interaktion mit einer bestimmten Umwelt zu einer Verbesserung der „biologischen Fitness" führen, also Verbesserungen des Potenzials, die eigenen Gene in die nächste Generation weiterzugeben. Wenn etwa das Leben mit Hunden adaptiv war und ist, dann sollte es Hundehaltern auf lange Sicht besser gehen als Nicht-Hundehaltern, wodurch sie mehr Nachkommen hinterlassen könnten als diese.

Adrenalin: Ein aus → Aminen aufgebautes Stress- und Aktivierungshormon aus dem Nebennierenmark.

Amin: Um ein Stickstoffatom gebaute einfache organische Verbindung, Derivat aus Ammonium, zentrales Element so genannter aminerger Hormone, z.B. → Adrenalin.

Aminosäuren: Organische Verbindungen mit mindestens einer Carboxygruppe (–COOH) und einer Aminogruppe (–NH2), als Stoffklasse sowohl Carbonsäuren als auch Amine. Von hunderten solcher Aminosäuren werden 23 dazu verwendet, gemäß dem genetischen Code (→ DNS) die Eiweiße (Proteine) der lebenden Organismen aufzubauen.

Anthropomorphisieren: Vermenschlichen. Menschen können offenbar nicht anders, als den anderen Menschen, Tieren, den Götter oder sogar Gegenständen wie Computern oder Automobilen jene mentalen Eigenschaften zuzuordnen, die sie aus eigener Anschauung kennen.

Analogie: siehe → Homologie

Anthrozoologie: Die naturwissenschaftlich geprägte Wissenschaft der Mensch-Tier-Beziehung mit den Disziplinen Anthropologie, Ethologie, Medizin, Psychologie, Veterinärmedizin sowie Zoologie und Biologie.

Behaviorismus: Auf die Lerntheoretiker Edward Thorndike (1874–1949) und Burrhus F. Skinner (1904–1990) zurückgehender extremer Erklärungsansatz für menschliches Verhalten und Psyche, wonach Individuen als „Tabula rasa" zur Welt kämen und jegliches

Verhalten über einfache Lernmechanismen erlernt sei, die gleichartig bei Menschen und anderen Tieren vorhanden seien. Insbesondere Skinner glaubte nicht einmal an die biologische Realität von Gefühlen. Der Behaviorismus war enorm prägend für die Psychologie des 20. Jahrhunderts. Dem hielten frühe Ethologen wie Oskar Heinroth (1871–1945) und Konrad Lorenz (1903–1989) entgegen, dass es auch zahlreiche „angeborene" Verhaltenselemente gibt.

Big Five: Jene fünf voneinander relativ unabhängigen Persönlichkeitsdimensionen, die bei allen Menschen unabhängig von der Kultur zu finden sind und die wir wahrscheinlich teilweise auch mit anderen Tieren teilen. In Reihenfolge abnehmender Bedeutung (= wie viele der in Populationen auftretenden Unterschiede in der Persönlichkeitsausprägung sie erklären) sind dies: Neurotizismus, Extrovertiertheit, Offenheit für Neues, soziale Verbindlichkeit, Gewissenhaftigkeit.

Biogenes Amin: Ein in einer lebenden Zellen gebildetes → Amin, meist mit Hormonwirkung.

Biophilie: Edward Wilson definierte 1984 die Biophilie als das Bedürfnis der Menschen, eine Beziehung zu anderen Lebensformen aufzunehmen. Seine Hypothese erhärtete sich; Biophilie kann als ein Alleinstellungsmerkmal des Menschen gelten.

Coping style: Die individuelle und lebenslang relativ gleichbleibende Art, mit den Herausforderungen des Lebens umzugehen; wird in einem Kontinuum von draufgängerisch bis zurückhaltend verortet (bold-shy; proactive-reactive, s. Koolhaas et al. 1999) und ist ein zentrales Element der Persönlichkeitsstruktur.

Darwin'sches Kontinuum: Da Menschen im Darwin'schen Artenwandel über evolutionäre Zeiträume aus anderen Tieren entstanden, stehen auch alle Eigenschaften des Menschen in einem historischen Kontinuum mit den → homologen (herkunftsgleichen) Eigenschaften der anderen Tiere. Dies gilt nicht nur für körperliche und physiologische Merkmale, sondern auch für Denken und Fühlen.

DNS/DNA (Desoxyribonucleinsäure/DNacid): Der Code des Lebens: eine Doppelhelixstruktur, die im Wesentlichen aus vier „Nukleotiden" besteht, einfachen Basen, die sich in regelhafter Form miteinander verbinden und damit die beiden Stränge der DNS. Diese Stränge tragen den linearen Code für die Proteinsynthese und Entwicklung. In der Reifeteilung werden die beiden Stränge getrennt, es entstehen haploide Geschlechtszellen (ein Chromosomensatz) in Eiern und Spermien, durch deren sexuelle Verschmelzung wiederum diploide (doppelter Chromosomensatz) mehrzellige Individuen entstehen.

Domestikation: Genetische Veränderung von Tieren (im Vergleich zur Wildform) über Generationen im Zusammenleben mit Menschen (z. B. Wolf – Hund). Meist spielt Selektion auf Zahmheit und Umgänglichkeit dabei eine zentrale Rolle. Domestizierte Tiere sind an das Zusammenleben mit Menschen angepasst und daher in der Regel geeignetere Kumpantiere als zahme Wildtiere.

Dopamin: Ein auf → Amin-Basis gebildetes wichtiges Hormon. Transmitter und Modulator vor allem im Gehirn. Dopaminmangel verursacht u.a. Parkinson.

Epigenetische Effekte: Regulation der → Genexpression durch Umweltbedingungen, durch die es zur „Vererbung erworbener Eigenschaften" an nachfolgende Generationen kommt. Beispiele sind etwa die Anpassung der Föten im Uterus (Säugetiere) oder im Ei (restliche Wirbeltiere) an die zu erwartende Umwelt durch mütterliche Hormone (→ coping style) oder die Vererbung der Auswirkungen des elterlichen Lebensstils auf die Nachkommen, etwa durch Veränderungen an Grundbausteinen der Erbsubstanz.

Evolutionär konservativ: → Homologe Strukturen verändern sich über lange evolutionäre Zeiträume kaum. Beispiel: das „soziale Netzwerk" im Gehirn der Wirbeltiere (Goodson 2005).

Exekutive Funktion: Eigenschaften, die Menschen und andere Tiere optimal sozialfähig machen. Dazu zählen Impulskontrolle, ein gutes episodisch-soziales Gedächtnis, Beständigkeit und Verlässlichkeit im Verfolgen von Zielen, strategisches Denken und Handeln sowie Flexibilität. Die Ausbildung der exekutiven Funktion hängt stark mit der optimalen Entwicklung des Stirnhirns während des Heranwachsens zusammen und lässt eine bessere Vorhersage für individuellen Erfolg in Schule und Gesellschaft zu als etwa der Intelligenzquotient.

Exprimierbarkeit von Genen: Unterschiedliche Übersetzbarkeit desselben genetischen Codes in der → DNS in Proteine, bedingt etwa durch Veränderungen an Grundbausteinen der Erbsubstanz. So entstehen u.a. individuelle Unterschiede zwischen Individuen mit ähnlichem Genom.

Extended phenotype: Attribute, mit denen wir uns umgeben, die von anderen interpretiert werden, um uns individuell zu beurteilen/einzuordnen, etwa Haarschnitt, Kleidung, vor allem aber Kumpantiere, der menschliche Partner, auch Auto, Haus, Computer (z.B. Mac versus Windows-Rechner).

Genexpression: Übersetzen des genetischen Codes (→ DNS) in Proteine.

Genotyp: Die Gesamtheit der → DNS eines Individuums oder einer Art. Bildet die Basis der „Reaktionsnorm", also der maximalen Variationsbreite von Merkmalen (Individuum/Art). Auch die → epigenetische Ausprägung von Merkmalen geschieht im Rahmen des Genotyps.

Haeckel's sche Regel: Der deutsche Entwicklungsbiologe, Arzt und Philosoph Ernst Haeckel (1834–1919) bemerkte, dass die Individualentwicklung oft die Stammesgeschichte wiederholt (z.B. das Auftreten von Kiemenspalten bei den frühen Embryonen der Säugetiere). Als allgemeingültige Regel mit Vorsicht zu genießen; allerdings kann etwa das starke Interesse von Kleinkindern an Tieren durchaus als Hinweis auf die evolutionären Bedingungen der Menschwerdung interpretiert werden.

Homologie/Analogie: Herkunftsgleichheit (Homologie) in einem evolutionären Kontinuum oder in einer Parallelentwicklung aus unterschiedlichen Vorläuferstrukturen (→ Analogie). So sind Pferdehuf und Fledermausflügel homolog, also herkunfts-, wenn auch nicht funktionsgleich. Dagegen sind die Schwanzflossen der Fische und die Schwanzfinnen der Wale analog, also zwar funktions-, aber nicht herkunftsgleich. Ein Beispiel für sowohl Herkunfts- als auch Funktionsgleichheit ist das soziale Netzwerk im Gehirn.

Intermediärer Typ: Dazwischenliegende Ausprägung, zumeist von Merkmalen mit einfachem Mendel'schem Erbgang (Vererbung nach Gregor Mendel (1822–1884) über ein oder wenige Gene per Merkmal; Beispiel: graue Fellfarbe der Nachkommen einer Mutter mit schwarzem und eines Vaters mit weißem Fell).

Komplexes soziales System: Bei Wirbeltieren: soziale Gruppenorganisation, die auf wertvollen Langzeitbeziehungen beruht; zu finden bei sozialen Tieren mit großen Gehirnen, etwa Walen, Elefanten, Wölfen, Raben oder Menschen.

Konvergenz: Parallele Entwicklung aufgrund ähnlichen funktionalen oder Selektionsdruckes. Etwa die parallele Artentfaltung der Beuteltiere in Australien und der Säugetiere auf den anderen Kontinenten. Führt zu → analogen Merkmalen.

Kortisol (Säugetiere)/Kortikosteron (Vögel/Kleinsäuger): Steroidhormone, die in der Nebennierenrinde gebildet werden und den Stoffwechsel im Körper ankurbeln; erhöhen den Blutzuckerspiegel auf einen Stress-Reiz hin, dämpfen das Immunsystem, Entzündungsgeschehen und Regenerationssysteme. Machen den Körper aktionsbereit und fungieren als Anti-Stress-System, das dazu dient, mit Situationen zurechtzukommen, die Körper und/oder Psyche aus dem Gleichgewicht bringen.

Kumpantier: Ein mit seinen Menschen gut sozialisiertes Tier, das von seinen Menschen als Partner auf Augenhöhe in einem gemeinsamen Leben und in gemeinsamen Aktivitäten gesehen wird. Gegensatz zu Heimtieren oder „pets", bei denen der partnerschaftliche Aspekt weniger im Vordergrund steht.

Machiavellismus: Nach Niccolò Machiavelli (1469–1527), Diplomat, politischer Philosoph und Ethiker der Renaissance aus Florenz. In seinem schmalen Hauptwerk *Der Fürst* beschreibt er die rationalen Mechanismen von Machtgewinn und Machterhalt (1532 posthum publiziert); diese Mechanismen der Macht können als menschliche oder sogar Säugetieruniversalien gelten.

Nature deficit (syndrome): Der US-amerikanische Journalist und Schriftsteller Richard Louv (*1949) führt in seinen Büchern zahlreiche Belege dafür an, dass ein naturfernes Aufwachsen von Kindern zu Defiziten führen kann, die im Wesentlichen einer mangelhaften Ausbildung der → „exekutiven Funktionen" entsprechen.

Habituieren: An ständig wiederkehrende Reize gewöhnen; etwa das Ausblenden von im Wind rauschenden Bäumen aus der Aufmerksamkeit. Mit „niederhabituieren" ist jener Ansatz in der Ausbildung von Therapie-Tieren gemeint, demzufolge sich diese Tiere in jeder Situation ruhig zu verhalten hätten, also etwa auch in Kontakt mit übergriffigen Menschen. Dadurch werden diese Tiere zu passiven Zombies, nicht aber zu einem echten Partner, der sich auch einbringt. Kann bei diesen Tieren in die „erlernte Hilflosigkeit" führen.

Paläobotaniker: Beschäftigt sich mit der evolutionären Entwicklung von Pflanzen und ihren kulturell-geschichtlichen Bezügen.

Pawlow'sche Reflexe: Reflexe sind motorische Reaktionen, die in Form von neuronalen Verschaltungen im Rückenmark vererbt werden und bei Bedarf rasch und ohne Einschaltung des Gehirns abgerufen werden können; etwa der Rückziehreflex der Hand, wenn sie einen heißen Gegenstand berührt, oder der Speichelflussreflex eines hungrigen Individuums angesichts von Nahrung. An Hunden entdeckte der russische Physiologe Iwan Pawlow (1849–1936) einen einfachen, universellen Lernmechanismus, den „bedingten Reflex": Die ursprüngliche → Reiz-Reaktions-Kopplung des durch die Erwartung von Futter ausgelösten Speichelfluss-Reflexes kann entkoppelt werden. Der Speichelfluss kann auch durch einen Glockenton oder ein Lichtzeichen (bedingter Reiz), die zunächst mit Futter gekoppelt angeboten wurden, ausgelöst werden.

Peptid: Aus Aminosäuren aufgebautes Eiweißmolekül.

Pet: Angelsächsischer Begriff für Heimtier, betont eher die dominierende Rolle des Menschen als die Rolle des Tieres als Partner auf Augenhöhe. Mischung aus Sozialgefährte und Spielzeug. Im deutschsprachigen Raum ist immer mehr vom „Kumpantier" in Anerkennung dessen Partnerfunktion die Rede.

Phänotyp: Die Gesamtheit der individuellen/artspezifischen Merkmalausbildungen auf Basis des → Genotyps.

Phenotype matching: Individuen gruppieren sich nach → phänotypischer Ähnlichkeit. Fische bilden Schwärme etwa nach ähnlicher Körpergröße. Andere Tiere gruppieren sich nach ähnlichem Aussehen. Phenotype matching bedingt die Vergleichsfähigkeit zwischen dem eigenen Aussehen und dem der anderen. Individuen ähneln einander auch entsprechend genetischer Verwandtschaft. Oft wählen Menschen Hundetypen mit einer gewissen physiognomischen Ähnlichkeit, und Ähnlichkeit/Unähnlichkeit ist bei Menschen und anderen Tieren ein wichtiges Kriterium in der Partnerwahl.

Pheromon: Duftstoff mit nahezu hormonartiger Wirkung, der eine bestimmte Reaktion auslöst. Bei den meisten Tieren dienen Pheromone der Koordination und dem Auslösen von (Sexual-)Verhalten.

Reiz-Reaktions-Verhalten: Ein bestimmter (Schlüssel-)Reiz löst eine bestimmte Verhaltens- und/oder physiologische Reaktion aus. Reiz-Reaktions-Verhalten ist ein zentrales

Element des Instinktverhaltens und hochgradig erblich. In wichtigen Funktionskreisen wie Sex und Fürsorge für Nachwuchs ist es auch beim Menschen wichtig. So etwa wird bei entsprechend gestimmten Menschen und anderen Tieren durch das Kindchenschema Fürsorgebereitschaft ausgelöst. Bei großhirnigen Tieren (Säuger, Vögel) geraten die alten Reiz-Reaktions-Systeme immer stärker unter die Impulskontrolle des Stirnhirns.

Reproduktiver Imperativ: Letztlich hinterließen „fitnessoptimierte" Individuen mehr Nachkommen als andere, weswegen jegliche Strukturen und Verhaltensweisen, welche die Reproduktion optimieren, unter starkem → Selektionsdruck stehen und so den → Phäno- und → Genotyp von Arten und Individuen prägen.

Scala naturae: Aristoteles meinte damit die zunehmende Beseeltheit der Natur von den Steinen bis zum Menschen. Heute steht dieser Ausdruck eher für die Idee, dass sich die Evolution aufgrund eines dahinter stehenden (Schöpfungs-)Plans notwendigerweise auf ein höheres Ziel hin bewege. Aufgrund der Einsichten in die evolutionären Mechanismen seit Darwin ist diese Ansicht in dieser Form nicht haltbar, v.a. weil Evolution prinzipiell kein gerichteter Prozess ist.

Selektionsdruck: Ein physikalischer, ökologischer oder sozialer Faktor, der bewirkt, dass innerhalb der Variationsbreite in der Ausbildung eines Merkmals in der Population manche Individuen in Interaktion mit diesen Faktoren eine höhere „Fitness" aufwiesen als andere, also mehr Nachkommen hinterließen; dies optimiert wiederum über die Generationen die Ausprägung dieses Merkmals gegenüber diesem Faktor. Ursprüngliche Pferde mit etwas längeren Beinen als ihre Herdengenossen entkamen etwa besser den ursprünglichen Wölfen, weswegen die Beine der Pferde (Hirsche etc.) immer länger wurden. Der Raubfeinddruck durch den Wolf bildete den entsprechenden Selektionsdruck.

Serotonin: Hormon, Neurotransmitter im Darm (90 %) und Gehirn. Beeinflusst Stimmung, Risikobereitschaft, Appetit, Interesse, Schlaf, lernen und Gedächtnis.

Soziale Kompetenz: Effiziente Kooperation mit anderen Gruppenmitgliedern, im Schlichten von Streit und beim Organisieren gemeinsamer Unternehmungen. Sozial kompetente Individuen bringen andere mit so wenig Aggression wie nötig und so viel prosozialem Verhalten wie möglich dazu, gerne zu kooperieren.

Steroidhormone: Außerordentlich wichtig in der Regulation sexuellen und sozialen Verhaltens sowie grundlegender Körperfunktionen. Steroidhormone haben Grundstruktur aus je drei Ringen mit sechs und einem Ring mit fünf Kohlenstoffatomen. Sie umfassen Glucokortikoide, Mineralokortikoide, Androgene, Östrogene und Gestagene. Im Blut sind sie lange stabil. Sie werden daher oft durch Trägerproteine gepuffert und können nicht in → Vesikeln gespeichert werden, sondern werden bei Bedarf immer neu synthetisiert, abgebaut, ausgeschieden oder wieder aufgenommen.

Tiergestützte Aktivität: Jegliche Aktivität mit Menschen (auch Spiel, Spaß, Freizeit) unter (sozialer) Mitwirkung von Tieren.

Tiergestützte Therapie: Jeglicher Therapieansatz, der ein oder mehrere Tiere mit einbezieht, entweder um den Patienten zu motivieren, zu beruhigen, zur Verbesserung der Kommunikation oder zur Mitwirkung an den therapeutischen Maßnahmen zu bewegen, oder aber, in denen die Tiere ein Strukturmerkmal des Therapieansatzes darstellen. Gleiches gilt für „tiergestützte Pädagogik".

Universalie: Bei allen Vertretern einer biologischen Art oder höheren taxonomischen Einheit verbreitetes Merkmal oder Eigenschaft.

Verhaltensphänotyp: Die phänotypische Ausbildung individuellen Verhaltens auf Basis der Gene, vorgeburtlicher → epigenetischer Effekte und früher Sozialisation. Oft synonym mit „Persönlichkeit" oder „Verhaltenssyndrom".

Vesikel: Kleine Membran-abgegrenzte Bläschen in Zellen oder an Nervenendigungen, deren Inhalt auf neuronale oder Hormonsignale hin abgegeben wird. Für Hormone auf → Peptid- oder → Aminbasis; → Steroidhormone lassen sich nicht in Vesikeln speichern.

Vier Tinbergen'sche Ebenen: Unterschiedliche Ebenen der Erklärung „natürlicher", also in der Evolution entstandener, Merkmale; umfassen alle Merkmale aller lebender Organismen: 1. Wozu ist es gut (Funktion und Fitnessrelevanz)? 2. Wie funktioniert es (physiologische, neuronale und hormonale Mechanismen)? 3. Wie entsteht ein Merkmal in der Individualentwicklung zwischen Genen, elterlicher Manipulation und nachgeburtlichen Einflüssen? 4. Wie evoluierte ein Merkmal in der Stammesgeschichte? Von Niko Tinbergen (1963) aus Anlass des 60. Geburtstages von Konrad Lorenz publiziert; heute Arbeitsprogramm der gesamten organismischen Biologie (im Gegensatz zur Molekularbiologie). Gehen auf ähnliche Konzepte von Aristoteles und David Hume (1711–1776) zurück.

Vorstehen: Erstarren in der Vorwärtsbewegung angesichts einer möglichen Beute bei Pointer-Jagdhunden. Meist ist ein Vorderbein angewinkelt und die Schnauzenspitze auf die Beute gerichtet („pointing"); aus dem Lauerverhalten von Wölfen bei bestimmten Jagdhunden stark herausgezüchtet.

Zoophilie: Menschliche sexuelle Orientierung in Richtung Tiere. Zu unterscheiden von „Biophilie", der Natur-Affinität des Menschen.

Dank

Am Zustandekommen nicht nur dieses Buches hatte meine Familie maßgeblichen Anteil, insbesondere meine Frau Rosemarie, die nicht selten hinter meinem beruflichen Engagement zurücksteht.

Dass es die Universität Wien nicht nur toleriert, dass ich meinen zoologisch-biologischen Leidenschaften nachgehe, sondern mich auch noch dafür bezahlt, finde ich jeden Tag aufs Neue großartig. Dies ermöglichte unter anderem, dass ich neben der Leitung der Konrad Lorenz Forschungsstelle, seit 2011 „Core Facility" der Universität Wien, auch Arbeitsgruppen am Wolfsforschungszentrum im niederösterreichischen Ernstbrunn sowie eine Forschungsgruppe für Mensch-Tier-Beziehung an der Universität Wien aufbauen konnte, der ich für das anregende Forschungs- und Diskussionsambiente zu danken habe. Wahrhaft beeindruckend ist vor allem auch das Engagement des Universitätsmanagements für die Wissenschaft, das weit über das in der Vergangenheit erlebte Maß hinausgeht. Von herausragender Bedeutung für die Entwicklung der Wiener Verhaltens- und Kognitionsbiologie im letzten Jahrzehnt waren etwa Rektor Heinz Engl und Dekan Horst Seidler. Sie schufen jene Voraussetzungen, von denen wir heute profitieren.

Ein wichtiger Hintergrund dieses Buches ist, dass man in Österreich auf vielen Ebenen intensives Interesse für die Beziehungen zwischen Menschen und Tieren zeigt. Beispielsweise haben wir in diesem Land ein recht weitreichendes Tierschutzgesetz, dem man nur gelegentlich ein wenig mehr Umsetzung wünschen würde; und wir haben ein Unterrichtsministerium, dem es als erstem der Welt ein Anliegen war, Richtlinien für den Einsatz von Hunden in der Schule zu publizieren. Das große Interesse der Medien wiederum, über die Mensch-Tier-Beziehung zu berichten, trägt seinen Teil dazu bei, dass sich dankenswerterweise immer genügend Freiwillige finden, die mit ihren Katzen oder Hunden an unseren Studien teilnehmen wollen.

Schließlich kann es kein Buch auch über die wissenschaftlichen Aspekte der Mensch-Tier-Beziehung geben, ohne dass ein ganz besonderer Dank an die Firma Mars auszusprechen ist. Diesem internationalen, in Familienbesitz befindlichen Konzern, der seine Zentrale nahe Washington, DC, hat und eine große Forschungseinheit in Waltham/ Großbritannien unterhält, ist es aufgrund seiner ständigen und manchmal recht einsamen Fördertätigkeit zu verdanken, dass Anthrozoologie und Human-Animal Studies weltweit an den Universitäten Fuß fassen konnten, sodass es möglich wurde, kompetitive Projektanträge mit Erfolgsaussicht an große Forschungsförderungsinstitutionen (etwa National Institute of Health (NIH), USA, oder Fonds zur Förderung der wissenschaftlichen Forschung (FWF), Österreich) zu richten.

Dank eines Waltham-Grants forscht unsere Gruppe in Wien etwa von 2012–2014 zur Bindung zwischen Menschen und Hunden; und im Zuge eines FWF-Projekts konnten wir in diesem Zeitraum viel Licht in die Beziehungen zwischen Menschen und Hunden bringen. Auch im Rahmen des an der Universität Wien verankerten Doktoratskollegs „Cognition and Communication" trägt der FWF wesentlich zu unserer Mensch-Tier-Forschung bei. Ganz besonders danke ich auch Mars Österreich, die immer zur Stelle waren, wenn es galt, einen „wissenschaftlichen Suchgraben" zu legen, etwa zum Lesen im Beisein eines Hundes, und als Sponsor einer über mehrere Semester gehenden, viel beachteten Vorlesungsserie zur Mensch-Tier-Beziehung an der Universität Wien. Eine große Rolle als Unterstützer der Mensch-Tier-Forschung spielt direkt oder indirekt auch Royal Canin. Nie übrigens haben private Unterstützer unserer Forschung auch nur den leisesten Versuch unternommen, Einfluss auf die Ergebnisse zu nehmen. Last not least: Wenn mich die geschätzten Partner vom Brandstätter Verlag nicht dazu gedrängt hätten, das Vorläuferbuch dieses Bandes über die Beziehung zwischen Wölfen, Hunden und Menschen zu schreiben, dann hätte es wohl auch dieses Buch nicht gegeben. Manchmal muss man Menschen eben zum richtigen Zeitpunkt zu ihrem Glück zwingen.

Bibliografische Information der Deutschen Nationalbibliothek
Die Deutsche Nationalbibliothek verzeichnet diese Publikation in der
Deutschen Nationalbibliografie; detaillierte bibliografische Daten sind
im Internet über http://dnb.d-nb.de abrufbar.

1. Auflage

Coverfotos: Peter Rigaud
Covergestaltung: Fuhrer, Wien
Grafische Gestaltung und Satz: Fuhrer, Wien
Lektorat: Else Rieger
Korrektorat: Gudrun Stecher
Schrift: Pona Display & Trivia Sans Medium
Papier: Munken Print White 115g/m²

Gedruckt in der EU

ISBN 978-3-85033-814-1

Christian Brandstätter Verlag
GmbH & Co KG
A-1080 Wien, Wickenburggasse 26
Telefon (+43-1) 512 15 43-0
Telefax (+43-1) 512 15 43-231
E-Mail: info@cbv.at
www.cbv.at

Designed in Austria, printed in the EU